高等学校简明通用系列教材

高频电子线路简明教程

主　编　曾兴雯

编　著　曾兴雯　刘乃安　陈　健

付卫红　黑永强

西安电子科技大学出版社

内 容 简 介

本书注重基础,强化应用。全书共分九章,主要内容包括绪论,高频电路基础,高频谐振放大器,正弦波振荡器,频谱的线性搬移电路,振幅调制、解调及混频,频率调制与解调,反馈控制电路和整机线路分析。每章后均配有一定数量的习题。

本书可作为普通高等院校通信工程、电子信息工程、电子科学与技术、自动化、微电子等相关专业本科生的教材,也可作为大专、电大、职大相关专业的教学用书,还可作为有关工程技术人员的参考书。

图书在版编目(CIP)数据

高频电子线路简明教程/曾兴雯主编. —西安:
西安电子科技大学出版社,2016.4(2025.7重印)
ISBN 978 - 7 - 5606 - 3961 - 1

Ⅰ. ①高… Ⅱ. ①曾… Ⅲ. ①高频—电子电路—高等学校—教材
Ⅳ. ①TN710.2

中国版本图书馆 CIP 数据核字(2016)第 020883 号

责任编辑 马武装 马乐惠 高 樱
出版发行 西安电子科技大学出版社(西安市太白南路 2 号)
电   话 (029)88202421 88201467   邮 编 710071
网   址 www.xduph.com   电子邮箱 xdupfxb001@163.com
经   销 新华书店
印刷单位 陕西日报印务有限公司
版   次 2016 年 4 月第 1 版 2025 年 7 月第 5 次印刷
开   本 787 毫米×1092 毫米 1/16 印张 15.5
字   数 365 千字
定   价 39.00 元
ISBN 978 - 7 - 5606 - 3961 - 1

XDUP 4253001－5

前　　言

随着信息技术的迅速发展，电子与通信产品日益丰富，采用高频、射频甚至微波频率的设备越来越多，人们也非常清晰地认识到高频电子线路在整个通信与电子系统中的重要地位，因此各类高等学校都把高频电子线路作为电气信息类专业的一门主要的专业基础课程。

高频电子线路课程对学生的基础知识要求较高，而在应用型本科院校，该课程存在着"课时少、概念多、分析难、重应用"的特点。传统的高频电子线路教材往往偏重于抽象理论的分析与研究，缺乏实际应用的案例，这对应用型人才培养是十分不利的。本书作者长期从事高频电子线路课程和通信系统方面的教学与科研工作，对高频通信领域的人才培养有较为深刻的认识和较为丰富的经验。本书作为普通高等本科院校相关专业的高频电子线路课程的教科书，针对相关院校学生的特点，遵照教学指导委员会制定的教学规范，在注重课程本身应该具备的课程知识点的情况下，精简内容，避免繁琐的数学推导，尽可能降低课程难度与深度，但讲透"四个基本"，即基本概念、基本原理、基本分析方法和基本电路，并结合现代工程实际应用，强化工程性和系统性，注重新科技、新器件的介绍，努力使本书成为一本实用的教学和工程参考书。

全书共分九章，建议采用 48 学时的课程教学，不同学校或专业可以视实际情况进行选择或者安排自学。本书的教学安排建议如下：

第一章　　绪论，1 学时；

第二章　　高频电路基础，5 学时；

第三章　　高频谐振放大器，6 学时；

第四章　　正弦波振荡器，6 学时；

第五章　　频谱的线性搬移电路，5 学时；

第六章　　振幅调制、解调与混频，10 学时；

第七章　　频率调制与解调，7 学时；

第八章　　反馈控制电路，6 学时；

第九章　　整机线路分析，2 学时。

本书内容由多个院校具有丰富教学和工程实践经验的资深教师共同讨论而定。本书作者曾编写过多种高频电子线路的教材，其中不乏"十五"、"十一五"国家级规划教材，负责教授的高频电子线路课程为国家精品课程和国家精品资源共享课程。本书由西安电子科技大学的曾兴雯教授担任主编，刘乃安教授、陈健教授、付卫红副教授和黑永强副教授参加编写，全书由曾兴雯教授负责统稿。

在编写本书的过程中，编者参考了众多国内外同行的著作和文献，在此向这些著作和文献的作者表示感谢。

限于编者的水平，书中难免存在不足之处，恳请读者批评指正。

编 者

2015 年 10 月

目　　录

第一章　绪　论

本书主要讨论用于各种电子系统和电子设备中的高频电子线路。无线通信系统就是利用射频(无线电)信号来传递消息的电信系统,它最能体现高频电路的应用。

无线通信系统的种类和用途很多,其设备组成和复杂度也有很大差异,但设备中产生、接收和检测高频信号的基本电路大都是相同的。本书将主要结合无线通信来讨论高频电路的线路组成、工作原理和分析方法。这不仅有利于明确学习基本电路的目的,加强对有关设备和系统的了解,而且对于其他通信与电子信息系统也有典型意义。

第一节　无线通信系统概论

高频电子线路是无线通信设备硬件的主要组成部分,也对无线通信系统的性能有重要影响。

一、无线通信系统的组成

典型的点对点无线通信系统将由信源产生的信息通过无线发送设备(发射机)辐射到空中(无线信道,引入干扰和噪声),接收端由无线接收设备(接收机)恢复出发送端信源产生的信息送至信宿。

发射机和接收机是无线通信系统的核心组成部分,虽然有多种形式,但从产生至今,其最常用的形式是超外差(Super Heterodyne)结构,分别如图 1-1(a)和图 1-1(b)所示。通常将发射机和接收机合称收发信机(Transceiver)。

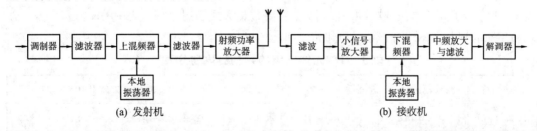

(a) 发射机　　　　　　　　　　　　　　　(b) 接收机

图 1-1　典型无线通信电路组成框图

发射机通过调制器和上混频器将信源产生的原始基带(Baseband)信号变换到频率较高的载波(Carrier)上,使所传送信号的时域和频域特性更好地满足信道的要求。射频功率放大器将要发送的高频信号放大到需要的功率电平。接收机将动态范围很宽的射频已调信号(Modulated Signal)由高频变换到适宜处理的低频。接收机接收到的是高频、大动态范围和低信噪比的小信号。发射机和接收机中的天线用来实现射频信号的有效辐射与接收。

在发射机中,将基带信号变换成适合在信道中传输的信号形式的过程称为调制(Modulation),实现调制的电路称为调制器(Modulator)。调制后的信号称为已调信号,通常为射频带通信号,但也有在基带上实现数字调制的。在接收机中,将接收到的已调信号变换(恢复)为基带信号的过程称为解调(Demodulation),把实现解调的部件称为解调器(Demodulator)。有时将收发设备中的调制器和解调器合称为调制解调器(Modem)。

二、无线电频率和波段的划分

无线通信是靠电磁波实现信息传输的。自然界中存在的电磁波的波谱很宽,如图 1-2 所示。无线电波和光波都属于电磁波。在自由空间中,波长与频率存在以下关系:

$$c = f\lambda \tag{1-1}$$

式中:c 为光速,$c = 3 \times 10^8$ m/s;f 和 λ 分别为无线电波的频率和波长。因此,无线电波也可以认为是一种频率相对较低的电磁波,占据的频率范围很广。电磁波的频率是一种不可再生的重要资源。

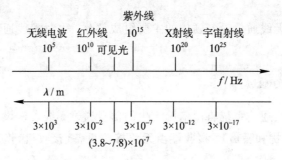

图 1-2 电磁波的波谱

对电磁波的频率或波长进行分段,分别称为频段或波段。不同频段信号的产生、放大和接收的方法不同,传播的能力和方式也不同,因而它们的分析方法和应用范围也不同。表 1-1 列出了无线电波的频(波)段划分、主要传播方式和用途等。表中关于频段、传播方式和用途的划分并不十分严格,相邻频段间无绝对的分界线。

表 1-1 无线电波的频(波)段划分表

波段名称	波长范围	频率范围	频段名称	主要传播方式和用途
长波(LW)	$10^3 \sim 10^4$ m	30~300 kHz	低频(LF)	地波;远距离通信
中波(MW)	$10^2 \sim 10^3$ m	300 kHz~3 MHz	中频(MF)	地波、天波;广播、通信、导航
短波(SW)	10~100 m	3~30 MHz	高频(HF)	天波、地波;广播、通信

波段名称		波长范围	频率范围	频段名称	主要传播方式和用途
超短波 （VSW）		1～10 m	30～300 MHz	甚高频（VHF）	直线传播、对流层散射；通信、电视广播、调频广播、雷达
微波	分米波 （USW）	10～100 cm	300 MHz～3 GHz	特高频（UHF）	直线传播、散射传播；通信、中继与卫星通信、雷达、电视广播
	厘米波 （SSW）	1～10 cm	3～30 GHz	超高频（SHF）	直线传播；中继和卫星通信、雷达
	毫米波 （ESW）	1～10 mm	30～300 GHz	极高频（EHF）	直线传播；微波通信、雷达

应当指出，表 1-1 中的"高频"是一个相对的概念，它指的是短波频段，其频率范围为 3～30 MHz，这只是"高频"的狭义解释。而广义的"高频"指的是射频（RF，Radio Frequency），其频率范围非常宽。只要电路尺寸比工作波长小得多，可用集中（总）参数来分析实现，都可认为工作频率属于"高频"范围。就目前的技术水平来讲，"高频"的上限频率可达微波频段（如 3～5 GHz）。微波频段主要由 UHF、SHF 和 EHF 三个频段组成。表 1-2 为 IEEE 定义的更为详细的工业用微波频段。

表 1-2 IEEE 定义的微波频段

频带名称	频率范围/GHz	频带名称	频率范围/GHz
L	1.0～2.0	S	2.0～4.0
C	4.0～8.0	X	8.0～12.0
Ku	12.0～18.0	K	18.0～26.5
Ka	26.5～40.0	Q	33.0～50.0
U	40.0～60.0	V	50.0～75.0
E	60.0～90.0	W	75.0～110.0
F	90.0～140.0	D	110.0～170.0
G	140.0～220.0		

需要强调指出，不同频段的信号具有不同的分析与实现方法。对于米波以上（含米波，$\lambda \geqslant 1$ m）的信号，通常用集总（中）参数的方法和"路"的概念来分析与实现；而对于米波以下（$\lambda < 1$ m）的信号，一般应用分布参数的方法和"场"的概念来分析与实现。

电磁波的频率越高，可利用的频带宽度就越宽，不仅可以容纳许多互不干扰的信道，从而实现频分复用或频分多址，而且可以传播某些宽频带的消息信号（如图像信号）。这是无线通信采用高频的原因之一。

三、电波传播方式

不同频率的电磁波信号,其主要传播方式不同。电磁波的传播方式分为直射(视距)传播、绕射(地波)传播、折射和反射(天波)传播及散射传播等,如图1-3所示。

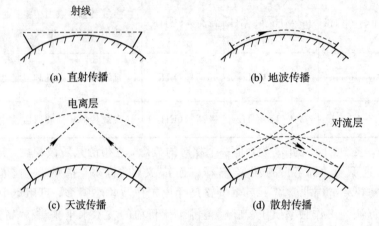

图1-3 电磁波的传播方式

一般来讲,长波信号以地波绕射为主;中波和短波信号可以以地波和天波两种方式传播,不过,前者以地波传播为主,后者以天波(反射与折射)为主;超短波以上频段的信号大多以直射方式传播,也可以采用对流层散射的方式传播。为了拓展直线传播的距离,可以通过架高天线、中继或卫星等方式来实现。

四、调制与解调

由图1-1可知,调制与解调在收发信机中的作用至关重要,其本质是频谱的非线性搬移。无线电传播一般都要采用高频(射频)的一个原因就是高频适于天线辐射和无线传播。只有当天线的尺寸大到可以与信号波长相比拟(例如天线尺寸至少为信号波长的1/10)时,天线的辐射效率才会较高,从而以较小的信号功率传播较远的距离,接收天线也才能有效地接收信号。若把低频的调制信号直接馈送至天线上,要想将它有效地变换成电磁波辐射,则所需天线的长度几乎无法实现。如果通过调制,把调制信号的频谱搬至高频载波频率,则收发天线的尺寸就可大大缩小。调制还有一个重要作用就是可以实现信道的复用,提高信道利用率。此外,先进的调制解调方式还具有较强的抗干扰、抗衰落能力,并可以提高传输性能,实现可靠通信。

所谓调制,就是把信号变换成适合于在信道(传输链路)中进行传输的形式的一种过程。在无线通信中,基本的调制方法是使高频载波信号的一个或几个参数(振幅、频率或相位)按照基带调制信号的规律变化。

根据载波受调参数的不同,调制分为三种基本方式,它们是振幅调制(调幅)、频率调制(调频)、相位调制(调相),分别用 AM、FM、PM 表示。还可以有组合调制方式。当调制信号为数字信号时，通常称为键控，三种基本的键控方式为振幅键控（ASK）、频率键控（FSK）和相位键控（PSK）。

一般情况下，高频载波为单一频率的正弦波，对应的调制为正弦调制。若载波为一脉冲信号，则称这种调制为脉冲调制。

解调是调制的逆过程。在双向通信中，实现调制和解调的复杂程度很可能是不对称的。在广播系统中，通常要求解调的复杂度要小，而不太关心调制的复杂度。

对于不同的调制信号和不同的调制解调方式，调制解调性能不同。衡量调制器和解调器性能优劣的指标主要是调制方式的频带利用率或频谱有效性、功率有效性及抗干扰和噪声的能力。

第二节 本课程的特点与学习方法

一、本课程的特点

高频电子线路的最大特点就是高频和非线性。

频率高的射频信号会产生许多低频信号所没有的效应，主要是分布参数、集肤效应和辐射效应。集总参数元件是指一个独立的局域性元件，能够在一定的频率范围内提供特定的电路性能。而随着频率提高到射频，任何元器件甚至导线都要考虑分布参数效应和由此产生的寄生参数，如导体间、导体或元件与地之间、元件之间的杂散电容，连接元件导线的电感和元件自身的寄生电感等。由于分布参数元件的电磁场分布在附近空间，其特性会受到周围环境的影响，分析和设计都相当复杂。集肤效应是指当频率升高时，电流只集中在导体的表面，导致有效导电面积减小，交流电阻可能远大于直流电阻，从而使导体损耗增加，电路性能恶化。辐射是指信号泄漏到空间中，使得信号源或要传输的信号的能量不能全部输送到负载上，从而产生能量损失和电磁干扰。辐射还会引起一些耦合效应，使得高频电路的设计、制作、调试和测量等都非常困难。此外，射频电路的输入/输出阻抗一般情况下都是相当低的，大部分射频电路与设备的典型阻抗是 50 Ω。因此，在分析与设计射频电路与系统时，一定要重视阻抗匹配问题，并要考虑噪声和损耗问题。

高频电子线路几乎都是由线性的元件和非线性的器件组成的。严格来讲，所有包含非线性器件的电子线路都是非线性电路，只是在不同的使用条件下，非线性器件所表现的非线性程度不同而已。比如对于高频小信号放大器，由于输入的信号足够小，而又要求不失真放大，因此，其中的非线性器件可以用线性等效电路表示（但存在不希望的失真），分析方法也可采用线性电路的分析方法。本课程的核心内容和绝大部分电路都属于非线性电路。非线性电路在无线通信中主要用来完成频谱变换功能，如 C 类功率放大器、振荡器、混频器、倍频器、调制与解调器等。

与线性器件不同，对非线性器件通常用多个参数来描述，如直流跨导、时变跨导和平均跨导等，而且它们大都与控制变量有关。器件的非线性会产生变频压缩、交调、互调等

5

非线性失真，它们将影响收发信机的性能。在分析非线性器件对输入信号的响应时，不能采用线性电路中行之有效的叠加原理，而必须求解非线性方程（包括代数方程和微分方程）。对非线性电路进行严格的数学分析不仅非常困难，而且没有必要。在实际中，一般都采用计算机辅助设计（CAD）的方法进行辅助分析。在工程上也往往根据实际情况对器件的数学模型和电路的工作条件进行合理的近似，以便用简单的分析方法（如折线近似法、线性时变电路分析法、开关函数分析法等）获得具有实际意义的结果，而不必过分追求其严格性。这也是学习本课程的困难所在。

二、本课程学习中应注意的问题与方法

第一，要深刻理解本课程的特点，懂得产生这些特点的原因，才能领会不同电路和分析方法的内在联系。

第二，要抓住各种电路之间的共性。高频电子线路中的功能电路虽然很多，但它们都是在为数不多的基本电路的基础上发展而来的。因此，在学习本课程时，要洞悉各种功能之间的内在联系，而不是仅仅局限于掌握一个个具体的电路及其工作原理。当然，熟悉典型的单元电路对读识图能力的提高和电路的系统设计都是非常有意义的。

第三，本课程所讲的电路都是无线通信系统发送设备和接收设备中的单元电路，虽然在讲解原理时经过了一定的归纳与抽象，但电路形式仍具有十分强烈的工程实践性。这就要求在学习过程中，要注意高频电路的工程性，如匹配、耦合、屏蔽与滤波等，要高度重视实验环节，坚持理论联系实际，在实践中积累丰富的经验。

第四，要有系统观。本课程的内容包括单元电路和整机电路，在对单元电路进行分析、设计时要有系统观，要从整个系统的角度来考虑要求和指标。各单元电路之间的关联性可通过系统来实现。

第五，要有发展的观念。随着需求的变化和技术的发展，电子元器件、集成电路、设计与仿真软件、制造工艺等各方面都有长足的发展，发射机和接收机的技术体制和实现方式也有很大变化，因此，在学习本课程时必须要随时关注相关发展，及时应用新技术、新器件、新方法。

本 章 小 结

本章以无线通信系统电路组成为主线，阐述了高频电子线路的功用和特点，介绍了无线电信号的波段划分和传播方式，说明了高频信号的作用和分析方法，以及调制的作用和方法，指出了学习本课程的方法和注意事项。

思考题与练习题

1-1 简述无线通信系统的组成原理。

1－2 无线通信系统为什么要进行调制？如何进行调制？

1－3 无线通信系统为什么要用高频信号？高频信号指的是什么？

1－4 无线电信号的频段或波段是如何划分的？各个频段的传播特性和应用情况如何？

1－5 如何理解通信电子线路的最主要特点？

第二章 高频电路基础

由第一章可知，各种无线电设备都包含处理高频信号的功能电路，如高频放大器、振荡器、调制与解调器等。虽然这些电路的工作原理和实际电路都有各自的特点，但是它们之间也有一些共同之处，这就是高频电路的基础。

本章主要介绍高频电路中的选频网络和电子噪声两个内容。信号在传输过程中都会不同程度地受到外界干扰或电路内部噪声的侵袭，为了选出所需的频率分量和滤除无用的频率分量，就必须依靠选频网络（或称选频器或滤波器）。

电子噪声存在于各种电子电路和系统中，噪声系数与电子噪声密切相关，了解电子噪声的概念对理解某些高频电路和系统的性能非常有用，因此，电子噪声的来源与特性及噪声系数的计算也是高频电路的重要基础。

第一节 高频电路中的选频网络

高频电路中的选频网络主要完成信号的传输、频率选择及阻抗变换等功能，主要有高频谐振回路和滤波器等基本电路。

高频谐振回路是高频电路中应用最广的无源网络，也是构成高频放大器、振荡器以及各种滤波器的主要部件，在电路中完成阻抗变换、信号选择与滤波、相频转换和移相等功能，并可直接作为负载使用。只有一个回路的谐振电路称为简单谐振回路或单谐振回路，有串联谐振回路和并联谐振回路两类。串联谐振回路适用于电源内阻为低内阻（如恒压源）的情况或低阻抗的电路（如微波电路）。当频率不是非常高时，并联谐振回路应用最广。简单谐振回路的阻抗在某一特定频率上具有最大或最小值的特性称为谐振特性，这个特定频率称为谐振频率。简单谐振回路具有谐振特性和频率选择作用，这是它在高频电子线路中得到广泛应用的重要原因。下面对串联谐振回路、并联谐振回路、抽头并联谐振回路分别进行讨论。

一、串联谐振回路

串联谐振回路是电感、电容串联组成的振荡回路，如图 2-1(a)所示。在工作角频率为 ω 时，该回路的串联阻抗 Z_s 为

$$Z_s = r + j\omega L + \frac{1}{j\omega C} \tag{2-1}$$

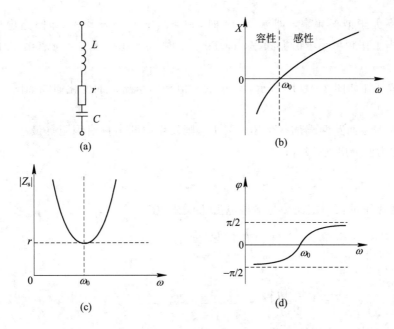

图 2-1 串联谐振回路及其特性

使感抗与容抗相等的频率为串联谐振频率 ω_0，令 Z_s 的虚部为零，求解方程的根就是 ω_0，可得

$$\omega_0 = \frac{1}{\sqrt{LC}} \tag{2-2}$$

即当串联谐振回路工作在 ω_0 上时，该回路处于谐振状态，此时回路呈现出纯电阻特性。回路的阻抗为谐振电阻 $Z_s = r$。

串联谐振回路品质因数 Q 定义为高频电感的感抗与其串联损耗电阻之比：

$$Q \doteq \frac{\omega_0 L}{r} = \frac{1}{\omega_0 Cr} \tag{2-3}$$

Q 值越高，表明该电感的储能作用越强，损耗越小。

考虑在谐振频率附近，回路工作在高 Q 状态，窄带工作时，有

$$Z_s = r\left[1 + \mathrm{j}Q\left(\frac{\omega^2 - \omega_0^2}{\omega_0 \omega}\right)\right] \approx r\left[1 + \mathrm{j}Q\frac{2\Delta\omega}{\omega_0}\right] \tag{2-4}$$

式中，$\Delta\omega = \omega - \omega_0$ 为相对于回路中心频率的绝对角频率偏移，它表示频率偏离谐振的程度，称为失谐；令 $\xi = 2Q\Delta\omega/\omega_0 = 2Q\Delta f/f_0$ 为广义失谐。则

$$Z_s = r(1 + \mathrm{j}\xi) \tag{2-5}$$

阻抗模值：

$$|Z_s| = r\sqrt{1 + \xi^2} \tag{2-6}$$

阻抗相角：

$$\varphi = \arctan\xi \tag{2-7}$$

当工作频率为谐振频率，即 $f = f_0$ 时，$\xi = 0$，$\varphi = 0$，即回路为纯电阻特性，且 $|Z_s| =$

r；当工作频率大于谐振频率，即 $f>f_0$ 时，$\xi>0$，$\pi/2>\varphi>0$，即回路电感特性，且 $|Z_s|>r$；当工作频率小于谐振频率，即 $f<f_0$ 时，$\xi<0$，$-\pi/2<\varphi<0$，即回路电感特性，且 $|Z_s|>r$；

回路电抗特性如图 2-1(b)所示，阻抗的模值和相角随 ω 的变化曲线如图 2-1(c)和图 2-1(d)所示。

若在串联谐振回路两端加一恒压信号 $\dot{U}$，则发生串联谐振时因阻抗最小，流过电路的电流最大，称为谐振电流，其值为

$$\dot{I}_0 = \frac{\dot{U}}{r} \qquad\qquad (2-8)$$

在任意频率下的回路电流 $\dot{I}$ 与谐振电流 $\dot{I}_0$ 之比为

$$\frac{\dot{I}}{\dot{I}_0} = \frac{\dot{U}/Z_s}{\dot{U}/r} = \frac{r}{Z_s} \qquad\qquad (2-9)$$

则

$$\frac{|\dot{I}|}{|\dot{I}_0|} = \frac{r}{r\sqrt{1+\xi^2}} = \frac{1}{\sqrt{1+\xi^2}} \qquad\qquad (2-10)$$

串联回路谐振时，电感 L 两端的电压 $\dot{U}_L = j\omega_0 L\dot{I}_0$，电容两端的电压 $\dot{U}_C = -j\dfrac{\dot{I}_0}{\omega_0 C}$，图 2-2 给出了串联谐振回路谐振时，电感电容两端的电压与谐振电流之间的矢量关系。

式(2-10)所述的电流特性如图 2-3 所示。

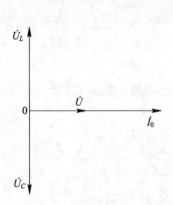

图 2-2 串联谐振回路谐振时电流电压关系　　　图 2-3 串联振荡回路电流特性

可以看到此时串联振荡回路类似于一个滤波器，当所加电压源频率为谐振频率时，其通过的电流最大；电压源频率距离谐振频率越远，通过的电流越小。

通频带或称为 3 dB 带宽(半功率点通频带)定义为回路的电流值下降为谐振电流值(中心频率 f_0 处)的 $1/\sqrt{2}$ 时对应的频率范围，也称回路带宽，通常用 $B_{3\,dB}$ 或 $B_{0.707}$ 来表示。令 $1/\sqrt{1+\xi^2}$ 等于 $1/\sqrt{2}$，则可推得 $\xi=\pm 1$，从而可得 3 dB 带宽为

$$B_{0.707} = 2\Delta f = \frac{f_0}{Q} \qquad\qquad (2-11)$$

从图 2-3 可以看到，品质因数越大，曲线越尖锐，回路的通频带越窄。

二、并联谐振回路

简单并联谐振回路电路如图 2-4(a)所示，L 为电感线圈，r 是其损耗电阻，r 通常很小，可以忽略，C 为电容。振荡回路的谐振特性可以从它们的阻抗频率特性看出来。对于图 2-4(a)的并联振荡回路，当信号角频率为 ω 时，其并联阻抗为

$$Z_{\mathrm{p}} = \frac{(r + \mathrm{j}\omega L)\dfrac{1}{\mathrm{j}\omega C}}{r + \mathrm{j}\omega L + \dfrac{1}{\mathrm{j}\omega C}} \tag{2-12}$$

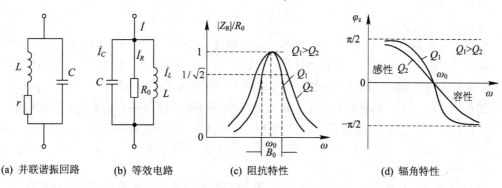

| (a) 并联谐振回路 | (b) 等效电路 | (c) 阻抗特性 | (d) 辐角特性 |

图 2-4 并联谐振回路及其等效电路、阻抗特性和辐角特性

使感抗与容抗相等的频率称为并联谐振频率 ω_0，令 Z_{p} 的虚部为零，求解方程的根就是 ω_0，可得

$$\omega_0 = \frac{1}{\sqrt{LC}}\sqrt{1 - \frac{1}{Q^2}} \tag{2-13}$$

式中，Q 为回路的品质因数，有

$$Q = \frac{\omega_0 L}{r} = \frac{1}{\omega_0 C r} \tag{2-14}$$

Q 是谐振回路的一个重要参数。在高频电路中，通常 Q 是远大于 1($Q \gg 1$)的值(一般电感线圈的 Q 值为几十到一、二百)，此时，谐振频率可简化为

$$\omega_0 = \frac{1}{\sqrt{LC}} \tag{2-15}$$

此频率也是回路的中心频率。

发生谐振的物理意义是：此时，电容中储存的电能和电感中储存的磁能周期性地转换，并且储存的最大能量相等。回路在谐振时的阻抗最大，为一纯电阻 R_0：

$$R_0 = \frac{L}{Cr} = Q\omega_0 L = \frac{Q}{\omega_0 C} \tag{2-16}$$

电感 L 的损耗电阻 r 越小，并联谐振电阻 R_0 越大，$r \to 0$ 时，$R_0 \to \infty$。因此，图 2-4(a)的并联谐振回路可用图 2-4(b)所示的等效电路来表示。

我们还关心并联回路在谐振频率附近的阻抗特性，同样考虑高 Q 条件下，可将式(2-12)表

示为

$$Z_p = \frac{L/(Cr)}{1 + jQ\left(\dfrac{\omega}{\omega_0} - \dfrac{\omega_0}{\omega}\right)} \tag{2-17}$$

并联回路通常用于窄带系统，此时 ω 与 ω_0 相差不大，式(2-17)可进一步简化为

$$Z_p = \frac{R_0}{1 + jQ\dfrac{2\Delta\omega}{\omega_0}} = \frac{R_0}{1 + j\xi} \tag{2-18}$$

对于相频特性，有

$$\varphi_z = -\arctan\left(2Q\frac{\Delta\omega}{\omega_0}\right) = -\arctan\xi \tag{2-19}$$

根据上式可画出归一化的并联谐振阻抗特性和辐角特性，如图 2-4(c)、图 2-4(d)所示，分别称为谐振曲线的幅频特性和相频特性。可以看到，并联谐振回路同样具有滤波特性，并与串联谐振回路具有相同的滤波特性，即并联谐振回路的 3 dB 通频带 $B_{0.707} = f_0/Q$。

谐振时（$f = f_0$），回路呈纯电阻，输出电压与信号电流源同相。失谐时，若 $f < f_0$，回路呈感性；若 $f > f_0$，回路呈容性。相频特性呈负斜率，在谐振频率处为

$$\frac{\mathrm{d}\varphi_z}{\mathrm{d}\omega}\bigg|_{\omega=\omega_0} = -\frac{2Q}{\omega_0} \tag{2-20}$$

且 Q 值越高，斜率越大，曲线越陡峭。在谐振频率附近，相频特性近似呈线性关系，且 Q 值越小，线性范围越宽。

在图 2-4(b)的等效电路中，流过 L 的电流 $\dot{I}_L$ 是感性电流，它落后于回路两端电压 $90°$。$\dot{I}_C$ 是容性电流，超前于回路两端电压 $90°$。$\dot{I}_R$ 则与回路电压同相。谐振时 $\dot{I}_L$ 与 $\dot{I}_C$ 相位相反，大小相等。此时流过回路的电流 $\dot{I}$ 正好就是流过 R_0 的电流 $\dot{I}_R$。由式(2-14)还可看出，由于回路并联谐振电阻 R_0 为 $\omega_0 L$ 及 $1/(\omega_0 C)$ 的 Q 倍，并联电路各支路电流大小与阻抗成反比，因此电感和电容中的电流为外部电流的 Q 倍，即有

$$I_L = I_C = QI \tag{2-21}$$

图 2-5 表示了并联振荡回路中谐振时的电流、电压关系。

应当指出，以上讨论的是高 Q 的情况。如果 Q 值较低时，并联振荡回路谐振频率将低于高 Q 情况的频率，并使谐振曲线和相位特性随着 Q 值而偏离。还应当强调指出，以上所用到的品质因数都是指回路没有外加负载时的值，称为空载 Q 值或 Q_0。当回路有外加负载时，品质因数要用有载 Q 值或 Q_L 来表示，其中的电阻 r 应为考虑负载后的总的损耗电阻。

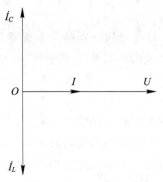

图 2-5 并联回路中谐振时的
电流、电压关系

例 2-1 如图 2-6 所示放大器以简单并联振荡回路为负载，信号中心频率 $f_s = 10$ MHz，回路电容 $C = 50$ pF，试计算所需的线圈电感值。又若线圈品质因数为 $Q = 100$，试计算回路谐振电阻及回路带宽。若放大器所需的带宽为 0.5 MHz，则应在回路上并联多大电阻才能满足放大器

所需带宽要求?

解　(1) 计算 L 值。由式(2-15),可得

$$L = \frac{1}{\omega_0^2 C} = \frac{1}{(2\pi)^2 f_0^2 C}$$

将 f_0 以兆赫(MHz)为单位,C 以皮法(pF)为单位,L 以微亨(μH)为单位。上式可变为一实用计算公式:

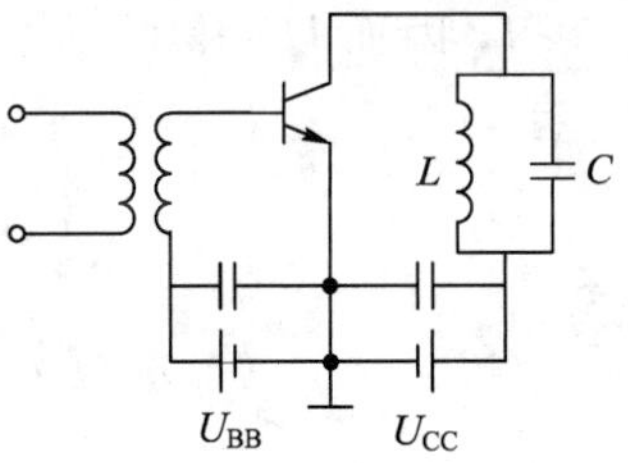

$$L = \left(\frac{1}{2\pi}\right)^2 \frac{1}{f_0^2 C} \times 10^6 = \frac{25\,330}{f_0^2 C}$$

将 $f_0 = f_s = 10\ \text{MHz}$ 代入,得

$$L = 5.07\ \mu\text{H}$$

(2) 回路谐振电阻和带宽由式(2-17)可得

$$R_0 = Q\omega_0 L = 100 \times 2\pi \times 10^7 \times 5.07 \times 10^{-6} = 3.18 \times 10^4 = 31.8\ \text{k}\Omega$$

$$B = \frac{f_0}{Q} = 100\ \text{kHz}$$

(3) 求满足 0.5 MHz 带宽的并联电阻。设回路上并联电阻为 R_1,并联后的总电阻为 $R_1 /\!/ R_0$,总的回路有载品质因数为 Q_L。由带宽公式,有

$$Q_\text{L} = \frac{f_0}{B}$$

此时要求的带宽 $B = 0.5\ \text{MHz}$,故:

$$Q_\text{L} = 20$$

回路总电阻为

$$\frac{R_0 R_1}{R_0 + R_1} = Q_\text{L}\omega_0 L = 20 \times 2\pi \times 10^7 \times 5.07 \times 10^{-6} = 6.37\ \text{k}\Omega$$

$$R_1 = \frac{6.37 \times R_0}{R_0 - 6.37} = 7.97\ \text{k}\Omega$$

需要在回路上并联 7.97 kΩ 的电阻。

图 2-6

三、抽头并联谐振回路

在实际应用中,常常用到激励源或负载与回路电感或电容部分连接的并联谐振回路,称为抽头并联谐振回路。图 2-7 是几种常用的抽头并联谐振回路。采用抽头回路,可以通过改变抽头位置或电容分压比来实现回路与信号源的阻抗匹配(如图 2-7(a)、图 2-7(b)所示),或者进行阻抗变换(如图 2-7(d)、图 2-7(e)所示)。也就是说,除了回路的基本参数 ω_0、Q 和 R_0 外,还增加了一个可以调节的因子。这个调节因子就是抽头系数(接入系数) p,其定义如下:与外电路相连的那部分电抗与本回路参与分压的同性质总电抗之比。也可以用电压比来表示,即

$$p = \frac{U}{U_\text{T}} \qquad (2-22)$$

因此,又把抽头系数称为电压比或变比。

下面简单分析图 2-7(a)和图 2-7(b)两种电路。仍考虑是窄带高 Q 的实际情况。对

于图 2-7(a)，设回路处于谐振或失谐不大时，流过电感的电流 I_L 仍然比外部电流大得多，即 $I_L \gg I$，因而 U_T 比 U 大。当谐振时，输入端呈现的电阻设为 R，从功率相等的关系看，有

$$\frac{U_T^2}{2R_0} = \frac{U^2}{2R} \tag{2-23}$$

$$R = \left(\frac{U}{U_T}\right)^2 R_0 = p^2 R_0 \tag{2-24}$$

其中，抽头系数 p 用元件参数表示时则要稍复杂些。仍设满足 $I_L \gg I$。设抽头部分的电感为 L_1，若忽略两部分间的互感，则抽头系数为 $p = L_1/L$。实际上一般是有互感的，设上下两段线圈间的互感值为 M，则抽头系数为 $p = (L_1 + M)/L$。

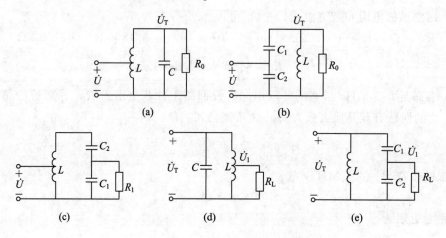

图 2-7　几种常见抽头振荡回路

事实上，接入系数的概念不只是对谐振回路适用，在非谐振回路中通常也用电压比来定义接入系数。根据分析，在高 Q 回路失谐不大，p 又不是很小的情况下，输入端的阻抗也有类似关系：

$$Z = p^2 Z_T = \frac{p^2 R_0}{1 + \mathrm{j}2Q\frac{\Delta\omega}{\omega_0}} \tag{2-25}$$

对于图 2-6(b)的电路，其接入系数 p 可以直接用电容比值表示为

$$p = \frac{U}{U_T} = \frac{\dfrac{1}{\omega C_2}}{\dfrac{1}{\omega \dfrac{C_1 C_2}{C_1 + C_2}}} = \frac{C_1}{C_1 + C_2} \tag{2-26}$$

在实用中，除了阻抗需要折合外，有时信号源也需要折合。对于电压源，由式(2-22)可得

$$U = pU_T \tag{2-27}$$

对于如图 2-8 所示的电流源，其折合关系为

$$I_T = pI \tag{2-28}$$

需要注意，对信号源进行折合时的变比是 p，而不是 p^2。

例 2-2 如图 2-9 所示。抽头回路由电流源激励,忽略回路本身的固有损耗,试求回路两端电压 $u(t)$ 的表示式及回路带宽。

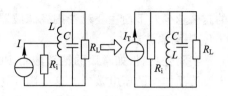

图 2-8 电流源的折合

解 假设回路满足高 Q 条件,由图可知,回路电容为

$$C = \frac{C_1 C_2}{C_1 + C_2} = 1000 \text{ pF}$$

谐振角频率为

$$\omega_0 = \frac{1}{\sqrt{LC}} = 10^7 \text{ rad/s}$$

电阻 R_1 的接入系数:

$$p = \frac{C_1}{C_1 + C_2} = 0.5$$

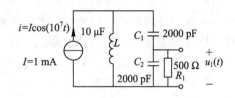

图 2-9 例 2-2 的抽头回路

等效到回路两端的电阻为

$$R = \frac{1}{p^2} R_1 = 2000 \text{ } \Omega$$

回路两端电压 $u(t)$ 与 $i(t)$ 同相,电压振幅 $U = IR = 2$ V,故:

$$u(t) = 2\cos 10^7 t \text{ (V)}$$

输出电压为

$$u_1(t) = pu(t) = \cos 10^7 t \text{ (V)}$$

回路品质因数:

$$Q = \frac{R}{\omega_0 L} = \frac{2000}{100} = 20$$

回路带宽:

$$B_\omega = \frac{\omega_0}{Q} = 5 \times 10^5 \text{ rad/s}$$

计算表明满足原来的高 Q 的假设,而且也基本满足 $pQ = 10$ 远大于 1 的条件。在上述近似计算中小 $u_1(t)$ 与 $u(t)$ 同相。考虑到 R_1 对实际分压比的影响,$u_1(t)$ 与 $u(t)$ 之间还有一小的相移。

四、集中滤波器

随着电子技术的发展,高增益、宽频带的高频集成放大器和其他高频处理模块(如高频乘法器、混频器、调制解调器等)越来越多,应用也越来越广泛。与这些高频集成放大器和高频处理模块配合使用的滤波器虽然可以用前面所讨论的高频调谐回路来实现,但用集中滤波器作选频电路已成为大势所趋。采用集中选频滤波器,不仅有利于电路和设备的微型化,便于大量生产,而且可以提高电路和系统的稳定性,改善系统性能。同时,也可以使电路和系统的设计更加简化。高频电路中常用的集中选频滤波器主要有 LC 式集中选择滤波器、晶体滤波器、陶瓷滤波器和声表面波滤波器。早些年使用的机械滤波器现在已很少使用。LC 式集中选择滤波器实际上就是由多节调谐回路构成的 LC 滤波器,在高性能电路中用的越来越少。下面主要讨论陶瓷滤波器和声表面波滤波器。

1．陶瓷滤波器

某些陶瓷材料(如常用的锆钛酸铅 $Pb(ZrTi)O_3$)经直流高压电场极化后，可以得到类似于石英晶体中的压电效应。这些陶瓷材料称为压电陶瓷材料。陶瓷谐振器的等效电路也和晶体谐振器相同。其品质因数较晶体小得多(约为数百)，但比 LC 滤波器的要高，串并联频率间隔也较大。因此，陶瓷滤波器的通带较晶体滤波器要宽，但选择性稍差。由于陶瓷材料在自然界中比较丰富，因此，陶瓷滤波器相对较为便宜。

简单的陶瓷滤波器是由单片压电陶瓷上形成双电极或三电极，它们相当于单振荡回路或耦合回路。性能较好的陶瓷滤波器通常是将多个陶瓷谐振器接入梯形网络而构成。它是一种多极点的带通(或带阻)滤波器。单片陶瓷滤波器通常用在放大器射极电路中，取代旁路电容。由于陶瓷谐振器的 Q 值比通常电感元件高，滤波器的通带衰减小而带外衰减大，矩形系数较小。这类滤波器通常都封装成组件供应。高频陶瓷滤波器的工作频率可以从 $1\sim100$ MHz，相对带宽为 $0.1\%\sim10\%$。

2．声表面波滤波器

声表面波 SAW(Surface Acoustic Wave)器件是一种利用沿弹性固体表面传播机械振动波的器件。所谓 SAW，是在压电固体材料表面产生和传播、且振幅随深入固体材料的深度增加而迅速减小的弹性波，它有两个显著特点：一是能量密度高，其中约 90% 的能量集中于厚度等于一个波长的表面薄层中；二是传播速度慢，约为纵波速度的 45%，是横波速度的 90%。在多数情况下，SAW 的传播速度为 $3000\sim5000$ m/s。根据这两个特性，人们可以研制出功能各异的器件，如滤波器、延迟线、匹配滤波器(对某种高频已调信号的匹配)、信号相关器和卷积器等。如果与有源器件结合，还可以做成声表面波振荡器和声表面波放大器等。这些 SAW 器件体积小、重量轻，性能稳定可靠。

第二节　电子噪声及其特性

一、概述

电子设备的性能在很大程度上与干扰和噪声有关。所谓干扰(或噪声)就是除有用信号以外的一切不需要的信号及各种电磁骚动的总称。干扰(或噪声)按其发生的地点分为由设备外部进来的外部干扰和由设备内部产生的内部干扰。按产生的根源来分有自然干扰和人为干扰。按电特性分有脉冲型、正弦型和起伏型干扰等。

干扰和噪声是两个同义的术语，没有本质的区别。习惯上，将外部来的称为干扰，内部产生的称为噪声。本节主要讨论具有起伏性质的内部噪声。故障性的人为噪声，原则上可以通过合理设计和正确调整予以消除，而设备固有的内部噪声才是要讨论的内容。

二、电子噪声的来源与特性

在电子线路中，噪声来源主要有两方面：电阻热噪声和半导体管噪声。两者有许多相同的特性。

1. 电阻热噪声

一个导体和电阻中有着大量的自由电子,由于温度的原因,这些自由电子要作不规则的运动,要发生碰撞、复合和产生二次电子等现象。温度越高,自由电子的运动越剧烈。就一个电子来看,电子的一次运动过程,就会在电阻两端感应出很小的电压。大量的热运动电子就会在电阻两端产生起伏电压(实际上是电势)。就一段时间看,出现正负电压的概率相同,因而两端的平均电压为零。但就某一瞬间看,电阻两端电势 e_n 的大小和方向是随机变化的。这种因热运动而产生的起伏电压就称为电阻的热噪声。图 2 - 10 就是电阻热噪声的一个样本。

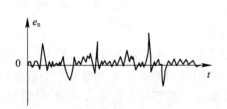

图 2 - 10　电阻热噪声电压波形

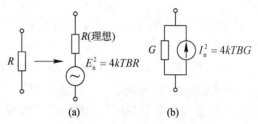

图 2 - 11　电阻热噪声等效电路

1)热噪声电压和功率谱密度

理论和实践证明,当电阻的温度为 T(K)(绝对温度)时,电阻 R 两端噪声电压的均方值为

$$E_n^2 = \lim_{T \to \infty} \frac{1}{T} \int_0^T e_n^2 \mathrm{d}t = 4kTBR \qquad (2-29)$$

式中:k 为波尔茨曼常数,$k = 1.37 \times 10^{-23}$ J/K;B 为测量此电压时的带宽;T 为绝对温度(K),这就是奈奎斯特公式。均方根 $E_n = \sqrt{4kTBR}$ 表示的是起伏电压交流分量的有效值。

根据式(2-29)表示的噪声电势,电阻的热噪声可以用图 2 - 11(a)的等效电路表示,即由一个噪声电压源和一个无噪声的电阻串联。根据戴维南定理,也可以化为图 2 - 11(b)的电流源电路,图中 $G = 1/R$。

因功率与电压或电流的均方值成正比,电阻热噪声也可以看成是一噪声功率源。由图可以算出,此功率源输出的最大噪声功率为 kTB,其中,B 为测量此噪声时的带宽。这说明,电阻的输出热噪声功率与带宽成正比。若观察的带宽为 Δf,对应的噪声功率为 $kT\Delta f$。因而单位频带(1 Hz 带宽)内的最大噪声功率为 kT,它与观察的频带范围无关。这种功率谱不随频率变化的噪声,称之为白噪声。

为了方便计算电路中的噪声,也可以引入噪声电压谱密度或噪声电流谱密度。考虑到噪声的随机性,只有均方电压、均方电流才有意义,因此,定义均方电压谱密度和均方电流谱密度分别对应于单位频带内的噪声电压均方值与噪声电流均方值,在图 2 - 11 中,它们分别为

$$S_U = 4kTR \quad (\text{V}^2/\text{Hz}) \qquad (2-30)$$

$$S_I = 4kTG \quad (\text{A}^2/\text{Hz}) \qquad (2-31)$$

2)线性电路中的热噪声

要计算线性电路中的热噪声,会遇到下列情况:多个电阻的热噪声和热噪声通过线性

电路。

（1）多个电阻的热噪声。考虑多个电阻或串联或并联，或者是混联连接，求总的电阻热噪声。以两个电阻（R_1、R_2）串联为例，假设两个电阻上的噪声电势 e_{n1}、e_{n2} 是统计独立的，因而，从概率论观点来说，它们也是互不相关的。设串联后的电势瞬时值为

$$e_n = e_{n1} + e_{n2}$$

根据式（2-29），其均方值为

$$E_n^2 = \lim_{T \to \infty} \frac{1}{T} \int_0^T (e_{n1} + e_{n2})^2 \, dt$$

$$= \lim_{T \to \infty} \frac{1}{T} \int_0^T e_{n1}^2 \, dt + \lim_{T \to \infty} \frac{1}{T} \int_0^T e_{n2}^2 \, dt + \lim_{T \to \infty} \frac{1}{T} \int_0^T 2 e_{n1} e_{n2} \, dt$$

因 e_{n1}、e_{n2} 互不相关，上式第三项为零。因此有

$$E_n^2 = E_{n1}^2 + E_{n2}^2 = 4kTB(R_1 + R_2) \tag{2-32}$$

式（2-32）表明两个串联电阻总的噪声电压均方值等于总电阻的噪声电压均方值。这里假设两电阻的温度相同。这一关系可以推广至多个电阻的串并联。这里得出一个重要结论，即只要各噪声源是相互独立的，则总的噪声服从均方叠加原则。由式（2-32）可看出，只要求出串联电阻值，就可以求得总的噪声均方值。

同理，对于多个电阻并联的情形，只要求出总的并联电阻值，就可以求得总的噪声均方值。

（2）热噪声通过线性网络。对于热噪声通过各种线性电路的普遍情况，可以研究图 2-12 的电路模型。图中，$H(j\omega)$ 为电路的传输函数，它是输出的电压、电流（复频域）与输入电压、电流间的比值，它可以是无

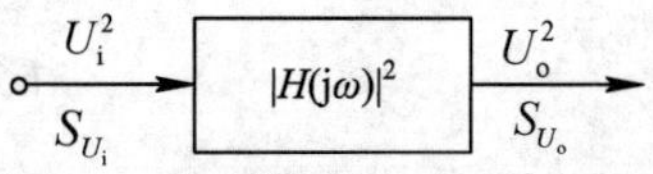

图 2-12　热噪声通过线性电路的模型

量纲或以阻抗、导纳为量纲。对于单一频率的信号来说，输出电压、电流的均方值与输入电压、电流的均方值之间的比值，是与 $|H(j\omega)|^2$ 成正比的。因此，对于反映狭带（近似单一频率信号）噪声的噪声谱密度 S_U、S_I 之间也有同样关系。比如，传输函数表示电压之比，则有

$$S_{U_o} = |H(j\omega)|^2 S_{U_i} \tag{2-33}$$

的关系，S_{U_o}、S_{U_i} 分别表示输出、输入端的噪声电压谱密度。输出噪声电压均方值为

$$E_n^2 = \int_0^\infty S_{U_o} \, df \tag{2-34}$$

3）噪声带宽

在电阻热噪声公式（2-29）中，有一带宽因子 B，曾说明它是测量此噪声电压均方值的带宽。因为电阻热噪声是均匀频谱的白噪声，因此这一带宽应该理解为一理想滤波器的带宽。实际的测量系统，包括噪声通过的后面的线性系统（如接收机的频带放大系统）都不具有理想的滤波特性。此时输出端的噪声功率或者噪声电压均方值应该按谱密度进行积分计算。计算后可以引入一"噪声带宽"，知道系统的噪声带宽对计算和测量噪声都是很方便的。

图 2-12 是一线性系统，其电压传输函数为 $H(j\omega)$。设输入一电阻热噪声，均方电压谱为 $S_{U1} = 4kTR$，输出均方电压谱为 S_{U2}，则输出均方电压 E_{n2}^2 为

$$E_{n2}^2 = \int_0^\infty S_{U2}\,\mathrm{d}f = \int_0^\infty S_{U1}\,|H(\mathrm{j}\omega)|^2\,\mathrm{d}f = 4kTR\int_0^\infty |H(\mathrm{j}\omega)|^2\,\mathrm{d}f$$

设 $|H(\mathrm{j}\omega)|$ 的最大值为 H_0，则可定义一等效噪声带宽 B_n，令：

$$E_{n2}^2 = 4kTRB_n H_0^2 \qquad\qquad (2-35)$$

则等效噪声带宽 B_n 为

$$B_n = \frac{\int_0^\infty |H(\mathrm{j}\omega)|^2\,\mathrm{d}f}{H_0^2} \qquad (2-36)$$

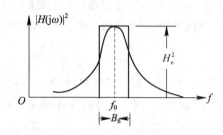

其关系如图 2-13 所示。在上式中，分子为曲线 $|H(\mathrm{j}\omega)|^2$ 的面积，因此噪声带宽的意义是：使 H_0^2 和 B_n 为两边的矩形面积与曲线下的面积相等。B_n 的大小由实际特性 $|H(\mathrm{j}\omega)|^2$ 决定，而与输入噪声无关。一般情况下它不等

图 2-13　线性系统的等效噪声带宽

于实际特性的 3 dB 带宽 $B_{0.707}$。只有实际特性接近理想矩形时，两者数值上才接近相等。

例 2-3　计算图 2-14 所示单振荡回路的等效噪声带宽，该回路为高 Q 回路，谐振频率为 f_0。

解　由电路可知，此回路的 $|H(\mathrm{j}\omega)|^2$ 可近似为

$$|H(\mathrm{j}\omega)|^2 \approx \frac{\left(\dfrac{1}{\omega_0 Cr}\right)^2}{1 + \left(2Q\dfrac{\Delta\omega}{\omega_0}\right)^2}$$

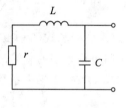

图 2-14　单振荡回路

式中，$\Delta\omega = \omega - \omega_0$。由此可得等效噪声带宽为

$$B_n = \frac{\int_0^\infty |H(\mathrm{j}\omega)|^2\,\mathrm{d}f}{H_0^2} = \int_{-\infty}^\infty \frac{1}{1 + \left(2Q\dfrac{\Delta f}{f_0}\right)^2}\,\mathrm{d}\Delta f = \frac{\pi f_0}{2Q}$$

已知并联回路的 3 dB 带宽为 $B_{0.707} = f_0/Q$，故：

$$B_n = \frac{\pi}{2} B_{0.707} = 1.57 B_{0.707}$$

对于多级单调谐回路，级数越多，传输特性越接近矩形，B_n 越接近于 $B_{0.707}$。对于其他线性系统，如低通滤波器、多级回路或集中滤波器，均可以用同样方法计算等效噪声带宽。

三、噪声系数

1. 噪声系数的定义

为了衡量某一线性电路（如放大器）或一系统（如接收机）的噪声特性，通常需要引入一个衡量电路或系统内部噪声大小的量度。有了这种量度就可以比较不同电路噪声性能的好坏，也可以据此进行测量。目前广泛使用的一个噪声量度称作噪声系数（Noise Factor），或噪声指数（Noise Figure）。

在一些部件和系统中，噪声对它们性能的影响主要表现在信号与噪声的相对大小，即信号噪声功率比上。就以收音机和电视机来说，若输出端的信噪比越大，声音就越清楚，

19

图像就越清晰。因此，希望有这样的电路和系统：当有用信号和输入端的噪声通过它们时，此系统不引入附加的噪声。这意味着输出端与输入端具有相同的信噪比。实际上，由于电路或系统内部总有附加噪声，信噪比不可能不变。我们希望输出端信噪比的下降应尽可能小。噪声系数的定义就是从上述想法中引出的。

图 2-15 为一线性四端网络，它的噪声系数定义为输入端的信号噪声功率比 $(S/N)_i$ 与输出端的信号噪声功率比 $(S/N)_o$ 的比值，即

$$N_F = \frac{(S/N)_i}{(S/N)_o} = \frac{S_i/N_i}{S_o/N_o} \qquad (2-37)$$

图 2-15 中，K_P 为电路的功率传输系数（或功率放大倍数）。设 N_a 为表现在输出端的内部附加噪声功率。考虑到 $K_P = S_o/S_i$，式(2-37)可以表示为

图 2-15　噪声系数的定义

$$N_F = \frac{N_o}{N_i K_P} = \frac{N_o/K_P}{N_i} \qquad (2-38)$$

$$N_F = \frac{(N_i K_P + N_a)/K_P}{N_i} = 1 + \frac{N_a/K_P}{N_i} \qquad (2-39)$$

式(2-38)和式(2-39)也可以看作是噪声系数的另一种定义。式(2-38)表示噪声系数等于归于输入端的总输出噪声与输入噪声之比。式(2-39)是用归于输入端的附加噪声表示的噪声系数。噪声系数通常用 dB 表示，用 dB 表示的噪声系数为

$$N_F (dB) = 10 \lg N_F = 10 \lg \frac{(S/N)_i}{(S/N)_o} \qquad (2-40)$$

由于 $(S/N)_i$ 总是大于 $(S/N)_o$，故噪声系数的数值总是大于 1，其 dB 数为正。理想无噪系统的噪声系数为 0 dB。

噪声系数是一个很容易含混不清的参数指标，为了使它能进行计算和测量，有必要在定义的基础上加以说明和澄清。

(1) 噪声功率是与带宽 B 相联系的。为了不使噪声系数依赖于指定的带宽，最好用一规定的窄频带内的噪声功率进行定义，在国际上(如按 IEEE 的标准)，噪声系数是按输出、输入功率谱密度定义的。此时噪声系数只是随指定的工作频率不同而不同，即表示为点频的噪声系数。但是若引入等效噪声带宽，则式(2-39)和式(2-40)也可以用于整个频带内的噪声功率。即此定义中的噪声功率为系统内的实际功率。这时的噪声系数具有平均意义。

(2) 由式(2-39)可以看出，信号功率 S_o、S_i 是成比例变化的，因而噪声系数与输入信号大小无关，但是与输入噪声功率 N_i 有关。如果不给 N_i 以明确的规定，则噪声系数就没有意义。为此，在噪声系数的定义中，规定 N_i 为信号源内阻 R_s 的最大输出功率 kTB。

(3) 在噪声系数的定义中，并没有对线性网络两端的匹配情况提出要求，而实际电路也不一定是阻抗匹配的。因此，噪声系数的定义具有普遍适用性。输出端的阻抗匹配与否并不影响噪声系数的大小，即噪声系数与输出端所接负载的大小(包括开路或短路)无关。

(4) 噪声系数的定义只适用于线性或准线性电路。

2. 噪声系数的计算

噪声系数的计算可以利用额定功率法，根据其定义进行。

为了计算和测量的方便,四端网络的噪声系数也可以用额定功率增益来定义。为此,引入"额定功率"和"额定功率增益"的概念。

额定功率,又称资用功率或可用功率,是指信号源所能输出的最大功率,它是一个度量信号源容量大小的参数,是信号源的一个属性,只取决于信号源本身的参数——内阻和电动势,与输入电阻和负载无关。如图 2 – 16 所示,为了使信号源输出最大功率,要求信号源内阻 R_S 与负载电阻 R_L 相匹配,即 $R_S = R_L$。也就是说,只有在匹配时负载才能得到额定功率值。对于图 2 – 16(a)和(b),其额定功率分别为

$$P_{sm} = \frac{E_S^2}{4R_S} \qquad (2-41)$$

和

$$P_{sm} = \frac{1}{4} I_S^2 R_S \qquad (2-42)$$

式中,E_S 和 I_S 分别是电压源和电流源的电压有效值和电流有效值。任何电阻 R 的额定噪声功率均为 kTB。

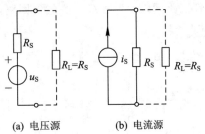

(a) 电压源   (b) 电流源

图 2 – 16　信号源的额定功率

额定功率增益 K_{Pm} 是指四端网络的输出额定功率 P_{smo} 和输入额定功率 P_{smi} 之比,即

$$K_{Pm} = \frac{P_{smo}}{P_{smi}} \qquad (2-43)$$

显然,额定功率增益 K_{Pm} 不一定是网络的实际功率增益,只有在输出和输入都匹配时,这两个功率才相等。

根据噪声系数的定义,分子和分母都是同一端点上的功率比,因此将实际功率改为额定功率,并不改变噪声系数的定义,则

$$N_F = \frac{P_{smi}/N_{mi}}{P_{smo}/N_{mo}} = \frac{N_{mo}}{K_{Pm}N_{mi}} \qquad (2-44)$$

特殊地,对于无源四端网络(它可以是振荡回路,也可以是电抗、电阻元件构成的滤波器、衰减器等),如图 2 – 17 所示,由于在输出端匹配时(噪声系数与输出端的阻抗匹配与否无关,考虑匹配时较为简单),输出的额定噪声功率 N_{mo} 也为 kTB,因此,由式(2-44)得无源四端网络的噪声系数:

$$N_F = \frac{1}{K_{Pm}} = L \qquad (2-45)$$

式中,L 为网络的衰减倍数。上式表明,无源网络的噪声系数等于网络的衰减。

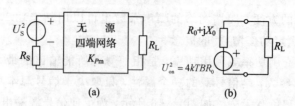

图 2-17 无源四端网络的噪声系数

例 2-4 图 2-18 所示为并联抽头谐振回路，信号源以电流源表示，G_S 为信号源电导，G 为回路的损耗电导，p 为接入系数。计算该电路的噪声系数。

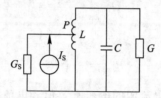

图 2-18 抽头回路的噪声系数

解 将信号源电导等效到回路两端，为 $p^2 G_S$。等效到回路两端的信号源电流为 pI_S。输出端匹配时的最大输出功率为

$$P_{mo} = \frac{p^2 I_S^2}{4(G + p^2 G_S)}$$

输入端信号源的最大输出功率为

$$P_{sm} = \frac{I_S^2}{4G_S}$$

因此，网络的噪声系数为

$$N_F = \frac{1}{K_{Pm}} = \frac{P_{sm}}{P_{mo}} = \frac{G + p^2 G_S}{p^2 G_S} = 1 + \frac{G}{p^2 G_S}$$

无源四端网络的噪声系数等于它的衰减值，这是一个有用的结论。比如，接收机输入端加一衰减器(或者因馈线引入衰减)就使系统(包括衰减器和接收机)的噪声系数增加。

3. 级联四端网络的噪声系数

无线电设备都是由许多单元级联而成的。研究总噪声系数与各级网络的噪声系数之间的关系有非常重要的实际意义，它可以指明降低噪声系数的方向。在多级四端网络级联后，若已知各级网络的噪声系数和额定功率增益，就能十分方便地求得级联四端网络的总噪声系数，这是采用噪声系数带来的一个突出优点。

级联的四端网络，可以是无源网络，也可以是放大器、混频器等。现假设有两个四端网络级联，如图 2-19 所示，它们的噪声系数和额定功率增益分别为 N_{F1}、N_{F2} 和 K_{Pm1}、K_{Pm2}，各级内部的附加噪声功率为 N_{a1}、N_{a2}，等效噪声带宽均为 B。级联后总的额定功率增益为 $K_{Pm} = K_{Pm1} \cdot K_{Pm2}$，等效噪声带宽仍为 B。根据定义，级联后总的噪声系数为

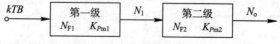

图 2-19 级联网络噪声系数

$$N_{\mathrm{F}} = \frac{N_{\mathrm{o}}}{K_{Pm} kTB} \tag{2-46}$$

式中，N_{o} 为总输出额定噪声功率，它由三部分组成：经两级放大的输入信号源内阻的热噪声；经第二级放大的第一级网络内部的附加噪声；第二级网络内部的附加噪声。即

$$N_{\mathrm{o}} = K_{Pm} kTB + K_{Pm2} N_{\mathrm{a}1} + N_{\mathrm{a}2}$$

按噪声系数的表达式，$N_{\mathrm{a}1}$ 和 $N_{\mathrm{a}2}$ 可分别表示为

$$N_{\mathrm{a}1} = (N_{\mathrm{F}1} - 1) K_{Pm1} kTB$$

$$N_{\mathrm{a}2} = (N_{\mathrm{F}2} - 1) K_{Pm2} kTB$$

则

$$\begin{aligned} N_{\mathrm{o}} &= K_{Pm} kTB + K_{Pm1} K_{Pm2} (N_{\mathrm{F}1} - 1) kTB + K_{Pm2} (N_{\mathrm{F}2} - 1) kTB \\ &= \left[K_{Pm} N_{\mathrm{F}1} + (N_{\mathrm{F}2} - 1) K_{Pm2} \right] kTB \end{aligned}$$

将上式代入式(2-46)，得

$$N_{\mathrm{F}} = N_{\mathrm{F}1} + \frac{N_{\mathrm{F}2} - 1}{K_{Pm1}} \tag{2-47}$$

将式(2-47)推广到更多级级联网络中，有

$$N_{\mathrm{F}} = N_{\mathrm{F}1} + \frac{N_{\mathrm{F}2} - 1}{K_{Pm1}} + \frac{N_{\mathrm{F}3} - 1}{K_{Pm1} K_{Pm2}} + \frac{N_{\mathrm{F}4} - 1}{K_{Pm1} K_{Pm2} K_{Pm3}} + \cdots \tag{2-48}$$

从式(2-47)和式(2-48)可以看出，当网络的额定功率增益远大于 1 时，系统的总噪声系数主要决定于第一级的噪声系数。越是后面的网络，对噪声系数的影响就越小。这是因为越到后级，信号的功率越大，后面网络内部噪声对信噪比的影响就不大了。因此，对第一级来说，不但希望噪声系数小，也希望增益大，以便减小后级噪声的影响。

例 2-5　图 2-20 是一接收机的前端电路，高频放大器和场效应管混频器的噪声系数和功率增益如图所示。试求前端电路的噪声系数(设本振产生的噪声忽略不计)。

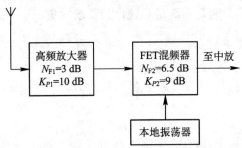

图 2-20　接收机前端电路的噪声系数

解　将图中的噪声系数和增益化为倍数，有

$$K_{P1} = 10^1 = 10 \text{ , } N_{\mathrm{F}1} = 10^{0.3} = 2$$

$$K_{P2} = 10^{0.9} = 7.94 \text{ , } N_{\mathrm{F}2} = 10^{0.65} = 4.47$$

因此，前端电路的噪声系数为

$$N_{\mathrm{F}} = N_{\mathrm{F}1} + \frac{N_{\mathrm{F}2} - 1}{K_{P1}} = 2 + 0.35 = 2.35 (3.7 \text{ dB})$$

四、噪声系数与灵敏度

噪声是限制接收机灵敏度（Sensitivity）的根本原因。所谓接收灵敏度就是保持接收机输出端一定信噪比时，接收机输入的最小信号电压或功率（设接收机有足够的增益）。噪声系数与灵敏度都是衡量接收机接收和检测微弱信号能力的指标，两者之间必然存在着一定的换算关系。

如果要求的接收机前端输出信噪比（解调所需）为 $(S/N)_o$，根据噪声系数定义，则输入信噪比为

$$\left(\frac{S}{N}\right)_i = N_F\left(\frac{S}{N}\right)_o$$

考虑输入噪声功率为 $N_i = kTB$，因此，要求的输入信号功率（接收灵敏度）为

$$S_{imin} = N_F\left(\frac{S}{N}\right)_o kTB \tag{2-49}$$

也可以用输入信号电压幅值来表示接收机的灵敏度。设信号源的内阻为 R_S，则用电动势表示的接收灵敏度为

$$E_S = \sqrt{4R_S S_i} = \sqrt{4R_S N_F\left(\frac{S}{N}\right)_o kTB} \quad (\text{V}) \tag{2-50}$$

用这种方法表示的接收机灵敏度，测量时通常是指输入信号比接收机噪声系数大 10 dB 的音频输出所必需的输入信号电压幅值（调幅度为 0.3）。

由上面分析可知，接收机灵敏度主要取决于接收机的前端电路（特别是线性部分）。为了提高接收机的灵敏度（即降低 S_i 的值），可采取以下几条途径：一是尽量降低接收机的噪声系数 N_F；二是降低接收机前端设备的温度 T；三是减小等效噪声带宽（在超外差接收机中通常可用中频带宽近似）；四是在满足系统性能要求的情况下，尽可能减小解调所需的信噪比（与调制和解调制度有关）。

本 章 小 结

本章主要讨论了高频电路中的选频网络和电子噪声两部分内容，重点是串联谐振回路、并联谐振回路、电子噪声的特性、噪声系数的定义和计算。

1）选频网络

高频电路中的选频网络主要功能是选出有用频率，滤除无用频率，主要的单元电路是串联谐振回路和并联谐振回路，以及抽头并联谐振回路。

串联谐振回路与并联谐振回路的对比如表 2-1 所示。

抽头并联谐振回路涉及的主要内容是电阻、电压以及电流的折合或等效，抽头连接的电阻，电压或电流等效到总体两端后，分析方法与普通并联谐振回路是一样的。

表 2-1 谐振回路特性对比

	串联谐振回路	并联谐振回路
电路		
阻抗	$Z_\mathrm{S} = r(1 + \mathrm{j}\xi)$	$Z_\mathrm{p} = \dfrac{R_0}{1 + \mathrm{j}\xi}$
谐振电阻	r	$R_0 = \dfrac{L}{Cr}$
谐振角频率	$\omega_0 = \dfrac{1}{\sqrt{LC}}$	$\omega_0 = \dfrac{1}{\sqrt{LC}}$
空载品质因数	$Q_0 = \dfrac{\omega_0 L}{r} = \dfrac{1}{\omega_0 Cr}$	$Q_L = \dfrac{R_0}{\omega_0 L} = \dfrac{\omega_0 C}{R_0} = \dfrac{\omega_0 L}{r} = \dfrac{1}{\omega_0 Cr}$
有载品质因数	$Q_L = \dfrac{\omega_0 L}{r + R_L} = \dfrac{1}{\omega_0 C(r + R_L)}$	$Q_0 = \dfrac{R_0 /\!/ R_L}{\omega_0 L} = \dfrac{\omega_0 C}{R_0 /\!/ R_L}$
阻抗特性 $\omega < \omega_0$	回路呈现容性	回路呈现感性
阻抗特性 $\omega = \omega_0$	回路呈现纯电阻	回路呈现纯电阻
阻抗特性 $\omega > \omega_0$	回路呈现感性	回路呈现容性
3 dB 带宽 $B_{0.707}$	$B_{0.707} = \dfrac{f_0}{Q}$	$B_{0.707} = \dfrac{f_0}{Q}$
矩形系数	9.96	9.96

2）电子噪声

电阻热噪声是电子噪声的基础，也是高频电路中最基本的噪声，弄清其成因、特性及其计算方法，对高频电路乃至无线通信系统的设计与分析都有十分重要的意义。噪声系数是衡量线性电路或系统内部引入噪声大小的参数，掌握噪声系数的定义以及计算方法，对整个电路或接收机的噪声、接收灵敏度的规划与设计都有重要的意义。因此这部分的主要内容是电阻热噪声的来源及特性、噪声系数的定义与计算以及噪声灵敏度的概念。

思考题与练习题

2-1 高频振荡回路（LC 谐振回路）是高频电路中应用最广泛的无源网络，主要在电路中完成哪些功能？

2-2 对于收音机的中频放大器，其中心频率为 $f_0 = 465\ \mathrm{kHz}$，$B_0 = 8\ \mathrm{kHz}$，回路电容 $C = 200\ \mathrm{pF}$。试计算回路电感和 Q_L 值。若电感线圈的 $Q_0 = 100$，那么在回路上应并联多大的电阻才能满足要求？

2-3 图 P2-1 为波段内调谐的并联振荡回路，可变电容 C 的变化范围为 12～260

pF，C_t 为微调电容。要求此回路的调谐范围为 535～1605 kHz，求回路电感 L 和 C_t 的值，并要求 C 的最大和最小值与波段的最低和最高频率对应。

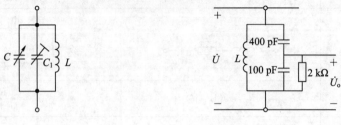

图 P2-1　题 2-3 图　　　　　　　　图 P2-2　题 2-4 图

2-4　图 P2-2 为一电容抽头的并联振荡回路，谐振频率为 1 MHz，$C_1 = 400$ pF，$C_2 = 100$ pF。求回路电感 L。若 $Q_0 = 100$，$R_L = 2$ kΩ，求回路有载 Q_L 值。

2-5　电阻热噪声有何特性？如何描述？

2-6　求如图 P2-3 所示并联电路的等效噪声带宽和输出均方噪声电压值。设电阻 $R = 10$ kΩ，$C = 200$ pF，$T = 290$ K。

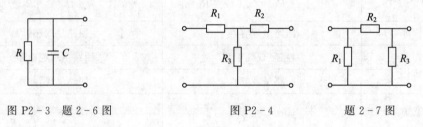

图 P2-3　题 2-6 图　　　　　　图 P2-4　　　　　题 2-7 图

2-7　求图 P2-4 所示的 T 型和 π 型电阻网络的噪声系数。

2-8　接收机等效噪声带宽近似为信号带宽，约 10 kHz，输出信噪比为 12 dB，要求接收机的灵敏度为 1 pW，那么接收机的噪声系数应为多大？

2-9　接收机带宽为 3 kHz，输入阻抗为 50 Ω，噪声系数为 6 dB，用一总衰减为 4 dB 的电缆连接到天线。假设各接口均匹配，为了使接收机输出信噪比为 10 dB，则最小输入信号应为多大？

第三章　高频谐振放大器

高频谐振放大器包含高频小信号谐振放大器和高频功率谐振放大器，它们的负载都采用谐振回路，故统称为高频谐振放大器。在通信系统和其他电子系统中，高频谐振放大器是必不可少的单元电路。比如通信系统中，在接收端从天线上感应的信号是非常微弱的，一般在 μV 级，要将传输的信号恢复出来，首先必须将信号放大，这就需要用高频小信号谐振放大器来完成；在发射机中，要将信号发送出去，通过信道传送到接收端，必须根据传送距离和其他的因素来确定发射机的发射功率。一般发射机的发射功率依据通信方式或通信距离等因素可以从几十毫瓦到几千瓦不等。要达到所需要的发射功率，就需用高频谐振功率放大器放大。本章主要介绍高频小信号谐振放大器和高频功率放大器。

第一节　晶体三极管高频等效电路

本章将以晶体三极管分立器件为例介绍高频放大器，而三极管工作频率较高时需要考虑电容效应，因此，首先介绍晶体三极管高频等效电路。

一、晶体三极管高频混合 π 型等效电路

考虑 PN 结的电容效应及三极管的性质，三极管的物理模拟电路如图 3-1(a) 所示。图中 r'_e 为发射区体电阻，r'_c 为集电区体电阻，r'_e 和 r'_c 一般都小于 10 欧，可以忽略不计；$r_{bb'}$ 为基区体电阻，通常为几十至几百欧；$r_{b'e}$ 为折合到基极支路的发射结正向电阻，通常为几百欧到几千欧；$r_{b'c}$ 表示输出电压对输入电压的反馈作用，约为几兆欧；r_{ce} 表示输出电压对输出电流的影响，约为几十到几百千欧；$C_{b'e}$ 为发射结电容，也有参考书用 C_μ 表示，约为 $100\sim500$ pF；$C_{b'c}$ 为集电结电容，也有参考书用 C_π 表示，约为 $2\sim10$ pF；g_m 为跨导，反映 $U_{b'e}$ 对输出电流 i_C 的控制能力，约为几十 mS。把图 3-1(a) 接成共射接法就得到晶体管共发射极混合 π 型等效电路，如图 3-1(b) 所示。如果三极管工作频率较低时，图中各电容均看作开路，即可简化为微变等效电路，如图 3-1(c) 所示。

图 3-1(b) 中 $r_{b'c}$ 和 $C_{b'c}$ 把输出回路和输入回路连接起来了，必须通过解联立方程式才能求出输出电压和电流，不便于分析；混合 π 型等效电路中各参数随器件的不同有不少的差异。但是，各参数物理意义明确，在较宽的频率范围内，参数值基本不随频率改变，适用于分析宽频带小信号放大器。

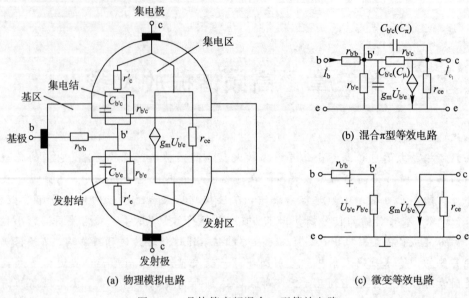

(a) 物理模拟电路

(b) 混合π型等效电路

(c) 微变等效电路

图 3-1　晶体管高频混合 π 型等效电路

二、Y 参 数 等 效 电 路

Y 参数等效电路是将晶体管看作一个有源线性二端口网络，用网络参数构成等效电路，如图 3-2 所示。

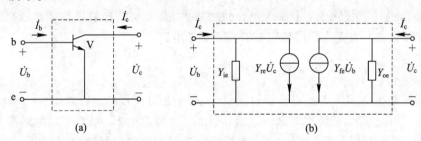

(a)

(b)

图 3-2　Y 参数等效电路

由图可见：

$$\begin{cases} \dot{I}_b = Y_{ie}\dot{U}_b + Y_{re}\dot{U}_c \\ \dot{I}_c = Y_{fe}\dot{U}_b + Y_{oe}\dot{U}_c \end{cases} \qquad (3-1)$$

其中，Y_{ie} 为输出端交流短路时的输入导纳，$Y_{ie} = \dfrac{\dot{I}_b}{\dot{U}_b}\bigg|_{\dot{U}_c} = 0$；

Y_{re} 为输入端交流短路时的反向传输导纳，$Y_{re} = \dfrac{\dot{I}_b}{\dot{U}_c}\bigg|_{\dot{U}_b} = 0$；

Y_{fe} 为输出端交流短路时的正向传输导纳，$Y_{fe} = \dfrac{\dot{I}_c}{\dot{U}_b}\bigg|_{\dot{U}_c} = 0$；

Y_{oe} 为输入端交流短路时的输出导纳，$Y_{oe} = \dfrac{\dot{I}_c}{\dot{U}_c}\bigg|_{\dot{U}_b} = 0$。

晶体管的 Y 参数可以用仪器测出，有些晶体管的手册或数据单上也会给出指定的频率及电流条件下的这些参数量。

在忽略 $r_{b'e}$ 及满足 $C_\pi \gg C_\mu$ 的条件下，Y 参数与混 π 参数之间的关系为

$$Y_{ie} \approx \frac{j\omega C_\pi}{1 + j\omega C_\pi r_{bb'}} \tag{3-2}$$

$$Y_{oe} \approx j\omega C_\mu + \frac{j\omega C_\pi r_{bb'} g_m}{1 + j\omega C_\pi r_{bb'}} \tag{3-3}$$

$$Y_{fe} \approx \frac{g_m}{1 + j\omega C_\pi r_{bb'}} \tag{3-4}$$

$$Y_{re} \approx \frac{-j\omega C_\mu}{1 + j\omega C_\pi r_{bb'}} \tag{3-5}$$

由此可见，Y 参数不仅与静态工作点的电压、电流值有关，而且与工作频率有关，是频率的复函数。当放大器工作在窄带时，Y 参数变化不大，可以将 Y 参数看作常数；当放大器工作在宽带时，不能将 Y 参数看作常数。需要注意的是，手册中给出的 Y 参数是在一定工作条件下的值。

第二节　高频小信号放大器

高频小信号放大器的作用就是放大各种无线电设备中的高频小信号，以便作进一步的变换和处理。如接收机天线接收到的信号一般为微伏级，信号相当微弱，必须通过高频小信号放大器进行放大。这里所说的"小信号"，是指输入信号较小，放大器工作时晶体管或场效应管工作在线性放大区。另外，通常被放大的小信号是一个频带较窄的信号，因此，高频小信号放大器一般以各种选频电路作负载，兼具阻抗变换和选频滤波的功能，通常称为频带放大器。

采用晶体管的分立元件高频放大器是最基本的高频小信号放大器，通常以谐振回路、耦合回路等调谐电路作负载，也称为调谐放大器或谐振放大器。高频小信号放大器也是其他高频电路的基础，如振荡器、混频器等。集成高频放大器采用高频或宽带集成放大器和选频电路(特别是集中滤波器)组成，它具有增益高、性能稳定、调整简单等优点，其应用越来越广泛。

一、高频小信号放大器的主要性能指标

通常从放大器增益、带宽及选择性、噪声系数、稳定性等几方面衡量高频小信号放大器的性能。

1) 增益

为了提高放大微弱信号的能力，要求高频小信号具有足够的电压放大倍数或功率放大倍数。电压放大倍数 A_u 的定义为

$$A_u = \frac{U_o}{U_i} \tag{3-6}$$

式中：U_o 为放大器输出电压振幅度，U_i 为放大器输入电压振幅度。功率放大倍数是指输出功率 P_o 与输入功率 P_i 之比，记为 A_p。即

$$A_p = \frac{P_o}{P_i} \qquad (3-7)$$

放大倍数常用 dB（分贝）来表示，称为增益，定义如下：

$$A_u(\text{dB}) = 20\lg|A_u| = 20\lg\left|\frac{U_o}{U_i}\right| \quad (\text{dB}) \qquad (3-8)$$

$$A_p(\text{dB}) = 10\lg A_p = 10\lg\frac{P_o}{P_i} \quad (\text{dB}) \qquad (3-9)$$

用于各种接收机中的中频放大器，其电压放大倍数可达到 $10^4 \sim 10^5$，即电压增益为 $80 \sim 100$ dB。放大器工作频率的改变，放大器的放大倍数将发生变化，再考虑到放大器的稳定性，单级放大器的放大倍数一般设计在 $10 \sim 30$ dB，因此放大器通常要靠多级级联才能实现。

2）通频带和选择性

高频小信号放大器一般放大的是具有一定带宽的信号，因此要求放大器的带宽应大于或等于待放大的信号带宽，以便让信号中各频率分量都能得到均匀的放大。如图 3-3 所示，放大器的带宽 $B_{0.707}$ 定义为：放大器的电压增益下降到最大值的 0.707 处所对应的频率范围。

在放大有用信号的同时，还必须对带宽以外的信号进行抑制，放大器理想的频率选择性应如图 3-3 中高度为 1、宽度为 $B_{0.707}$ 的矩形虚线所示：在带宽内放大倍数与频率无关，即带宽内不同频率的信号得到相同的放大；带宽以外的信号放大倍数为零，即带宽以外的所有无用信号得到全部抑制。但实际上的放大器频率响应不可能是矩形，如图中的实线所示，由此可见，实际曲线越接近矩形，放大器的频率响应越理想，为了衡量实际曲线接近矩形的程度，一般采用矩形系数来评价，它定义为

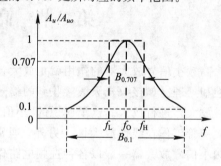

图 3-3　放大器的选择性

$$K_{0.1} = \frac{B_{0.1}}{B_{0.707}} \qquad (3-10)$$

式中：$B_{0.707}$ 就是 3 dB 带宽，而 $B_{0.1}$ 是曲线下降到最大值的 0.1 倍所对应的频带宽度。理想矩形时，$B_{0.707} = B_{0.1}$，矩形系数 $K_{0.1} = 1$。因此，实际的矩形系数 $K_{0.1}$ 总是大于 1，$K_{0.1}$ 越接近于 1 越好。

3）噪声系数 N_F

在接收机中，小信号放大器位于接收机的前端。由第二章的讨论可知，接收机的灵敏度主要取决于前端电路。因此要求放大器的内部噪声要小：放大器本身的噪声越低，接收微弱信号的能力就越强。

4）稳定性

当外部因素如温度、电源电压等变化时，放大器的特性不应发生变化，这就要求设计高频小信号放大器时应采取措施保证放大器的工作稳定性，即模拟电子技术中已经介绍过

的稳定工作点措施。需要特别指出的是，高频小信号放大器放大的信号频率较高，在图 3-1 所示的电路中 C_π 呈现的阻抗较小，晶体管内部的反馈和寄生反馈较强，高频应用时很容易自激，因此需要采取其他措施来保证放大器在频率较高时能稳定工作。

二、高频小信号谐振放大器的工作原理

图 3-4(a)是一典型的高频小信号谐振放大器的实际线路。其直流偏置电路与低频放大器的电路完全相同，只是电容 C_B、C_E 对高频旁路，它们的电容值比低频小信号放大器中小得多。为了得到较大的放大量，一般采用共射极电路。抽头谐振回路作为晶体管放大器负载，完成阻抗匹配和选频滤波功能。由于输入的是高频小信号，放大器工作在甲类状态。谐振回路对信号频率谐振，即 $\omega_0 = \omega$。对信号频率 ω，它呈现大阻抗，对其他频率呈现的阻抗很小，因而使信号频率的电压得到放大，其他频率信号受到抑制。图 3-4(b)是它的交流等效电路。

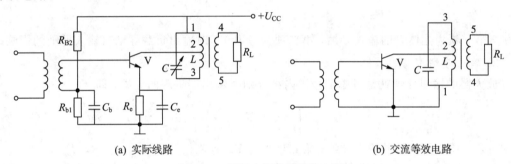

(a) 实际线路　　　　　　　　　　　　(b) 交流等效电路

图 3-4　高频小信号谐振放大器

高频小信号放大器可以看成是线性双端口网络，可以用双端口网络的参数进行分析，在高频电路中，常采用 Y 参数等效电路。图 3-5 是高频小信号放大器的高频等效电路，虚框内是晶体管的高频 Y 参数等效电路。图 3-5 中信号源用电流源 $\dot{I}_S$ 表示，Y_S 是电流源的内导纳，负载导纳为 Y_L，Y_L 应包括谐振回路的导纳和负载电阻 R_L 的等效导纳。

由晶体管 Y 参数方程，可得

$$\dot{I}_b = Y_{ie}\dot{U}_b + Y_{re}\dot{U}_c \tag{3-11}$$

$$\dot{I}_c = Y_{fe}\dot{U}_b + Y_{oe}\dot{U}_c \tag{3-12}$$

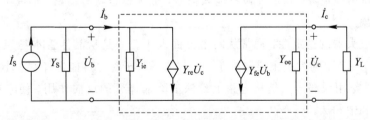

图 3-5　高频小信号放大器的高频等效电路

由图 3-5 可以得到放大器电流 $\dot{I}_b$、$\dot{I}_c$ 与输入回路信号源和负载之间的关系为

$$\dot{I}_b = \dot{I}_S - Y_S\dot{U}_b \tag{3-13}$$

$$\dot{I}_c = - Y_L\dot{U}_c \tag{3-14}$$

1) 电压放大倍数 K

忽略管子内部的反馈，即令 $Y_{re}=0$，由电压放大倍数的定义以及式（3-11）至式（3-14），可得

$$K=\frac{\dot{U}_c}{\dot{U}_b}=-\frac{Y_{fe}}{Y_{oe}+Y_L} \qquad (3-15)$$

当回路谐振时，$Y_{oe}+Y_L$ 的电纳为零，则电压放大倍数的数值为

$$K_0=\frac{|Y_{fe}|}{G_{oe}+G_L} \qquad (3-16)$$

该结果类似于低频小信号放大器。

2) 输入导纳 Y_i

放大器的输入导纳 Y_i，就是考虑有负载 Y_L 时，输入端电流 $\dot{I}_b$ 与 $\dot{U}_b$ 之比，即

$$Y_i=\frac{\dot{I}_b}{\dot{U}_b}=Y_{ie}-\frac{Y_{re}Y_{fe}}{Y_{oe}+Y_L} \qquad (3-17)$$

式中，第一项为晶体管的输入导纳，第二项为考虑 Y_{re} 时输出负载导纳对输入导纳的影响。

3) 输出导纳 Y_o

放大器的输出导纳就是考虑信号源内部导纳时输出端呈现的导纳，即

$$Y_o=\frac{\dot{I}_c}{\dot{U}_c}\bigg|_{\dot{I}_S=0}=Y_{oe}-\frac{Y_{re}Y_{fe}}{Y_S+Y_{ie}} \qquad (3-18)$$

式中，第一项为晶体管的输出导纳，第二项也与 Y_{re} 有关。

4) 稳定性

前面已经讲过，在高频小信号谐振放大器中，由于晶体管集基间电容 $C_{b'c}$（混 π 网络中）的反馈，也就是通过等效电路中反向传输导纳 Y_{re} 的反馈，使放大器容易自激，即存在着工作不稳定的问题。

由式（3-17）可知，如果令 $Y_{re}=0$，则放大器的输入导纳即为晶体管的输入导纳。但考虑 Y_{re} 时，它将输出信号反馈到输入端，如果这个反馈在某个频率相位上满足正反馈条件，且足够大，则会在满足条件的频率上产生自激振荡。即式（3-17）中，如果 Y_{re} 达到一定程度，Y_i 的实部将出现负数，这即使没有输入信号，放大器也将有输出，形成了振荡，放大器产生了自激现象。

为了提高放大器的稳定性，通常从两个方面入手。一是从晶体管本身想办法，减小其反向传输导纳 Y_{re}。Y_{re} 的大小主要取决于 $C_{b'c}$，选择管子时尽可能选择 $C_{b'c}$ 小的管子，使其容抗增大，反馈作用减弱。二是从电路上设法消除晶体管的反向作用，使它单向化，具体方法有失配法和中和法。

高频放大器的增益虽然是重要指标，但这只是在放大器稳定工作时才有意义。为了保证稳定工作，一个有效的方法就是适当降低放大器的电压增益。而降低增益的有效方法就是使电路失配，这样输出电压相应减小，从而使输出端反馈到输入端的电流减小，这就是失配法。可见，失配法是以牺牲增益来换取电路的稳定，失配法电路如图 3-6 所示。

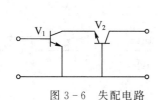

图 3-6 失配电路

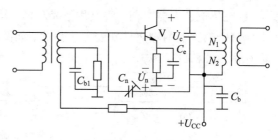

图 3-7 中和电路

中和法通过在晶体管的输出端与输入端之间引入一个附加的外部反馈电路(中和电路)来抵消晶体管内部参数 Y_{re} 的反馈作用。由于 Y_{re} 的实部(反馈电导)很小,可以忽略,所以常常只用一个中和电容 C_n 来抵消反馈电容 $C_{b'c}$ 的虚部的影响,就可达到中和的目的。图 3-7 就是利用中和电容 C_n 的中和电路。为了抵消 Y_{re} 的反馈,从集电极回路取一与 $\dot{U}_c$ 反相的电压 $\dot{U}_n$,通过 C_n 反馈到输入端。C_n 的大小通常由实际调整决定。

由于 Y_{re} 是随频率而变化的,所以固定的中和电容 C_n 只能在某一个频率点起到完全中和的作用,对其他频率只能有部分中和作用。又因为 Y_{re} 是一个复数,中和电路应该是一个由电阻和电容组成的电路,但这给调试增加了困难。另外,如果再考虑到分布参数的作用和温度变化等因素的影响,则中和电路的效果是很有限的。

三、高频集成放大器

高频集成放大器有两类:一种是非选频的高频集成放大器,主要用于某些不需有选频功能的设备中,通常以电阻或宽带高频变压器作负载;另一种是选频放大器,用于需要有选频功能的场合,如接收机的中放就是它的典型应用。

为满足高增益放大器的选频要求,集成选频放大器一般采用集中滤波器作为选频电路,如晶体滤波器、陶瓷滤波器或声表面波滤波器等。当然,它们只适用于固定频率的选频放大器。这种放大器也称为集中选频放大器。图 3-8 是集中选频放大器的组成示意图。图 3-8(a)中,集中选频滤波器接于宽带集成放大器的后面,这是一种常用的接法。这种接法要注意的问题是使集成放大器与集中滤波器之间实现阻抗匹配。这有两重意义:从集成放大器输出看,阻抗匹配表示放大器有较大的功率增益;从滤波器输入端看,要求信号源的阻抗与滤波器的输入阻抗相等而匹配(在滤波器的另一端也是一样),这是因为滤波器的频率特性依赖于两端的源阻抗与负载阻抗,只有当两端所接阻抗等于要求的阻抗时,方能得到预期的频率特性。当集成放大器的输出阻抗与滤波器输入阻抗不相等时,应在两者间加阻抗转换电路。通常可用高频宽带变压器进行阻抗变换,也可以用低 Q 的振荡回路。采用振荡回路时,应使回路带宽大于滤波器带宽,使放大器的频率特性只由滤波器决定。通常集成放大器的输出阻抗较低,实现阻抗变换没有什么困难。

图 3-8(b)是另一种接法。集中滤波器放在宽带集成放大器的前面。这种接法的好处是,当所需放大信号的频带以外有强的干扰信号(在接收中放时常用这种情况)时,不会直接进入集成放大器,避免此干扰信号因放大器的非线性(放大器在大信号时总是有非线性)而产生新的不需要干扰。有些集中滤波器,如声表面波滤波器,本身有较大的衰减(可达十

多分贝），放在集成放大器之前，将有用信号减弱，从而使集成放大器中的噪声对信号的影响加大，使整个放大器的噪声性能变差。为此，如图 3-8(b)，常在滤波器之前加一前置放大器，以补偿滤波器的衰减。

(a)　　　　　　　　　　　　　　(b)

图 3-8　集中选频放大器组成框图

图 3-9 示出了 Mini Circuits 公司生产的一低噪声、高动态范围的集成放大器 PGA-106-75+的应用电路。由图可见，PGA-106-75+有四个引脚：两个接地脚。一个输入脚及一个输出脚，输出脚需要外加偏置电路，应用非常简单。PGA-106-75+主要指标见表 3-1。

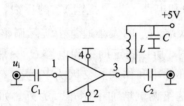

图 3-9　集成选频放大器应用举例

表 3-1　PGA-106-75+主要性能指标

参　数	指　标
工作频率 f	0.01～1.5 GHz
增益 G/dB	17.8($f=0.05$ GHz)，16.9($f=1$ GHz)，16.1($f=1.5$ GHz)
噪声系数 N_F/dB	3.1
输入、输出阻抗/Ω	75
输出功率/dBm	12.5

随着半导体技术的发展，出现了许多宽带集成运算放大器，表 3-2 列出了 AD 公司生产的一些产品。

表 3-2　AD 公司生产的宽带集成运算放大器简介

型　号	电源电压/V	-3 dB 带宽/MHz	转换率/(V/μs)	建立时间/0.10％ns
AD8031	+2.7～+5，±5	80	30	125
AD8032	+2.7～+5，±5	80	30	125
AD818	+5，±5～±15	100	500	45
AD810	±5，±12	55	1000	50
AD8011	+5，+12，±5	340	2000	25
AD8055	+12，±5	300	1400	20
AD8056	+12，±5	300	1400	20

第三节　高频功率放大器原理

高频功率放大器的主要作用是放大高频信号，以得到大的输出功率。它主要应用于各种无线电发射机中：从振荡器产生的信号经多级高频功率放大器，放大到足够的功率，再送到天线辐射出去。

高频功率放大器的输出功率范围，可以小到便携式发射机的毫瓦级，大到无线电广播电台的几十千瓦、甚至兆瓦级。功率为几百瓦以上的高频功率放大器，其有源器件大多为电子管，几百瓦以下的高频功率放大器则主要采用双极晶体管和大功率场效应管。

因为能量（功率）是不能放大的，放大器的本质是在输入交流信号的控制下，将电源直流功率转换成所需的交流功率。对高频功率放大器而言应具有尽可能高的转换效率。

因为低频功率放大器可以工作在甲类状态，也可以工作在乙类状态，或甲乙类状态。乙类状态要比甲类状态效率高（甲类 $\eta_{\max}=50\%$；乙类 $\eta_{\max}=78.5\%$）。为了进一步提高效率，高频功率放大器多工作在丙类状态。

应当指出，尽管高频功放和低频功放的共同点都要求输出功率大和效率高，但二者的工作频率和相对频带宽度相差很大，因此存在着本质的区别。低频功放的工作频率低，相对频带很宽，一般采用电阻、变压器等非调谐负载。而高频功放的工作频率很高，可由几百千赫到几百兆赫，甚至几万兆赫，相对频带一般很窄。例如调幅广播电台的频带宽度为 9 kHz，若中心频率取 900 kHz，则相对频带宽度仅为 1%。因此高频功放一般都采用选频网络作为负载，故也称为谐振功率放大器。近年来，为了简化调谐，出现了宽带高频功放，这种放大器的负载采用传输线变压器或其他宽带匹配电路。在此只讨论窄带高频功放的工作原理。

由于高频功放要求输入信号大和高效率工作，因而在高频状态和大信号非线性状态下工作是高频功率放大器的主要特点。要准确地分析有源器件（晶体管、场效应管和电子管）在高频状态和非线性状态下的工作情况是十分困难和繁琐的，从工程应用角度来看也无此必要。因此，下面将在一些近似条件下进行分析，着重定性地说明高频功率放大器的工作原理和特性。

一、工作原理

图 3-10 是一个采用晶体管的高频功率放大器的原理线路。除电源和偏置电路外，它是由晶体管、谐振回路和输入回路组成。高频功放中常采用平面工艺制造的 NPN 高频大功率晶体管，它能承受高电压和大电流，并有较高的特征频率 f_{T}。晶体管作为一个电流控制器件，它在较小的激励信号电压作用下，形成基极电流 i_{b}，i_{b} 控制了较大的集电极电流 i_{c}，i_{c} 流过谐振回路产生高频功率输出，从而完成了把电源供给的直流功率转换为高频功率的功能。为了使高频功放高效输出大功率，一般选在丙类状态下工作，这时的集电极电流 i_{c} 是一系列高频脉

35

冲电流；此时，高频功放要求的最佳负载阻抗也是一定的。为了保证在丙类状态工作，基极偏置电压 U_{BB} 应使晶体管工作在截止区，发射结在正向和反向两种偏置状态之间变化，因此 U_{BB} 一般为负值，即静态时发射结为反偏。因此，当输入激励信号电压较小时，高频功率放大器将始终处于截止状态，高频功放将不能正常工作，所以高频功放的输入激励信号电压必须为大信号，一般在 0.5 V 以上(可达 1～2 V，甚至更大)，这样使晶体管在截止和导通(线性放大)两种状态下工作，基极电流和集电极电流均为高频脉冲信号。

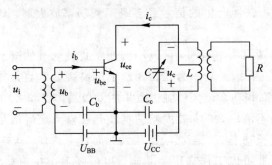

图 3-10　晶体管高频功率放大器的原理线路

由图 3-10 可见，与低频功放不同，高频功放选用谐振回路作负载，完成阻抗匹配和滤波的作用。阻抗匹配是通过谐振回路阻抗的调节，使谐振回路呈现高频功放所要求的最佳负载阻抗值，从而使高频功放以高效率输出大功率。由于集电极电流是周期性的高频脉冲，其频率分量除了有用分量(基波分量)外，还有谐波分量和其他频率成分，用谐振回路选出有用分量，将其他分量滤除，这就是谐振回路的滤波功能。

要了解高频功放的原理，必须了解晶体管的电流、电压波形对应关系。由图 3-10 可知，基极回路电压 u_{be}：

$$u_{be} = U_{BB} + U_b \cos\omega t \tag{3-19}$$

在丙类工作时，U_{BB} 通常为负值(若考虑门限电压 U'_{BB} 的影响，也可为零值或小的正值)。

如果高频功放的工作频率远低于晶体管的特征频率 f_T，则可以忽略晶体管的极间电容、引线电感等高频效应，近似认为晶体管在工作频率下只呈现非线性电阻特性。另外，考虑到高频功放的输入激励信号较大，晶体管将工作在导通与截止状态。晶体管在大信号工作时，其输出特性和转移特性曲线可以折线化近似。图 3-11 画出了折线化近似的输出特性和转移特性。

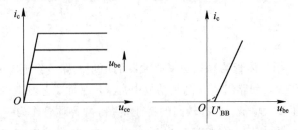

图 3-11　晶体管的输出特性和转移特性

由式(3-19)及晶体管的转移特性曲线，可以得到晶体管的输出电流 i_c，如图 3-12

所示。

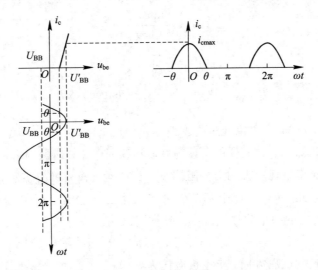

图 3-12　输出电流 i_c 波形

由图 3-12 可见，高频功率放大器中集电极电流为脉冲电流，其最大值 i_{cmax} 与 u_{be} 的最大值对应，其电流流通角为 2θ，小于 π，通常将 θ 称为通角。将余弦脉冲放大，重新画图，如图 3-13 所示。

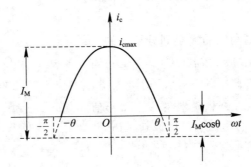

图 3-13　i_c 余弦电流脉冲波形

由图 3-13 可得

$$i_{cmax} = I_M - I_M\cos\theta = I_M(1 - \cos\theta) \tag{3-20}$$

$$i_c = I_M\cos\omega t - I_M\cos\theta = i_{cmax}\frac{\cos\omega t - \cos\theta}{1 - \cos\theta}, \ i_c \geqslant 0 \tag{3-21}$$

i_c 是 ωt 的周期性函数，可以将其展开成傅里叶级数形式，i_c 可以写成：

$$i_c = I_{c0} + I_{c1}\cos\omega t + I_{c2}\cos2\omega t + \cdots + I_{cn}\cos n\omega t + \cdots \tag{3-22}$$

其中：各分量的振幅 I_{c0}、I_{c1}、……、I_{cn} 为

$$I_{c0} = i_{cmax}\alpha_0(\theta) \tag{3-23}$$

$$I_{c1} = i_{cmax}\alpha_1(\theta) \tag{3-24}$$

$$I_{cn} = i_{cmax}\alpha_n(\theta) \tag{3-25}$$

式中：$\alpha_0(\theta)$、$\alpha_1(\theta)$、$\alpha_n(\theta)$ 分别为余弦脉冲的直流、基波、n 次谐波的分解系数，其值分别为

$$\alpha_0(\theta) = \frac{\sin\theta - \theta\cos\theta}{\pi(1 - \cos\theta)} \tag{3-26}$$

$$\alpha_1(\theta) = \frac{\theta - \sin\theta\cos\theta}{\pi(1 - \cos\theta)} \tag{3-27}$$

$$\alpha_n(\theta) = \frac{2\sin n\theta\cos\theta - 2n\sin\theta\cos n\theta}{\pi n(n^2 - 1)(1 - \cos\theta)} \tag{3-28}$$

在进行分析时，已知 θ，可以通过查表得到 $\alpha_0(\theta)$、$\alpha_1(\theta)$、$\cdots$、$\alpha_n(\theta)$。

由图 3-10 可以看出，放大器的负载为并联谐振回路，其谐振频率 ω_0 等于激励信号频率 ω 时，回路对 ω 频率呈现一大的谐振阻抗 R_L，回路对远离 ω 的直流和谐波分量 2ω、3ω 等呈现很小的阻抗，因此式(3-21)中基波分量在回路上产生电压，直流和谐波分量输出很小，几乎为零，即无用的频率分量被滤出。这样回路输出的电压为

$$u_c = u_{c1} = I_{c1}R_L\cos\omega t = U_c\cos\omega t \tag{3-29}$$

按图 3-10 规定的电压方向，集电极电压为

$$u_{ce} = U_{CC} - u_c = U_{CC} - U_c\cos\omega t \tag{3-30}$$

图 3-14 给出了 i_c、i_{c1}、u_c 和 u_{ce} 的波形图。由图可以看出，当集电极回路调谐时，i_{cmax}、u_{cemin} 是同一时刻出现的，这一点对理解晶体管如何转换能量是很重要的。

根据集电极电流流通角 θ 的大小划分功放的工作类别：当 $\theta = 180°$ 时，放大器工作于甲类；当 $90° < \theta < 180°$ 时为甲乙类；当 $\theta = 90°$ 时为乙类；$\theta < 90°$ 时则为丙类。θ 越小，i_c 越集中在 u_{cemin} 最小值附近，集电极损耗越小，效率越高。因此高频功放，通常 $\theta < 90°$。

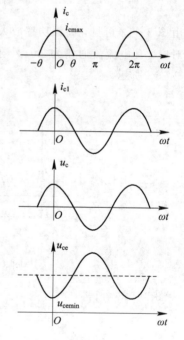

图 3-14　丙类高频功放的电流、电压波形

二、高频功放的能量关系

在集电极电路中，谐振回路得到的高频功率为

$$P_1 = \frac{1}{2}I_{c1}U_c = \frac{1}{2}I_{c1}^2R_L = \frac{1}{2}\frac{U_c^2}{R_L} \tag{3-31}$$

集电极电源供给的直流输入功率为

$$P_0 = I_{c0}U_{CC} \tag{3-32}$$

直流输入功率与集电极输出高频功率之差就是集电极损耗功率 P_c，即

$$P_c = P_0 - P_1 \tag{3-33}$$

它变为耗散在晶体管集电结中的热能。表示能量转换的一个重要参数就是集电极效率 η：

$$\eta = \frac{P_1}{P_0} = \frac{1}{2}\frac{I_{c1}}{I_{c0}}\frac{U_c}{U_{CC}} \tag{3-34}$$

从上式可见，集电极效率决定于两个比值 I_{c1}/I_{c0} 和 U_c/U_{cc} 的乘积。前者称为波形系数：

$$\gamma = \frac{I_{c1}}{I_{c0}} = \frac{\alpha_1(\theta)}{\alpha_0(\theta)} \qquad (3-35)$$

后者称为集电极电压利用系数：

$$\xi = \frac{U_c}{U_{CC}} \qquad (3-36)$$

因此式(3-34)又可表示为

$$\eta = \frac{1}{2}\gamma\xi \qquad (3-37)$$

从式(3-37)可见，要想提高电压利用系数 ξ 就是要提高 U_c，这通常靠提高回路谐振阻抗 R_L 来实现。

波形系数 γ 与 i_c 的波形有关，即与 θ 大小有关。图3-15为余弦脉冲分解系数及波形系数 γ 与 θ 的关系曲线。由图可以看出，γ 值在 $1\sim 2$ 之间，γ 随 θ 减小而增大的。但 θ 很小时 γ 变化不大。

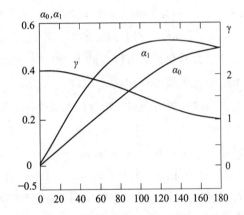

图3-15 余弦脉冲分解系数与 θ 的关系曲线

由于 $\xi \leqslant 1$，甲类放大器 $\gamma = 1$，则 $\eta \leqslant 50\%$；乙类放大器有 $\gamma = 1.57$，$\eta \leqslant 78.5\%$；丙类放大器，$\gamma > 1.57$，选择合适的 θ，则 η 可以达到 90% 以上。当 $\theta = 0°$ 时，$\gamma = 2$，η 最大为 100%，但这种情况是不可取的，因为此时 $i_c = 0$，没有功率输出。为了兼顾功率和效率，通常选 θ 在 $65°\sim 75°$ 左右。

在基极电路中，信号源供给的功率称为高频功放的激励功率。因为信号电压为正弦波，因此激励功率大小决定于基极电流中基波分量的大小。设其基波电流振幅为 I_{b1}，且它与 u_b 同相，则激励功率为

$$P_d = \frac{1}{2}I_{b1}U_b \qquad (3-38)$$

此激励功率最后变为发射结和基区的热损耗。

高频功放的功率放大倍数为

$$K_p = \frac{P_1}{P_d} = \frac{\dfrac{1}{2}I_{c1}U_c}{\dfrac{1}{2}I_{b1}U_b} = \frac{I_{c1}}{I_{b1}}\frac{U_c}{U_b} \qquad (3-39)$$

用 dB 表示时：

$$K_p = 10\lg\frac{P_1}{P_d} \quad (\text{dB}) \qquad (3-40)$$

它也称为功率增益。

在高频功放中，由于高频大信号的电流放大倍数 I_{c1}/I_{b1} 和电压放大倍数 U_c/U_b 都比小信号及低频时小，故功率放大倍数也小，通常功率增益（与晶体管以及工作频率有关）为十几至二十几分贝。

三、高频功放的工作状态

1）动特性曲线

高频功放中电流波形可以从晶体管的动特性上得到。所谓动特性就是指当加上激励信号及接上负载阻抗时，晶体管集电极电流 i_c 与电极电压（u_{be} 或 u_{ce}）的关系曲线，它在 i_c-u_{ce} 或 i_c-u_{be} 坐标系统中是一条曲线。它的作法是在 $u_{be}=U_{BB}+u_b$ 和 $u_{ce}=U_{CC}-u_c$ 一定时，逐点（以 ωt 为变量，如由 $0°$ 至 $90°$）由 u_{be}、u_{ce} 从晶体管输出特性上找出的 i_c，并连成线。由不同的 U_b、U_c 可以得到不同的动特性。这里要说明，由于高频功放采用谐振回路，有储能作用，因此 i_c 瞬时值与回路两端电压 u_c 之间没有简单的对应关系。不能像低频放大器或高频小信号放大器那样，由给定的 R_L 值就可从外部得到 i_c-u_{ce} 的确定关系（在低频放大器或高频小信号放大器中，有 $u_{ce}=U_{CC}-i_c R_L$，称为负载线）。

在晶体管的特性用折线近似的条件下，图 3-16 为动特性曲线的示意图。具体的作法是：取 $\omega t=0$，则 $u_{be}=U_{BB}+U_b$，$u_{ce}=U_{CC}-U_c$，得到 A 点；取 $\omega t=\pi/2$，$u_{be}=U_{BB}$，$u_{ce}=U_{CC}$，得到 Q 点；取 $\omega t=\pi$，$i_c=0$，$u_{ce}=U_{CC}+U_c$，得到 C 点；连接 A、Q 两点，横轴上方用实线表示，横轴下方用虚线表示，交横轴于 B 点，则 A、B、C 三点连线即为动特性曲线。如果 A 点进入到饱和区时，饱和区中的线用临界饱和线代替。图 3-16 中 A' 到达饱和区，此时动态性曲线应为图中折线段 $A''ABC'$ 所示。

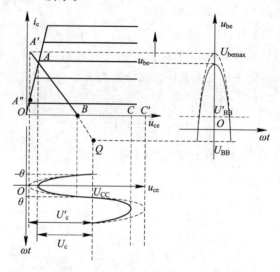

图 3-16　高频功放的动特性

2）工作状态

前面提到，要提高高频功放的功率、效率，除了工作于 B 类、C 类状态外，还应该提高

电压利用系数 $\xi = U_c/U_{CC}$，也就是加大 U_c，这是靠增加 R_L 实现的。现在讨论 U_c 由小到大变化时，动特性曲线的变化。由图 3-16 可以看出，在 U_c 不是很大时，晶体管只是在截止和放大区变化，集电极电流 i_c 为余弦脉冲，而且在此区域内 U_c 增加时，集电极电流 i_c 基本不变，即 I_{c0}、I_{c1} 基本不变，所以输出功率 $P_1 = U_c I_{c1}/2$ 随 U_c 增加而增加，而 $P_0 = U_{CC} I_{c0}$ 基本不变，故 η 随 U_c 增加而增加，这表明此时集电极电压利用得不充分，这种工作状态称为欠压状态。

当 U_c 加大到接近 U_{CC} 时，u_{cemin} 将小于 u_{bemax}，此瞬间不但发射结处于正向偏置，集电结也处于正向偏置，即工作到饱和状态，由于饱和区 u_{ce} 对 i_c 的强烈反作用，电流 i_c 随 u_{ce} 的下降而迅速下降，动特性与饱和区的电流下降段重合，这就是为什么上述 A 点进入到饱和区时动特性曲线用临界饱和线代替的原因。过压状态时 i_c 为顶部出现凹陷的余弦脉冲，如图 3-17 所示。通常将高频功放的这种状态称为过压状态，这是高频功放中所特有的一种状态和特有的电流波形。出现这种状态的原因是：振荡回路上的电压并不决定于 i_c 的瞬时电流，使得在脉冲顶部期间，集电极电流迅速下降，只是采用电抗元件作负载时才有的情况。由于 i_c 出现了凹陷，它相当于一个余弦脉冲减去两个小的余弦脉冲，因而可以预料，其基波分量 I_{c1} 和直流分量 I_{c0} 都小于欠压状态的值，这意味着输出功率 P_1 将下降，直流输入功率 P_0 也将下降。

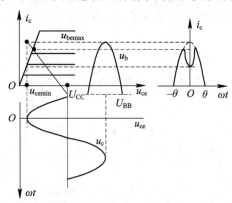

当 U_c 介于欠压和过压状态之间的某一值时，动特性曲线的上端正好位于电流下降线上，此状态称为临界状态。临界状态的集电极电流仍为余弦脉冲。与欠压和过压状态比较，它既有较大的基波电流 I_{c1}，也有较大的回路电压 U_c，所以晶体管的输出功率 P_1 最大，高频功放一般工作在此状态。保证这一状态所需的集电极负载电阻 R_L 称为临界电阻或最佳负载电阻，一般用 R_{Lcr} 表示。

图 3-17 过压状态的 i_c 波形

由上述分析可知，高频谐振功率放大器根据集电极电流是否进入饱和区可以分为欠压、临界和过压三种状态，即如果满足 $u_{cemin} > u_{ces}$ 时，功放工作在欠压状态；如果 $u_{cemin} = u_{ces}$，功放工作在临界状态；如果 $u_{cemin} < u_{ces}$，功放工作在过压状态。临界状态下，晶体管的输出功率 P_1 最大，功放一般工作在此状态。

例 3-1 设计一高频功率放大器，要求输出功率 30 W。选用高频大功率管 3DA77，已知此管的有关参数如下：$U_{CC} = 24$ V，$S_c = 1.67$ S，集电极最大允许损耗 $P_{cM} = 50$ W，集电极最大允许电流 $I_{cM} = 5$ A。试计算集电极的电流、电压以及功率、效率和临界负载电阻。

解 为了能以高效率输出大功率，功放应设计在临界状态。临界状态下的动态特性曲线如图 3-18 所示。由图可知：

$$i_{\text{cmax}} = S_c u_{\text{cemin}} = S_c(U_{\text{CC}} - U_c) = S_c(1 - \xi)U_{\text{CC}} \qquad (3-41)$$

由此式可解得临界电压利用系数：

$$\xi = 1 - \frac{i_{\text{cmax}}}{S_c U_{\text{CC}}} \qquad (3-42)$$

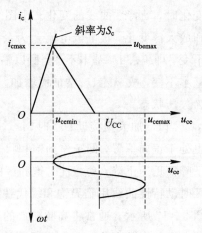

输出功率 P_1 可以表示为

$$P_1 = \frac{1}{2}I_{c1}U_c = \frac{1}{2}i_{\text{cmax}}\alpha_1(\theta)U_{\text{CC}}\xi$$

将式($3-42$)代入，得

$$\xi^2 - \xi + \frac{2P_1}{S_c\alpha_1(\theta)U_{\text{CC}}^2} = 0$$

解方程得

$$\xi = \frac{1}{2} + \sqrt{\frac{1}{4} - \frac{2P_1}{S_c\alpha_1(\theta)U_{\text{CC}}^2}} \qquad (3-43)$$

图 3-18　临界状态动特性

选择通角 $\theta = 75°$，由式($3-26$)、式($3-27$)或者查余

弦分解表，可得分解系数为 $\alpha_0(\theta) = 0.29$，$\alpha_1(\theta) = 0.455$，$\gamma = 1.69$。将各参数代入式($3-43$)有

$$\xi = \frac{1}{2} + \sqrt{\frac{1}{4} - \frac{2P_1}{S_c\alpha_1(\theta)U_{\text{CC}}^2}} = 0.836$$

其他电压、电流计算如下：

$$U_c = U_{\text{CC}}\xi = 20 \text{ V}$$

$$I_{c1} = \frac{2P_1}{U_c} = 3 \text{ A}$$

$$i_{\text{cmax}} = \frac{I_{c1}}{\alpha_1(\theta)} = 6.6 \text{ A}$$

因 i_{cmax} 是瞬时电流，可以瞬时超过 I_{cM}。

$$I_{c0} = i_{\text{cmax}}\alpha_0(\theta) = 1.77 \text{ A}$$

$$P_0 = I_{c0}U_{\text{CC}} = 42.5 \text{ W}$$

$$P_c = P_0 - P_1 = 12.5 \text{ W}$$

临界状态的负载电阻：

$$R_{\text{Lcr}} = \frac{U_c}{I_{c1}} = 6.67 \text{ } \Omega$$

可见，大功率功放临界负载电阻通常是很小的。

最后，高频功放还有一个极限参数应该考虑，即高频功放工作时的最大集电极电压不允许超过晶体管允许的集电极反向击穿电压。根据高频功放的原理，集电极最大电压为 $u_{\text{cemax}} = U_{\text{CC}} + U_c$，近似为两倍电源电压，即 $u_{\text{cemax}} \approx 2U_{\text{CC}}$，它应小于集电极允许反向击穿电压 BV_{ce0}。实际上由于高频功放中存在着某些特殊现象，实际 u_{cemax} 有时可能大于 $2U_{\text{CC}}$。还有，晶体管中还可能出现二次击穿现象，因此，通常应选晶体管的反向击穿电压大于 ($3\sim4$)U_{CC} 才比较安全。

第四节　高频功放的外部特性

高频功放是工作于非线性状态的放大器，前面已经指出，高频功率放大器只能在一定的条件下对其性能进行估算。要达到设计要求还需通过对高频功放的调整来实现。为了正确地使用和调整，需要了解高频功放的外部特性。所谓高频功放的外部特性是指放大器的性能随放大器的外部参数变化的规律，外部参数主要指放大器的负载 R_L、激励电压 U_b、偏置电压 U_{BB} 和 U_{CC}。外部特性也包括当负载在调谐过程中的调谐特性。下面将在前面所述工作原理的基础上定性地说明这些特性和它们的应用。

一、高频功放的负载特性

负载特性是指当偏置电压 U_{BB}、U_{CC} 和基极激励电压 U_b 不变的条件下，负载电阻 R_L 变化时，高频功放电流 I_{c1}、I_{c0}，电压 U_c 以及集电极功率 P_1、P_0、P_c 以及效率 η 变化的特性。

当谐振回路谐振阻抗 R_L 从小到大增加时，集电极回路的输出电压 $U_c = R_L I_{c1}$ 要随之变化。当 R_L 较小时，U_c 比较小，此时高频功放工作在欠压状态。动特性曲线如图 3-19 中折线段 ABC 所示。在欠压状态时，U_{BB}、U_b 固定，u_{bemax} 不变，则 θ、i_{cmax} 不变，I_{c1}、I_{c0} 不变，因此 U_c 随 R_L 的增加而线性增加。

当 R_L 增加到 $R_L = R_{Lcr}$ 时，使 $u_{cemin} = U_{CC} - U_c$ 等于晶体管的饱和压降 u_{ces} 时，放大器工作在临界状态，此时的集电极电流 i_c 仍为一完整的余弦脉冲，与欠压状态时的 i_c 基本相同。动特性曲线如图中折线段 $A'BC'$ 所示。

在临界状态下再增加 R_L，势必会使 U_c 进一步地增加，这样会使晶体管在导通期间进入到饱和区，从而使放大器工作在过压状态，此时图 3-19 所示的动特性曲线最高点 A'' 进入到饱和区，集电极电流 i_c 出现凹顶。与欠压以及临界状态相比，θ、i_{cmax} 不变，但出现了凹陷，从而分解出的 I_{c1}、I_{c0} 迅速减小，I_{c1} 的迅速减小又会减缓 U_c 的增加，因此在过压状态下 R_L 增加，U_c 基本不变（略微有些增加）。

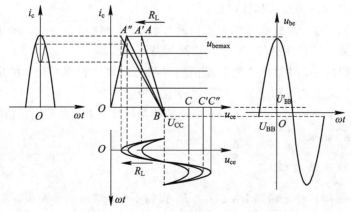

图 3-19　R_L 变化时动特性曲线变化

综上所述，R_L 由小到大变化，在欠压状态，I_{c1}、I_{c0} 基本不变，U_c 随 R_L 增加近似为线性增加；在过压状态时，由于 i_c 产生凹顶现象，R_L 增加，凹陷越深，I_{c1}、I_{c0} 减小，但由于 $U_c = I_{c1}R_L$，这结果使得 R_L 增加，U_c 缓慢增加（或基本不变）。I_{c1}、I_{c0}、U_c 随 R_L 的变化曲线如图 3-20(a) 所示。根据功率与电流电压之间的关系，可以得到图 3-20(b) 所示的功率、效率随 R_L 的变化曲线。需要指出的是，图 3-20 中曲线与上述讨论有区别，但变化趋势一致，这是因为上述讨论是在折线化近似三极管特性曲线后得到的。

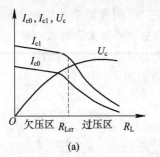

(a)

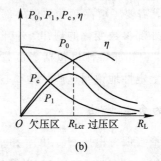

(b)

图 3-20　高频功放的负载特性

由图 3-20 的负载特性可以看出高频功放各种状态的特点：临界状态输出功率最大，效率也较高，通常应选择在此状态工作，R_{Lcr} 是一个重要参数；过压状态的特点是效率高、损耗小，并且输出电压受负载电阻 R_L 的影响小；欠压状态由于效率低、集电极损耗大，一般不选择在此状态工作。在实际调整中，高频功放可能会经历上述各种状态，利用负载特性就可以正确判断各种状态，以便进行正确的调整。

例 3-2　高频谐振功率放大器工作在临界状态，负载为并联谐振回路，谐振电阻为 R_{Lcr}，若

（1）负载突然开路，功率放大器工作在什么状态？输出功率如何变化？功率放大器有无危险？

（2）负载电阻为 R_{Lcr} 减小为原来的 1/2，功率放大器工作在什么状态？输出功率如何变化？功率放大器有无危险？

（3）回路失谐，功率放大器工作在什么状态，输出功率如何变化？功率放大器有无危险？

解　根据高频功放的负载特性可知：

（1）负载电阻增加，功放的工作状态由临界状态向过压状态变化，在此过程中输出功率将下降，集电极耗散功率也将下降，功率放大器不会损坏；

（2）负载电阻减小，功放的工作状态由临界状态向欠压状态变化，在此过程中输出功率将下降，集电极耗散功率将上升，功率放大器有可能损坏。

（3）并联谐振回路失谐，由并联谐振回路的幅频特性可知，负载阻抗值将减小，因此功率放大器的变化同（2）。

二、高频功放的振幅特性

高频功放的振幅特性是指当 U_{CC}、U_{BB}、R_L 保持不变，激励信号振幅 U_b 变化时，放大器电流 I_{c0}、I_{c1}，电压 U_c 以及功率、效率的变化特性。

在 U_b 较小时，功放工作在欠压状态。随着 U_b 的增加，i_{cmax} 增加，θ 也略微增加，因此随 U_b 的增加，U_c 也将增加；但 U_b 大到一定程度，功放将工作到临界状态；随 U_b 的增加，u_{bemax} 增加，虽然 i_{cmax} 增加，但此时 i_c 的波形将产生凹顶现象，从 i_c 中分解出来的 I_{c0} 和 I_{c1} 随 U_b 的增加略有增加。也可以这样理解，在过压状态下，U_b 增加，U_c 应该增加，但由于饱和区较窄，U_c 只能略有增加，而 R_L 不变，因此 I_{c1} 随 U_b 增加略有增加，I_{c0} 也略有增加。

图 3-21 给出了 I_{c0}、I_{c1} 随 U_b 变化的特性曲线。对 U_c 而言，由于 R_L 不变，因此其变化规律与 I_{c1} 相同。根据功率、效率与电流、电压之间的关系，可以很容易地得出功率、效率随 U_b 变化的特性曲线，读者自行推导。

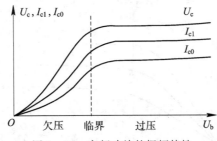

图 3-21 高频功放的振幅特性

从图 3-21 可以看出，在欠压区，I_{c0}、I_{c1}、U_c 随 U_b 增加而增加，但并不一定是线性关系。而在放大振幅变化的高频信号时，应使输出的高频信号的振幅 U_c 与输入的高频激励信号的振幅 U_b 成线性关系。为达到此目的，就必须使 U_c 与 U_b 特性曲线为线性关系，这只有在 $\theta=90°$ 的乙类状态下才能得到。在过压区，U_c 基本不随 U_b 变化，可以认为是恒压区，放大振幅恒定的高频信号时，应选择在此状态工作。

例 3-3 （1）高频谐振功率放大器放大振幅调制信号时，应工作在什么状态，为什么？

（2）高频谐振功率放大器放大频率调制信号时，应工作在什么状态，为什么？

解 （1）高频谐振功率放大器放大振幅调制信号时，由于输入信号的幅度发生变化，输出的信号幅度也应该线性变化，这样才不会产生失真，故根据振幅特性可知，功率放大器应工作在欠压状态，在欠压状态时输出信号幅度与输入信号幅度成线性关系。

（2）高频谐振功率放大器放大频率调制信号时，此时输出信号的幅度不发生变化，为了最大限度地输出功率，此时功率放大器应工作在临界状态；或者为了高效、输出大功率，也可以工作在弱过压状态。上述情况下，输出电压幅度均不变。

三、高频功放的调制特性

在高频功放中，有时希望用改变它的某一电极直流电压来改变高频信号的振幅，从而实现振幅调制的目的。高频功放的调制特性分为集电极调制特性和基极调制特性。

1. 集电极调制特性

集电极调制特性是指 U_{BB}、R_L、U_b 不变，改变 U_{CC} 时，放大器电流 I_{c0} 和 I_{c1}，电压 U_c 以及功率、效率的变化特性。

图 3-18 示出的临界状态动特性中，如果将 U_{CC} 减小，可以看到动特性曲线将左移，功放工作到过压状态，i_c 从一完整的余弦脉冲变化到凹顶脉冲，U_{CC} 越小，i_c 凹陷越深，因此

I_{c0} 和 I_{c1} 将越小；如果图 3-18 中 U_{CC} 增大，动特性曲线将右移，i_c 脉冲不发生变化，I_{c0}、I_{c1} 将不变。图 3-22(a) 示出了 U_{CC} 从小到大的变化过程中，集电极电流 i_c 从凹顶脉冲变成稳定的余弦脉冲；图 3-22(b) 给出 U_{CC} 变化过程中 I_{c0}、I_{c1}、U_c 的变化曲线。

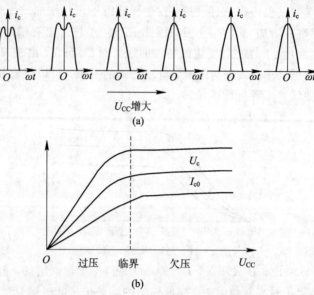

(a)

(b)

图 3-22 高频功放的集电极调制特性

2. 基极调制特性

基极调制特性是指 U_{CC}、R_L、U_b 不变，U_{BB} 变化时，放大器 I_{c0}、I_{c1}、U_c 以及功率、效率的变化特性。由于基极回路的电压 $u_{be} = U_{BB} + U_b\cos\omega t$，$U_{BB}$ 和 U_b 决定了放大器的 u_{bemax}，因此，改变 U_{BB} 的情况与改变 U_b 的情况类似，不同的是 U_{BB} 可能为负。图 3-23 给出了高频功放的基极调制特性。

在高频功放中，要实现振幅调制，就必须使输出高频信号振幅 U_c 与直流电压成线性关系（或近似线性）。由前面的分析可见，在集电极调制特性中，应选择在过压状态工作；在基极调制特性中，则应选择在欠压状态工作。在直流电压 U_{CC}（或 U_{BB}）上叠加一个较小的信号（调制信号），并使放大器工作在选定的工作状态，这样在放大器的输出端，输出信号的振幅就会随调制信号的规律变化，从而完成了振幅调制，使功放和调制同时完成。

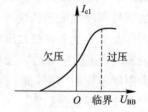

图 3-23 高频功放的基极调制特性

四、高频功放的调谐特性

在上面讨论高频功放的各种特性时，都认为其负载回路处于谐振状态，因而呈现为一电阻 R_L，但回路在调谐过程中，负载是一阻抗 Z_L，改变回路元件（如回路电容 C），功放的外部电流 I_{c0}、I_{c1} 和电压 U_c 等随电容 C 的变化特性称为调谐特性。利用这种特性可以指示放大器是否调谐。

当回路失谐时，不论是容性失谐还是感性失谐，阻抗 Z_L 的幅值要减小，同时有一幅角 φ。回路失谐时，由于 u_c 不再与 i_{c1} 同相，这意味着 u_{cemin} 与 u_{bemax} 不在同一时刻出现。随着失谐程度的加剧，由于 u_{ce} 的影响，i_c 波形将由原来的凹顶（设谐振时为过压状态）逐渐演变为余弦脉冲。失谐后 I_{c0} 和 I_{c1} 要增大。此时回路电压 $U_c = I_{c1} \cdot |Z_L|$，由于 $|Z_L|$ 的下降，也会有所减小。图 3-24 是高频功放的调谐特性。图上也表示发射极直流 I_{c1} 的变化。从图上

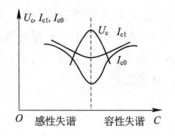

图 3-24 高频功放的调谐特性

可以看出，可以利用 I_{c0} 或 I_{c1} 最小，或者利用 U_c 最大来指示放大器的调谐。

回路失谐时直流功率 $P_0 = I_{c0} U_{CC}$ 随 I_{c0} 增加而增加，而输出功率 $P_1 = U_c I_{c1} \cos\varphi / 2$ 将主要因 $\cos\varphi$ 因子而下降，因此集电极功耗 P_c 将迅速增加。这表明高频功放必须经常保持在谐振状态。调谐过程中失谐状态的时间要尽可能短，调谐动作要迅速，以防止晶体管因过热而损坏。调谐时可降低 U_{CC} 或减小激励电压。

例 3-4 功率放大器在负载谐振时工作在临界状态，负载为 LC 并联谐振回路，如果由某种原因使负载失谐，问高频功率放大器的工作状态如何改变？此时应用什么指示调谐？

解 LC 并联谐振回路不论是容性失谐，还是感性失谐，阻抗均将减小，根据功率放大器的负载特性可知，功率放大器失谐后将工作在欠压状态，输出电压将显著减小，而电流变化不明显，因此进行调谐时用输出电压指示最好。输出电压值达到最大时，表明放大器谐振。

第五节　高频功率放大器实际线路

高频功率放大器和其他放大器一样，其输入和输出端的管外电路均由直流馈电线路和匹配网络两部分组成。

一、直流馈电线路

直流馈电线路包括集电极和基极馈电线路。它应保证在集电极和基极回路使放大器正常工作所必需的电压电流关系，即保证集电极回路电压 $u_{ce} = U_{CC} - u_c$ 和基极回路电压 $u_{be} = U_{BB} + u_b$，以及在回路中集电极电流的直流和基波分量的各自正常的通路。为了达到这一目的，需正确使用阻隔元件 L_B 和 C_B。这里 L_B 为扼流圈，即大电感，C_B 为旁路电容。

1. 集电极馈电线路

图 3-25 是集电极的两种形式的馈电线路：并联馈电线路和串联馈电线路。在图 3-25(a)中，从形式上看，晶体管、谐振回路和电源三者是串联连接的，这使直流电压和回路上的高频电压串联加到晶体管的集电极上。集电极电流中的直流电流从 U_{CC} 出发经扼流圈 L_B 和回路电感 L 流入集电极，然后经发射极回到电源负端。通常不希望高频电流流过

电源，这是因为电源总有内阻，高频电流流过电源会无谓地损耗功率，而且当多级放大器共用电源时，会产生不希望的寄生反馈。为此要设置一些旁路电容和扼流圈。从发射极出来的高频电流经过旁路电容 C_B 和谐振回路再回到集电极。C_B 的值应使它的阻抗远小于回路的高频阻抗。

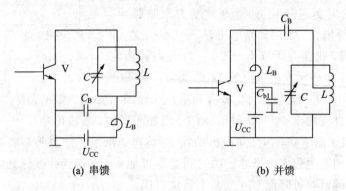

(a) 串馈   (b) 并馈

图 3-25   集电极馈电线路

图 3-25(b)是并馈线路。晶体管、电源、谐振回路三者是并联连接的，但同样可以完成馈电任务。一方面由于与回路串联的阻隔电容 C_B 是阻止直流电流通过的，它两端加有直流电压 U_{CC}；另一方面与电源 U_{CC} 串联的扼流圈 L_B 可以阻止高频电流流过电源 U_{CC}，它两端加有高频电压。因此无论从哪一个回路看，均有 $u_{ce} = U_{CC} - u_c$。

串馈的优点是 U_{CC}、L、C 处于高频电位，分布电容不易影响回路；并馈的优点是回路处于直流地电位，L、C 元件可以接地，安装方便。

2. 基极馈电线路

与集电极馈电线路类似，基极馈电线路也有串馈和并馈两种，如图 3-26 所示。

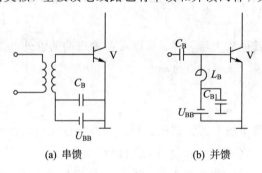

(a) 串馈   (b) 并馈

图 3-26   基极馈电线路

与集电极馈电线路不同的是，基极的负偏压除了图 3-26 外加以外，也可以由基极直流电流或发射极直流电流流过电阻产生。前者称为固定偏压，后者称为自给偏压。图 3-27(a)是发射极自给偏压，C_B 为旁路电容；图 3-27(b)为基极组合偏压；图 3-27(c)为零偏压。自给偏压的优点是它能随激励大小变化，使晶体管的各极电流受激励变化的影响减小。

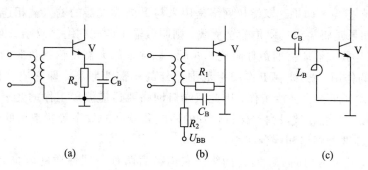

(a)   (b)   (c)

图 3 - 27 基极馈电线路

例 3 - 5 改正图 3 - 28(a)线路中的错误,不得改变馈电形式,重新画出正确的线路。

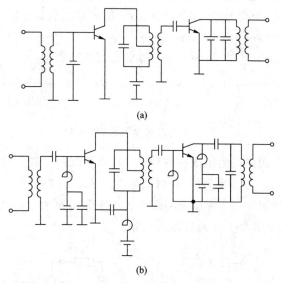

(a)

(b)

图 3 - 28 例 3 - 4 图

解 这是一个两级功放,分析时需要一级一级的考虑,且要分别考虑输入回路和输出回路是否满足交流要有交流通路,直流要有直流通路,而且交流不能流过直流电源的原则。

第一级放大器的基极回路:输入的交流信号将流过直流电源,应加扼流圈和滤波电容;直流电源被输入互感耦合回路的电感短路,应加隔直电容。

第一级放大器的集电极回路:输出的交流将流过直流电源,应加扼流圈;加上扼流圈后,交流没有通路,故还应加一旁路电容。

第二级放大器的基极回路:没有直流通路,加一扼流圈。

第二级放大器的集电极回路:输出的交流将流过直流电源,应加扼流圈及滤波电容;直流电源将被输出回路的电感短路,加隔直电容。

正确线路如图 3 - 28(b)所示。

二、输出匹配网络

高频功放的级与级之间或放大器与负载之间需要用匹配网络连接,这个匹配网络一般由双端口网络来担当。如果这双端口网络是用来与下级放大器的输入端相连接，则叫做级间耦合网络；如果是将输出功率传输至负载，则叫做输出匹配网络。双端口网络的作用是：① 使负载阻抗与放大器所需的最佳阻抗相匹配，以保证放大器传输到负载的功率最大，即起到匹配网络的作用；② 抑制工作频率范围以外的不需要频率，即它应有良好的滤波作用；③ 大多数发射机都为波段工作，因此双端口网络要适应波段工作的要求，改变工作频率时调谐要方便，并能在波段内都保持较好的匹配和较高的效率等。常用的输出线路主要有两种类型：LC 匹配网络和耦合回路。

图 3-29 是几种常用的 LC 匹配网络。它们是由两种不同性质的电抗元件构成的 L、T、π 型的双端口网络。由于 LC 元件消耗功率很小，可以高效地传输功率。同时，由于它们对频率的选择作用，决定了这种电路的窄带性质。作输出电路应用时，它能在指定的工作频率上将负载电阻 R_L 变换为输入端（即放大器）所要求的负载电阻。

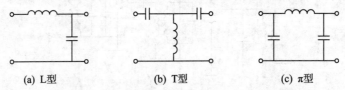

(a) L型　　　　　　(b) T型　　　　　　(c) π型

图 3-29　几种常见的 LC 匹配

下面以 L 型网络为例说明阻抗变换的功能。L 型匹配网络按负载电阻与网络电抗的并联或串联关系，可以分为 L-I 型网络（负载电阻 R_p 与 X_p 并联）与 L-II 型网络（负载电阻 R_s 与 X_s 串联）两种，如图 3-30 所示。网络中 X_s 和 X_p 分别表示串联支路和并联支路的电抗，由于需要完成选频的功能，故两者性质相异。

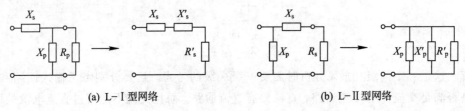

(a) L-I 型网络　　　　　　　　(b) L-II 型网络

图 3-30　L 型匹配网络

对于图 3-30(a)所示的 L-I 型网络可以作图示的等效，由图可知：

$$Z = jX_s + jX_p // R_p = jX_s + jX_s' + R_s'$$

由实部和虚部相等，可以得到：

$$R_s' = \frac{1}{1+Q^2}R_p \tag{3-44}$$

$$X_s' = \frac{Q^2}{1+Q^2}X_p \tag{3-45}$$

$$Q = \frac{R_p}{|X_p|} \tag{3-46}$$

由此可见，在负载电阻 R_p 大于前级电路要求的最佳负载阻抗 R_{Lcr} 时，采用 L-I 型网络，通过调整 Q 值，可以将大的 R_p 变换为小的 R'_s 以获得阻抗匹配（$R'_s = R_{Lcr}$）。谐振时，应有 $X_s + X'_s = 0$。

对于 L-Ⅱ型网络，同样分析可得

$$R'_p = (1 + Q^2)R_s \tag{3-47}$$

$$X'_p = \frac{1 + Q^2}{Q^2}X_s \tag{3-48}$$

$$Q = \frac{|X_s|}{R_s} \tag{3-49}$$

在负载电阻 R_s 小于高频功放要求的最佳负载阻抗 R_{Lcr} 时，采用 L-Ⅱ型网络，可以将小的 R_s 变换为大的 R'_p 以获得阻抗匹配（$R'_p = R_{Lcr}$）。谐振时，应有 $X'_p + X'_p = 0$。

三、高频功放的实际线路举例

采用不同的馈电电路和匹配网络，可以构成高频功放的各种实用电路。

图 3-31(a)是工作频率为 50 MHz 的晶体管谐振功率放大电路，它向 50 Ω 外接负载提供 25 W 功率，功率增益达 7 dB。这个放大电路基极采用零偏，集电极采用串馈，并由 L_2、L_3、C_3、C_4 组成 π 型网络。

图 3-31(b)是工作频率为 175 MHz 的 VMOS 场效应管谐振功放电路，可向 50 Ω 负载提供 10 W 功率，效率大于 60%，栅极采用了 C_1、C_2、C_3、L_1 组成的 T 型网络，漏极采用 L_2、L_3、C_5、C_7、C_8 组成的 π 型网络；栅极采用并馈，漏极采用串馈。

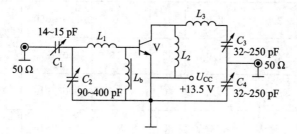

(a) 50 MHz 谐振功放电路

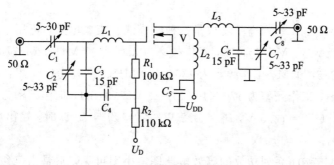

(b) 175 MHz 谐振功放电路

图 3-31　高频功放实际线路

第六节 高频集成功率放大器简介

随着半导体技术的发展，出现了一些集成高频功率放大器件。这些功放器件体积小，可靠性高，外接元件少，输出功率一般在几瓦至十几瓦之间。如日本三菱公司的 M57704 系列、美国 Motorola 公司的 MHW 系列便是其中的代表产品。

表 3-3 列出了 Motorola 公司集成高频功率放大器 MHW 系列部分型号的电特性参数。

表 3-3 MHW 系列部分型号的电特性参数

型 号	电源电压典型值/V	输出功率/W	最小功率增益/dB	效率/%	最大控制电压/V	频率范围/MHz	内部放大器级数	输入/输出阻抗
MHW105	7.5	5.0	37	40	7.0	68~88	3	50
MHW607-1	7.5	7.0	7.0	40	7.0	136~150	3	50
MHW704	6.0	3.0	3.0	38	6.0	440~470	4	50
MHW707-1	7.5	7.0	7.0	40	7.0	403~440	4	50
MHW803-1	7.5	2.0	2.0	37	4.0	820~850	4	50
MHW804-1	7.5	4.0	4.0	32	3.75	800~870	5	50
MHW903	7.2	3.5	3.5	40	3	890~915	4	50
MHW914	12.5	14	14	35	3	890~915	5	50

三菱公司的 M57704 系列高频功放是一种厚膜混合集成电路，可用于频率调制移动通信系统。包括多个型号：M57704UL，工作频率为 380~400 MHz；M57704L，工作频率为 400~420 MHz；M57704M，工作频率为 430~450 MHz；M57704H，工作频率为 450~470 MHz；M57704UH，工作频率为 470~490 MHz；M57704SH，工作频率为 490~512 MHz。电特性参数为：当 $U_{cc} = 12.5$ V，$P_{in} = 0.2$ W，$Z_o = Z_i = 50$ Ω 时，输出功率 $P_o = 13$ W，效率为 35%~40%。

图 3-32 是 M57704 系列功放的等效电路图。由图可见，它是由三级放大电路、匹配网络(微带线和 LC 元件)组成。

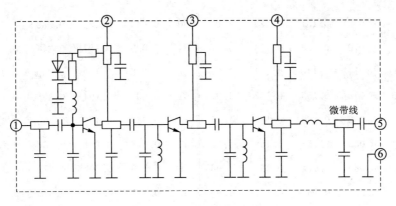

图 3 - 32　M57704 系列功放的等效电路图

本 章 小 结

本章主要介绍了通信系统中的高频小信号放大器和高频功率谐振放大器，其主要内容有以下几点：

（1）介绍了高频小信号调谐放大器的工作原理和分析方法，说明了高频小信号放大器和低频小信号放大器的不同，分析了由于工作频率提高引起的放大器稳定性问题，给出了提高高频小信号放大器稳定性的措施。

（2）重点分析了 C 类高频谐振功率放大器的工作原理和分析方法，介绍了谐振功率放大器各工作状态的特点，详细说明了高频功率放大器的外部特性，给出了高频功率放大器的实际电路及输出匹配网络。

（3）简要介绍了集成小信号放大器和功率放大器。

附录　余弦脉冲分解系数表

$\theta(°)$	$\cos\theta$	α_0	α_1	α_2	γ	$\theta(°)$	$\cos\theta$	α_0	α_1	α_2	γ
0	1.000	0.000	0.000	0.000	2.00	9	0.988	0.032	0.066	0.066	2.00
1	1.000	0.004	0.007	0.007	2.00	10	0.985	0.036	0.073	0.073	2.00
2	0.999	0.007	0.015	0.015	2.00	11	0.982	0.040	0.080	0.080	2.00
3	0.999	0.011	0.022	0.022	2.00	12	0.978	0.044	0.088	0.087	2.00
4	0.998	0.014	0.030	0.030	2.00	13	0.974	0.047	0.095	0.094	2.00
5	0.996	0.018	0.037	0.037	2.00	14	0.970	0.051	0.102	0.101	2.00
6	0.994	0.022	0.044	0.044	2.00	15	0.966	0.055	0.110	0.108	2.00
7	0.993	0.025	0.052	0.052	2.00	16	0.961	0.059	0.117	0.115	1.98
8	0.990	0.029	0.059	0.059	2.00	17	0.956	0.063	0.124	0.121	1.98

18	0.951	0.066	0.131	0.128	1.98	50	0.643	0.183	0.339	0.267	1.85
19	0.945	0.070	0.138	0.134	1.97	51	0.629	0.187	0.344	0.269	1.84
20	0.940	0.074	0.146	0.141	1.97	52	0.616	0.190	0.350	0.270	1.84
21	0.934	0.078	0.153	0.147	1.97	53	0.602	0.194	0.355	0.271	1.83
22	0.927	0.082	0.160	0.153	1.97	54	0.588	0.197	0.360	0.272	1.82
23	0.920	0.085	0.167	0.159	1.97	55	0.574	0.201	0.366	0.273	1.82
24	0.914	0.089	0.174	0.165	1.96	56	0.559	0.204	0.371	0.274	1.81
25	0.906	0.093	0.181	0.171	1.95	57	0.545	0.208	0.376	0.275	1.81
26	0.899	0.097	0.188	0.177	1.95	58	0.530	0.211	0.381	0.275	1.80
27	0.891	0.100	0.195	0.182	1.95	59	0.515	0.215	0.386	0.275	1.80
28	0.883	0.104	0.202	0.188	1.94	60	0.500	0.218	0.391	0.276	1.80
29	0.875	0.107	0.209	0.193	1.94	61	0.485	0.222	0.396	0.276	1.78
30	0.866	0.111	0.215	0.198	1.94	62	0.469	0.225	0.400	0.275	1.78
31	0.857	0.115	0.222	0.203	1.93	63	0.454	0.229	0.405	0.275	1.77
32	0.848	0.118	0.229	0.208	1.93	64	0.438	0.232	0.410	0.274	1.77
33	0.839	0.122	0.235	0.213	1.93	65	0.423	0.236	0.414	0.274	1.76
34	0.829	0.125	0.241	0.217	1.93	66	0.407	0.239	0.419	0.273	1.75
35	0.819	0.129	0.248	0.221	1.92	67	0.391	0.243	0.423	0.272	1.74
36	0.809	0.133	0.255	0.226	1.92	68	0.375	0.246	0.427	0.270	1.74
37	0.799	0.136	0.261	0.230	1.92	69	0.358	0.249	0.432	0.269	1.74
38	0.788	0.140	0.268	0.234	1.91	70	0.342	0.253	0.436	0.267	1.73
39	0.777	0.143	0.274	0.237	1.91	71	0.326	0.256	0.440	0.266	1.72
40	0.766	0.147	0.280	0.241	1.90	72	0.309	0.259	0.444	0.264	1.71
41	0.755	0.151	0.286	0.244	1.90	73	0.292	0.263	0.448	0.262	1.70
42	0.743	0.154	0.292	0.248	1.90	74	0.276	0.266	0.452	0.260	1.70
43	0.731	0.158	0.298	0.251	1.89	75	0.259	0.269	0.455	0.258	1.69
44	0.719	0.162	0.304	0.253	1.89	76	0.242	0.273	0.459	0.256	1.68
45	0.707	0.165	0.311	0.256	1.88	77	0.225	0.276	0.463	0.253	1.68
46	0.695	0.169	0.316	0.259	1.87	78	0.208	0.279	0.466	0.251	1.67
47	0.682	0.172	0.322	0.261	1.87	79	0.191	0.283	0.469	0.248	1.66
48	0.669	0.176	0.327	0.263	1.86	80	0.174	0.286	0.472	0.245	1.65
49	0.656	0.179	0.333	0.265	1.85	81	0.156	0.289	0.475	0.242	1.64

82	0.139	0.293	0.478	0.239	1.63	114	−0.407	0.390	0.534	0.115	1.37
83	0.122	0.296	0.481	0.236	1.62	115	−0.423	0.392	0.534	0.111	1.36
84	0.105	0.299	0.484	0.233	1.61	116	−0.438	0.395	0.535	0.107	1.35
85	0.087	0.302	0.487	0.230	1.61	117	−0.454	0.398	0.535	0.103	1.34
86	0.070	0.305	0.490	0.226	1.61	118	−0.469	0.401	0.535	0.099	1.33
87	0.052	0.308	0.493	0.223	1.60	119	−0.485	0.404	0.536	0.096	1.33
88	0.035	0.312	0.496	0.219	1.59	120	−0.500	0.406	0.536	0.092	1.32
89	0.017	0.315	0.498	0.216	1.58	121	−0.515	0.408	0.536	0.088	1.31
90	0.000	0.319	0.500	0.212	1.57	122	−0.530	0.411	0.536	0.084	1.30
91	−0.017	0.322	0.502	0.208	1.56	123	−0.545	0.413	0.536	0.081	1.30
92	−0.035	0.325	0.504	0.205	1.55	124	−0.559	0.416	0.536	0.078	1.29
93	−0.052	0.328	0.506	0.201	1.54	125	−0.574	0.419	0.536	0.074	1.28
94	−0.070	0.331	0.508	0.197	1.53	126	−0.588	0.422	0.536	0.071	1.27
95	−0.087	0.334	0.510	0.193	1.53	127	−0.602	0.424	0.535	0.068	1.26
96	−0.105	0.337	0.512	0.189	1.52	128	−0.616	0.426	0.535	0.064	1.25
97	−0.122	0.340	0.514	0.185	1.51	129	−0.629	0.428	0.535	0.061	1.25
98	−0.139	0.343	0.516	0.181	1.50	130	−0.643	0.431	0.534	0.058	1.24
99	−0.156	0.347	0.518	0.177	1.49	131	−0.656	0.433	0.534	0.055	1.23
100	−0.174	0.350	0.520	0.172	1.49	132	−0.669	0.436	0.533	0.052	1.22
101	−0.191	0.353	0.521	0.168	1.48	133	−0.682	0.438	0.533	0.049	1.22
102	−0.208	0.355	0.522	0.164	1.47	134	−0.695	0.440	0.532	0.047	1.21
103	−0.225	0.358	0.524	0.160	1.46	135	−0.707	0.443	0.532	0.044	1.20
104	−0.242	0.361	0.525	0.156	1.45	136	−0.719	0.445	0.531	0.041	1.19
105	−0.259	0.364	0.526	0.152	1.45	137	−0.731	0.447	0.530	0.039	1.19
106	−0.276	0.366	0.527	0.147	1.44	138	−0.743	0.449	0.530	0.037	1.18
107	−0.292	0.369	0.528	0.143	1.43	139	−0.755	0.451	0.529	0.034	1.17
108	−0.309	0.373	0.529	0.139	1.42	140	−0.766	0.453	0.528	0.032	1.17
109	−0.326	0.376	0.530	0.135	1.41	141	−0.777	0.455	0.527	0.030	1.16
110	−0.342	0.379	0.531	0.131	1.40	142	−0.788	0.457	0.527	0.028	1.15
111	−0.358	0.382	0.532	0.127	1.39	143	−0.799	0.459	0.526	0.026	1.15
112	−0.375	0.384	0.532	0.123	1.38	144	−0.809	0.461	0.526	0.024	1.14
113	−0.391	0.387	0.533	0.119	1.38	145	−0.819	0.463	0.525	0.022	1.13

146	−0.829	0.465	0.524	0.020	1.13	164	−0.961	0.491	0.507	0.002	1.03
147	−0.839	0.467	0.523	0.019	1.12	165	−0.966	0.492	0.506	0.002	1.03
148	−0.848	0.468	0.522	0.017	1.12	166	−0.970	0.493	0.506	0.002	1.03
149	−0.857	0.470	0.521	0.015	1.11	167	−0.974	0.494	0.505	0.001	1.02
150	−0.866	0.472	0.520	0.014	1.10	168	−0.978	0.495	0.504	0.001	1.02
151	−0.875	0.474	0.519	0.013	1.09	169	−0.982	0.496	0.503	0.001	1.01
152	−0.883	0.475	0.517	0.012	1.09	170	−0.985	0.496	0.502	0.001	1.01
153	−0.891	0.477	0.517	0.010	1.08	171	−0.988	0.497	0.502	0.000	1.01
154	−0.899	0.479	0.516	0.009	1.08	172	−0.990	0.498	0.501	0.000	1.01
155	−0.906	0.480	0.515	0.008	1.07	173	−0.993	0.498	0.501	0.000	1.01
156	−0.914	0.481	0.514	0.007	1.07	174	−0.994	0.499	0.501	0.000	1.00
157	−0.920	0.483	0.513	0.007	1.07	175	−0.996	0.499	0.500	0.000	1.00
158	−0.927	0.485	0.512	0.006	1.06	176	−0.998	0.499	0.500	0.000	1.00
159	−0.934	0.486	0.511	0.005	1.05	177	−0.999	0.500	0.500	0.000	1.00
160	−0.940	0.487	0.510	0.004	1.05	178	−0.999	0.500	0.500	0.000	1.00
161	−0.945	0.488	0.509	0.004	1.04	179	−1.000	0.500	0.500	0.000	1.00
162	−0.951	0.489	0.509	0.003	1.04	180	−1.000	0.500	0.500	0.000	1.00
163	−0.956	0.490	0.508	0.003	1.04						

思考题与练习题

3-1 对高频小信号放大器的主要要求是什么？高频小信号放大器有哪些分类？

3-2 造成高频小信号放大器工作不稳定的主要因素是什么？为使放大器稳定工作，可以采取哪些措施？

3-3 集中选频放大器组成框图是什么？有何特点？

3-4 高频功率放大器的功用是什么？应对它提出哪些主要要求？

3-5 为什么高频功放一般在 C 类状态工作？采用谐振回路作负载的目的是什么？

3-6 高频功放的欠压、临界、过压状态是如何区分的？各有什么特点？当 U_{CC}、U_{BB}、U_b 和 R_L 四个外界因素只变化其中的一个时，高频功放的工作状态如何变化？

3-7 试用高频功率管 3DA1 设计一高频功率放大器。要求工作在临界状态，输出功率 $P_1 = 3$ W，$\theta = 70°$。已知此管的静特性参数为：$S_c = 0.33$ A/V，$U'_{BB} = 0.65$ V，$U_{CC} = 24$ V。试计算集电极电路的电流、功率、效率以及临界阻抗。

56

3-8 设一理想化的晶体管静特性如图 P3-1 所示,已知 $U_{CC}=24$ V,$U_c=21$ V,基极偏压为零偏,$U_b=2.5$ V,试作出它的动特性曲线。此功放工作在什么状态?并计算此功放的 θ、P_1、P_0、η 及负载阻抗的大小。

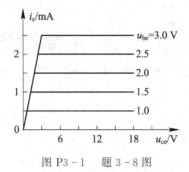

图 P3-1 题 3-8 图

3-9 试回答下列问题:

(1) 利用功放进行振幅调制时,当调制的音频信号加在基极或集电极时,应如何选择功放的工作状态?

(2) 利用功放放大振幅调制信号时,应如何选择功放的工作状态?

(3) 利用功放放大等幅度的信号时,应如何选择功放的工作状态?

3-10 已知高频功放工作在过压状态,现欲将它调整到临界状态,可以改变哪些外界因素来实现?变化方向如何?在此过程中集电极输出功率 P_1 如何变化?

3-11 某谐振功放的动特性曲线如图 P3-2 中折线 ABC 所示。画出 i_c 和 u_{ce} 的波形,并确定电源电压、输出电压的振幅。

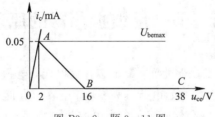

图 P3-2 题 3-11 图

3-12 改正图 P3-3 线路中的错误,不得改变馈电形式,重新画出正确的线路。

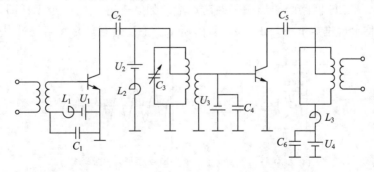

图 P3-3 题 3-12 图

第四章 正弦波振荡器

正弦波振荡器是通信系统中不可或缺的部件，如发射机中正弦波振荡器提供指定频率的载波信号，以及在接收机中作为混频所需要的本地振荡信号或作为解调所需要的恢复载波信号等。另外，在自动控制及电子测量等其他领域，振荡器也有着广泛的应用。

振荡器是在没有激励信号的情况下能产生周期性振荡信号的电子电路。与放大器一样，振荡器也是一种能量转换器，但不同的是振荡器无需外部激励就能自动地将直流电源供给的功率转换为指定频率和振幅的交流信号功率输出。振荡器一般由晶体管等有源器件和具有某种选频能力的无源网络组成。

振荡器的种类很多，根据工作原理可以分为反馈型振荡器和负阻型振荡器等；根据所产生的波形可以分为正弦波振荡器和非正弦波（矩形脉冲、三角波、锯齿波等）振荡器；根据选频网络所采用的器件可以分为 LC 振荡器、晶体振荡器、RC 振荡器等。本章主要介绍通信系统中常用的正弦波高频振荡器。

第一节 反馈振荡器的原理

我们知道，电容和电感都是储能元件，电容存储电能，电感存储磁场能。如图 $4-1(a)$ 所示的 LC 回路中，电容 C 上的初始电荷不为零，即电容 C 存储电能时，在电容两端并接上电感 L 后，电容 C 放电，电感存储磁场能；当电容放电完后，电感进行放电，电容反向充电；电感放电结束后，电容又将放电。如此反复，在 LC 回路中电容中的电能与电感中的磁场能相互转换，在 LC 回路两端形成了振荡波形。如果电容与电感是无耗的，没有能量损耗，这种振荡将永远进行下去，如图 $4-1(b)$ 所示。上述过程就是无阻尼自由电磁振荡。

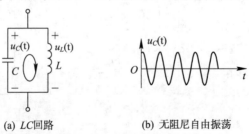

(a) LC 回路　　　　　　(b) 无阻尼自由振荡

图 $4-1$ LC 回路及振荡波形

考虑电感的损耗，LC 回路的等效电路如图 $4-2(a)$ 所示。由于损耗的存在，LC 在电磁转换过程中将消耗一定的能量,形成减幅振荡,振荡的幅度越来越小,即无阻尼自由电磁振荡就变成了阻尼振荡,波形如图 4-2(b)所示。

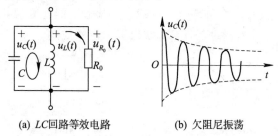

(a) LC 回路等效电路　　　　(b) 欠阻尼振荡

图 4-2　考虑损耗后的 LC 等效电路及振荡波形

为了保持输出幅度不变,可以采用负阻器件抵消谐振电阻的影响或利用正反馈来补充能量,由此分别构成了负阻型振荡器和反馈型振荡器。

一、负阻型振荡器原理

图 4-3 示出了负阻型振荡器原理图。由图可见,在回路的两端并联了一负电阻 R_0,根据电路知识可知,回路总的阻抗为 ∞。这意味着:在高频一周内,电阻 R_0 消耗的能量完全由负电阻 $-R_0$ 提供,LC 振荡器将形成等幅振荡,一直持续下去。这就是负阻型振荡器的工作原理。

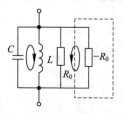

图 4-3　负阻型振荡器原理图

具有负阻特性的电子器件可以分为两类,它们的伏安特性分别如图 4-4(a)和图 4-4(b)所示。图 4-4(a)中曲线形状呈"N"形,图 4-4(b)中曲线形状呈"S"形,但都有一个共同的特点:图中的 AB 段间的斜率是负的,即器件在该区间工作时,呈现负阻特性。不同点在于:图 4-4(a)呈现的负阻区间是电压为 $U_P \sim U_0$ 之间,需要电压进行控制,因此称为电压控制型负阻器件;图 4-4(b)呈现的负阻区间是在电流为由 $I_P \sim I_V$ 之间,需要电流控制,因此称为电流控制型负阻器件。

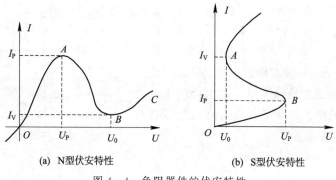

(a) N型伏安特性　　　　(b) S型伏安特性

图 4-4　负阻器件的伏安特性

电压控制型负阻器件常见器件是隧道二极管，符号如图 4-5(a)所示。隧道二极管和普通二极管一样，是由一个 PN 结组成。PN 结有两大特点：结的厚度小；P 区和 N 区的杂质浓度都很大。隧道二极管具有频率高、对输入响应快、能在高温条件下工作的特点，并且可靠性高、耗散功率小、噪音也低，因此获得了广泛的应用。

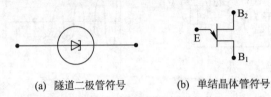

(a) 隧道二极管符号   (b) 单结晶体管符号

图 4-5   两种常见负阻型器件符号

电流控制型负阻器件常见器件是单结晶体管，符号见图 4-5(b)。单结晶体管是一个三端器件，但其工作原理和晶体三极管完全不同。器件的输入端也叫发射极，在输入电压到达某一值时输入端的阻值迅速下降，呈现负阻特性。单结晶体管也叫双基极二极管，是由一块轻掺杂的 N 型硅棒的一边和一小片重掺杂的 P 型材料相连而成。P 型发射极和 N 型硅棒间形成一个 PN 结，在等效电路中用一个二极管表示。

隧道二极管以及单结晶体管构成的负阻型振荡器分别如图 4-6(a)、图 4-6(b)所示。

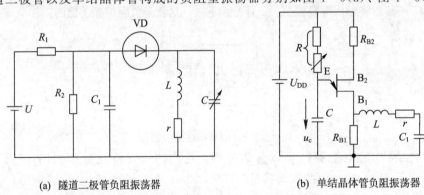

(a) 隧道二极管负阻振荡器   (b) 单结晶体管负阻振荡器

图 4-6   两种常见负阻型器件构成的振荡器电路

二、反馈型振荡器原理

反馈型振荡器的原理框图如图 4-7 所示。由图可见，反馈型振荡器是由放大器和反馈网络组成的一个闭合环路。放大器通常以某种选频网络(如振荡回路)作负载，是一种调谐放大器，反馈网络一般是由无源器件组成的线性网络。为了能产生自激振荡，必须有正反馈，即反馈到输入端的信号和放大器输入端的信号相位相同。

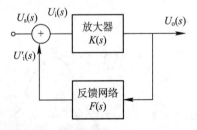

图 4-7   反馈型振荡器原理框图

对于图 4-7，设放大器的电压放大倍数为 $K(s)$，反馈网络的电压反馈系数为 $F(s)$，闭环电压放大倍数为 $K_u(s)$，则：

$$K_u(s) = \frac{U_o(s)}{U_s(s)} \tag{4-1}$$

由图 4-7 有

$$K(s) = \frac{U_o(s)}{U_i(s)} \tag{4-2}$$

$$F(s) = \frac{U_i'(s)}{U_o(s)} \tag{4-3}$$

$$U_i(s) = U_s(s) + U_i'(s) \tag{4-4}$$

因此：

$$K_u(s) = \frac{K(s)}{1 - K(s)F(s)} = \frac{K(s)}{1 - T(s)} \tag{4-5}$$

其中：

$$T(s) = K(s)F(s) = \frac{U_i'(s)}{U_i(s)} \tag{4-6}$$

称为反馈系统的环路增益。用 $s = j\omega$ 代入，就得到稳态下的传输系数和环路增益。若在某一频率 $\omega = \omega_1$ 上 $T(j\omega_1)$ 等于 1，$K_u(j\omega)$ 将趋于无穷大。这表明即使没有外加信号，也可以维持振荡输出。因此自激振荡的条件就是环路增益为 1，即

$$T(j\omega) = K(j\omega)F(j\omega) = 1 \tag{4-7}$$

通常又称为振荡器的平衡条件。

由式(4-6)还可知：

$$\begin{cases} |T(j\omega)| > 1, & |U_i'(s)| > |U_i(s)|，形成增幅振荡 \\ |T(j\omega)| < 1, & |U_i'(s)| < |U_i(s)|，形成减幅振荡 \end{cases} \tag{4-8}$$

1. 平衡条件

振荡器的平衡条件即为

$$T(j\omega) = K(j\omega)F(j\omega) = 1 \tag{4-9}$$

也可以表示为

$$|T(j\omega)| = KF = 1 \tag{4-10}$$

$$\varphi_T = \varphi_k + \varphi_F = 2n\pi, \quad n = 0, 1, 2, \cdots \tag{4-11}$$

式(4-10)和(4-11)分别称为振幅平衡条件和相位平衡条件。

现以单调谐谐振放大器为例来看 $K(j\omega)$ 与 $F(j\omega)$ 的意义。若 $\dot{U}_o = \dot{U}_c$，$\dot{U}_i = \dot{U}_b$，则由式(4-2)可得：

$$K(j\omega) = \frac{\dot{U}_o}{\dot{U}_i} = \frac{\dot{U}_c}{\dot{U}_b} = \frac{\dot{I}_c}{\dot{U}_b} \frac{\dot{U}_c}{\dot{I}_c} = -Y_f(j\omega)Z_L \tag{4-12}$$

式中，Z_L 为放大器的负载阻抗：

$$Z_L = -\frac{\dot{U}_c}{\dot{I}_c} = R_L e^{j\varphi_L} \tag{4-13}$$

其中，Z_L 一般是线性元件，$Y_f(j\omega)$ 为晶体管的正向转移导纳：

$$Y_f(j\omega) = \frac{\dot{I}_c}{\dot{U}_b} = Y_f e^{j\varphi_f} \qquad (4-14)$$

晶体管小信号工作时，Y_f 不变，K 不变；晶体管大信号工作时，$\dot{I}_c$ 与 $\dot{U}_b$ 成非线性关系，Y_f 随信号的增大而减小，则 K 随信号的增大也减小。

由式(4-3)可知，$F(j\omega)$ 一般情况下是线性电路的电压比值，但若考虑晶体管的输入电阻影响，它也会随信号大小稍有变化(主要考虑对 φ_F 的影响)。为分析方便，引入一与 $F(j\omega)$ 反相的反馈系数 $F'(j\omega)$：

$$F'(j\omega) = F' e^{j\varphi_{F'}} = -F(j\omega) = -\frac{\dot{U}'_i}{\dot{U}_c} \qquad (4-15)$$

这样，振荡条件可写为

$$T(j\omega) = -Y_f(j\omega) Z_L F(j\omega) = Y_f(j\omega) Z_L F'(j\omega) = 1 \qquad (4-16)$$

即振幅平衡条件和相位平衡条件分别可写为

$$Y_f R_L F' = 1 \qquad (4-17)$$

$$\varphi_f + \varphi_L + \varphi_{F'} = 2n\pi, \quad n = 0, 1, 2, \cdots \qquad (4-18)$$

在平衡状态中，电源供给的能量正好抵消整个环路损耗的能量，平衡时输出幅度将不再变化，因此振幅平衡条件决定了振荡器输出振幅大小。必须指出：环路只有在某一特定的频率上才能满足相位平衡条件，也就是说相位平衡条件决定了振荡器输出信号的频率大小，解 $\varphi_T = 0$ 得到的解即为振荡器的振荡频率，一般在回路的谐振频率附近。

2. 振荡器的起振条件

在振荡开始时由于激励信号较弱，输出电压的振幅较小，经过不断放大、反馈循环后，输出幅度应该逐渐增大，否则输出信号幅度过小，没有任何价值。为了使振荡过程中输出幅度不断增加，应使反馈回来的信号比输入到放大器的信号大，即振荡开始时为增幅振荡：

$$T(j\omega) > 1 \qquad (4-19)$$

也可写为

$$|T(j\omega)| = Y_f R_L F' > 1 \qquad (4-20)$$

$$\varphi_T = \varphi_f + \varphi_L + \varphi_{F'} = 2n\pi, \quad n = 0, 1, 2, \cdots \qquad (4-21)$$

式(4-20)和(4-21)分别称为起振的振幅条件和相位条件，其中起振的相位条件即为正反馈条件。

振荡器初始激励来源于振荡器在接通电源时存在的电冲击及各种热噪声等。例如：在加电时晶体管电流由零突然增加，突变的电流包含有很宽的频谱分量，在它们通过负载回路时，由谐振回路的性质可知：只有频率等于回路谐振频率的分量才可以产生输出电压，而其他频率成分不会产生压降，因此负载回路上只有频率为回路谐振频率的成分产生压降。该压降通过反馈网络产生出较大的正反馈电压，反馈电压又加到放大器的输入端，再进行放大、反馈。不断地循环下去，谐振负载上得到频率等于回路谐振频率的输出信号。

振荡器工作时怎样由 $|T(j\omega)| > 1$ 过渡到 $|T(j\omega)| = 1$ 的呢？因为放大器进行小信号放大时必须工作在晶体管的线性放大区，即起振时放大器工作在线性区，此时放大器的输出随输

入信号的增加而线性增加；随着输入信号振幅的增加，放大器逐渐由放大区进入截止区或饱和区，因此进入非线性状态，此时的输出信号幅度增加有限，即增益将随输入信号的增加而下降。所以，振荡器工作到一定阶段，环路增益将下降。当 $|T(j\omega)| = 1$ 时，振荡器到达平衡状态，进行等幅振荡。需要说明的是，电路的起振过程是非常短暂的，可以认为只要电路设计合理，满足起振条件，振荡器一通上电后，输出端就有稳定幅度的输出信号。

3. 稳定条件

振荡器在工作的过程中不可避免地要受到外界各种因素的影响，如温度改变、电源电压的波动等等，这些变化将使放大器放大倍数和反馈系数改变，因而破坏了原来的平衡状态，对振荡器的正常工作将会产生影响，因此需要考虑振荡器的稳定性。如果外界条件改变，通过放大和反馈的不断循环，振荡器能在原平衡点附近建立起新的平衡状态，而且当外界因素消失后，振荡器能自动回到原平衡状态，则原平衡点是稳定的；否则，原平衡点为不稳定的。振荡器越稳定，受外界的影响越小，即外界条件改变时，振荡器偏离原来的平衡点越小。振荡器的稳定条件分为振幅稳定条件和相位稳定条件。

要使振幅稳定，必须满足：若不稳定因素使振幅增大时，环路增益的模值 T 应减小，形成减幅振荡，从而阻止振幅增大，否则，若振幅增大，T 也增大，则振幅将持续增大，振荡器不稳定；而当不稳定因素使振幅减小时，T 应增大，形成增幅振荡。因此，振幅稳定条件为：在平衡点处环路增益随输入信号的增加而减小。由于反馈网络为线性网络，即反馈系数 F 的大小不随输入信号改变，故振幅稳定条件简化为：在平衡点处，放大器的放大倍数随输入信号的增加而减小。由于放大器的非线性，只要电路设计合理，放大器的放大倍数随输入信号的变化即如图 4-8 所示，也就是说振幅稳定条件很容易满足。

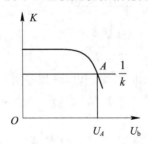

图 4-8 放大器放大倍数与输入信号关系

设振荡器处于相位平衡状态，即有 $\varphi_L + \varphi_f + \varphi_{F} = 0$，现因外界原因使振荡器的反馈电压的相位超前原输入信号，即 φ_{F} 增加，振荡周期缩短，振荡频率提高。如果此时 φ_L 减小，可以使得 $\varphi_L + \varphi_f + \varphi_{F} = 0$，达到新的平衡，振荡器稳定，但如果此时 φ_L 也增加，则 $\varphi_L + \varphi_f + \varphi_{F}$ 不可能等于 0，振荡器则不稳定；反之，φ_{F} 减小，振荡周期增加，振荡频率减小，如果 φ_L 增加，还是可以使得 $\varphi_L + \varphi_f + \varphi_{F} = 0$，从而达到新的平衡，振荡器稳定。因此，振荡器相位稳定条件为：随着频率的增加，φ_L 减小。由第二章谐振回路的性质可知，并联谐振回路相频特性满足振荡器相位稳定条件，因此，只要振荡器回路采用并联谐振回路，振荡器很容易满足相位稳定条件。

三、反馈型振荡线路举例——互感耦合振荡器

图 4-9 是一 LC 振荡器的实际电路，图中反馈网络由 L 和 L_1 间的互感 M 担任，因而称为互感耦合反馈振荡器，或称为变压器耦合振荡器。设振荡器的工作频率等于回路谐振频率，当基极加有信号 $\dot{U}_b$ 时，由三极管中的电流流向关系可知集电极输出电压 $\dot{U}_c$ 与输入电压 $\dot{U}_b$ 反相，根据图中两线圈上所标的同名端，可以判断出反馈线圈 L_1 两端的电压 $\dot{U}'_b$ 与 $\dot{U}_c$ 反相，故 $\dot{U}'_b$ 与 $\dot{U}_b$ 同相，该反馈为正反馈。因此只要电路设计合理，在工作时满足 $\dot{U}'_b = \dot{U}_b$ 的条件，在输出端就会有正弦波输出。

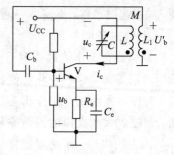

图 4-9 互感耦合振荡器

互感耦合反馈振荡器的正反馈是由互感耦合振荡回路中的同名端来保证的。

例 4-1 将图 4-10(a) 所示的互感耦合振荡器交流通路改画为实际线路，并注明互感的同名端。

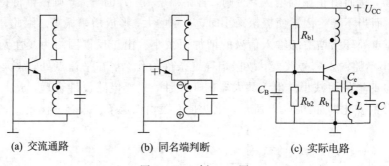

(a) 交流通路   (b) 同名端判断   (c) 实际电路

图 4-10 例 4-1 图

解 采用瞬时极性的方法判断同名端。设基极加正信号（如图 4-10(b) 所示），则集电极输出为负信号，而要形成正反馈，要求 LC 回路下面为正、上面为负，因此同名端就可以标识出来了，如图 4-10(b) 中所示。

根据振荡器起振的相位条件判断出互感的同名端后，再根据起振时的振幅条件设计偏置电路，即起振时三极管应偏置在线性放大区。设计的振荡器实际电路如图 4-10(c) 所示。

需要说明的是，起振时三极管偏置在线性放大区只是振荡器振幅起振的必要条件，是否一定起振，则需要满足 $|T(j\omega)| > 1$。为了简化分析，本章中只要起振时三极管偏置在线性放大区，即认为满足了起振的振幅条件。

互感耦合振荡器中，根据决定频率的谐振回路连接方式，可以分为集电极调谐型、发射极调谐型及基极调谐型。图 4-9 示出的是集电极调谐型，本例题示出的是发射极调谐型。调集振荡在高频输出方面比其他两种电路稳定，而且幅度较大，谐波成分较小；调基振荡器工作频率在较宽的范围改变时，振幅比较平衡。互感耦合振荡器电路简单，易起振，工作频率范围宽，但由于分布电容的存在以及变压器的使用，工作频率及频率稳定性

不高，一般用于中、短波波段。

第二节　LC 振荡器

一、振荡器的组成原则

　　LC 振荡器除上节介绍的互感耦合反馈型振荡器外，还有很多其他类型的振荡器，它们大多是由基本电路引出的。基本电路就是通常所说的三端式（又称三点式）振荡器，即 LC 回路的三个端点与晶体管的三个电极分别连接而成的电路，如图 4-11 所示。由图可见，除晶体管外还有三个电抗元件 X_1、X_2、X_3，它们构成了决定振荡频率的并联谐振回路，同时也构成了正反馈所需的反馈网络，为此，三者必须满足一定的关系。

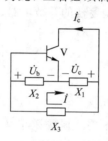

图 4-11　三端式振荡器的组成

　　根据谐振回路的性质，在回路谐振时回路应呈纯阻性，因而有

$$X_1 + X_2 + X_3 = 0 \tag{4-22}$$

所以电路中三个电抗元件不能同时为感抗或容抗，必须由两种不同性质的电抗元件组成。

　　在不考虑晶体管参数（如输入电阻、极间电容等）的影响并假设回路谐振时，有 $\varphi_L = 0$，$\varphi_f = 0$。为了满足相位平衡条件，即正反馈条件，应要求 $\varphi_{F'} = 0$。根据式（4-11），有 $\dot{U}_b$ 应与 $-\dot{U}_c$ 同相。一般情况下，回路的 Q 值很高，因此回路电流 $\dot{I}$ 远大于晶体管的基极电流 $\dot{I}_b$、集电极电流 $\dot{I}_c$ 以及发射极电流 $\dot{I}_e$，故由图 4-11 有

$$\dot{U}_b = jX_2\dot{I} \tag{4-23}$$

$$\dot{U}_c = -jX_1\dot{I} \tag{4-24}$$

因此 X_1、X_2 应为同性质的电抗元件。

　　综上所述，从相位平衡条件判断图 4-11 所示的三端式振荡器能否振荡的原则如下：

　　(1) X_1 和 X_2 的电抗性质相同；

　　(2) X_3 与 X_1、X_2 的电抗性质相反。

　　为便于记忆，可以将此原则具体化：与晶体管发射极相连的两个电抗元件必须是同性质的，而不与发射极相连的另一电抗与它们的性质相反，简单可记为"射同它异"。考虑到场效应管与晶体管电极对应关系，只要将上述原则中的发射极改为源极即可适用于场效应管振荡器，即"源同它异"。

　　三端式振荡器有两种基本电路，如图 4-12 所示。图 4-12 (a) 中 X_1 和 X_2 为容性，X_3

为感性，也满足三端式振荡器的组成原则，但反馈网络是由电容元件完成的，称为电容反馈振荡器，也称为考毕兹(Colpitts)振荡器；图 4-12 (b)中 X_1 和 X_2 为感性，X_3 为容性，满足三端式振荡器的组成原则，反馈网络是由电感元件完成的，称为电感反馈振荡器，也称为哈特莱(Hartley)振荡器。

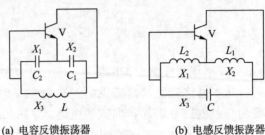

(a) 电容反馈振荡器　　　　(b) 电感反馈振荡器

图 4-12　两种基本的三端式振荡器

例 4-2　图 4-13 是一三回路振荡器的等效电路，设有下列四种情况：

(1) $L_1C_1 > L_2C_2 > L_3C_3$；

(2) $L_1C_1 < L_2C_2 < L_3C_3$；

(3) $L_1C_1 = L_2C_2 > L_3C_3$；

(4) $L_1C_1 < L_2C_2 = L_3C_3$。

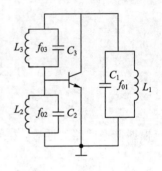

试分析上述四种情况是否都能振荡。振荡频率 f_1 与回路谐振频率有何关系？属于何种类型的振荡器？

解　要使得电路可能振荡，根据三端式振荡器的组成原则有：L_1、C_1 回路与 L_2、C_2 回路在振荡时呈现的电抗性质相同，L_3、C_3 回路与它们的电抗性质不同。又由于三个回路都是并联谐振回路，根据并联谐振回路的相频特

图 4-13　例 4-2 图

性，该电路要能够振荡，三个回路的谐振频率必须满足 $f_{03} > \max(f_{01}、f_{02})$ 或 $f_{03} < \min(f_{01}、f_{02})$，所以：

(1) $f_{01} < f_{02} < f_{03}$，故电路可能振荡，可能振荡的频率 f_1 为 $f_{02} < f_1 < f_{03}$，属于电容反馈的振荡器；

(2) $f_{01} > f_{02} > f_{03}$，故电路可能振荡，可能振荡的频率 f_1 为 $f_{02} > f_1 > f_{03}$，属于电感反馈的振荡器；

(3) $f_{01} = f_{02} < f_{03}$，故电路可能振荡，可能振荡的频率 f_1 为 $f_{01} = f_{02} < f_1 < f_{03}$，属于电容反馈的振荡器；

(4) $f_{01} > f_{02} = f_{03}$，故电路不可能振荡。

本例题说明了三极管三个电极之间连接的可能不是一个简单的元件，而是一个复杂的电路。此时需要先看该电路呈现的是感性还是容性元件的性质，再看是否满足"射同它异"的组成原则。

例 4-3　改正图 4-14 所示的振荡器线路。

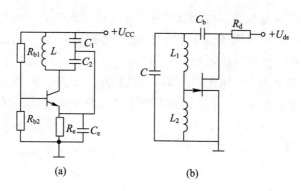

图 4-14   例 4-3 图

解   检查振荡器线路是否正确一般步骤如下。

（1）检查交流通路是否正确及是否存在正反馈。正反馈的判断对互感耦合电路应检查同名端，对三端式电路检查是否满足"射同它异"或"源同它异"的组成原则。

（2）检查直流通路是否正确。需要进一步注意的是，为了满足起振的振幅条件，起振时应使放大器工作在线性放大区，即对于三极管电路，直流通路应使得 E 结正偏、C 结反偏；对于场效应管电路，如果是结型场效应管或耗尽型场效应管，应使 U_{gs} 在 0 至 U_P 之间，如果是增强型场效应管，则应使 U_{gs} 大于门限电压，而选择 U_{ds} 时 N 沟道的场效应管应大于 0，P 沟道的场效应管应小于 0。

图 4-14(a)为三端式振荡器，检查交流通路时发现基极悬空，而发射极由于旁路电容 C_e 存在，使其短路接地，回路电容 C_1 被短路掉，故去掉旁路电容 C_e，在基极增加一旁路电容，这样才满足三端式组成原则；直流通路正确。改正后的电路如图 4-15(a)所示。

图 4-14(b)为场效应管三端式电路。检查交流通路时发现源极接的是电容、电感，栅极接的是两个电感，不满足"源同它异"的组成原则，如果将电感 L_2 改为电容，则交流通路正确；检查直流通路发现，栅极无直流偏置，故应加直流偏置电路，所加的直流偏置电路应保证起振时工作在线性放大状态。改正后的电路如图 4-15(b)所示。

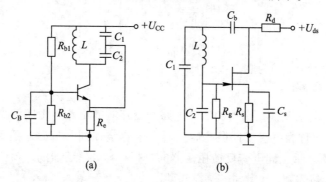

图 4-15   例 4-3 正确线路图

二、电容反馈振荡器

图 4-16(a)是一电容反馈振荡器的实际电路，图 4-16(b)是其交流等效电路。由图

4-16(b)可看出该电路满足振荡器的相位条件,且反馈是由电容产生的,因此称为电容反馈振荡器。图4-16(a)中,电阻 R_1、R_2、R_e 起直流偏置作用,在开始振荡前这些电阻决定了静态工作点,当振荡产生以后,由于晶体管的非线性及工作到截止状态,基极、发射极电流发生变化,这些电阻又起自偏压作用,从而限制和稳定了振荡的幅度大小;C_e 为旁路电容,C_b 为隔直电容,保证起振时具有合适的静态工作点及交流通路。图中的扼流圈 L_C 可以防止集电极交流电流从电源入地,L_C 的交流电阻很大,可以视为开路,但直流电阻很小,可为集电极提供直流通路。

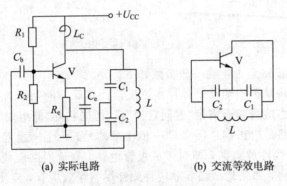

(a) 实际电路　　　　　　　(b) 交流等效电路

图 4-16　电容反馈振荡器电路

振荡器的振荡频率 ω_1 一般近似为回路的谐振频率 ω_0,即

$$\omega_1 \approx \omega_0 = \frac{1}{\sqrt{LC}} \qquad (4-25)$$

式中,C 为回路的总电容:

$$C = \frac{C_1 C_2}{C_1 + C_2} \qquad (4-26)$$

工程上一般不考虑三极管参数的影响,采用下式估计反馈系数 $F(j\omega)$ 的大小:

$$\left| F(j\omega) \right| \approx \left| \frac{\dfrac{1}{j\omega C_2}}{j\omega L + \dfrac{1}{j\omega C_2}} \right| = \left| \frac{\dfrac{1}{j\omega C_2}}{\dfrac{1}{j\omega C_1}} \right| = \frac{C_1}{C_2} \qquad (4-27)$$

三、电感反馈振荡器

图 4-17 是一电感反馈振荡器的实际电路和交流等效电路。由图可见它是依靠电感产生反馈电压的,因而称为电感反馈振荡器。通常电感绕在同一带磁芯的骨架上,它们之间存在有互感,用 M 表示。同电容反馈振荡器的分析一样,振荡器的振荡频率工程上一般用回路的谐振频率近似表示:

$$\omega_1 \approx \omega_0 = \sqrt{\frac{1}{LC}} \qquad (4-28)$$

式中:L 为回路的总电感,由图 4-17 有

$$L = L_1 + L_2 + 2M \qquad (4-29)$$

工程上，反馈系数的大小估算为

$$|F(\mathrm{j}\omega)| \approx \frac{L_2 + M}{L_1 + M} \qquad (4-30)$$

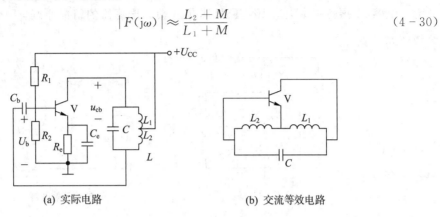

(a) 实际电路　　　　　　　　　　(b) 交流等效电路

图 4-17　电感反馈振荡器电路

在讨论了电容反馈的振荡器和电感反馈的振荡器后，对它们的特点比较如下：

(1) 两种线路都简单，容易起振。

(2) 振荡器在稳定振荡时，晶体管工作在非线性状态，在回路上除有基波电压外还存在少量谐波电压(谐波电压的大小与回路的 Q 值有关)。对于电容反馈振荡器，由于反馈是由电容产生的，高次谐波在电容上产生的反馈压降较小，而对于电感反馈振荡器，反馈是由电感产生的，高次谐波在电感上产生的反馈压降较大，因此电容反馈振荡器的输出波形比电感反馈振荡器的输出波形要好。

(3) 由于晶体管存在极间电容，对于电感反馈振荡器，极间电容与电感并联，在频率高时极间电容影响大，有可能使电抗的性质改变，故电感反馈振荡器的工作频率不能过高；对于电容反馈振荡器，其极间电容与电容并联，不存在电抗性质改变的问题，故工作频率可以较高。

(4) 改变电容能够调整振荡器的工作频率。电容反馈振荡器在改变频率时，反馈系数也将改变，影响了振荡器的振幅起振条件，故电容反馈振荡器一般工作在固定频率；电感反馈振荡器改变频率时，并不影响反馈系数，故可以在较宽的频带内工作。

综上所述，由于电容反馈振荡器具有工作频率高、波形好等优点，在许多场合得到了应用。

四、两种改进型电容反馈振荡器

由于极间电容对电容反馈振荡器及电感反馈振荡器的回路电抗均有影响，从而对振荡频率也会有影响。而极间电容随环境温度、电源电压等因素的影响较大，所以上述两种电路的频率稳定度不高。为了提高稳定度，需要对电路作改进以减少晶体管极间电容对回路的影响，一般采用减弱晶体管与回路之间耦合的方法，由此得到两种改进型电容反馈振荡器——克拉泼(Clapp)振荡器和西勒(Siler)振荡器。

1. 克拉泼振荡器

图 4-18 是克拉泼振荡器的实际电路和交流等效电路，它是用电感 L 和可变电容 C_3 的

串联电路代替原电容反馈振荡器中的电感构成的,且 $C_3 \ll C_1$、C_2。只要 L 和 C_3 串联电路等效为一电感(在振荡频率上),该电路即满足三端式振荡器的组成原则,而且属于电容反馈式振荡器。

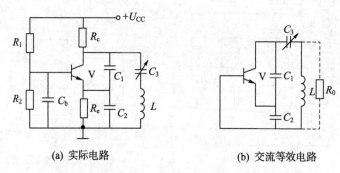

(a) 实际电路   (b) 交流等效电路

图 4-18   克拉泼振荡器电路

由图 4-18 可知,回路的总电容为

$$\frac{1}{C} = \frac{1}{C_1} + \frac{1}{C_2} + \frac{1}{C_3} \overset{C_3 \ll C_1, C_2}{\approx} \frac{1}{C_3} \qquad (4-31)$$

可见,回路的总电容 C 将主要由 C_3 决定,而极间电容与 C_1、C_2 并联,所以极间电容对总电容的影响就很小;并且 C_1、C_2 只是回路的一部分,晶体管以部分接入的形式与回路连接,减弱了晶体管与回路之间的耦合。C_1、C_2 的取值越大,接入系数 p 越小,耦合越弱。因此,克拉泼振荡器的频率稳定度得到了提高。但 C_1、C_2 不能过大,假设电感两端的电阻为 R_0(即回路的谐振电阻),则由图 4-18 可知,等效到晶体管 ce 两端的负载电阻 R_L 为

$$R_L = p^2 R_0 = \left(\frac{C}{C_1}\right)^2 R_0 \approx \left(\frac{C_3}{C_1}\right)^2 R_0 \qquad (4-32)$$

由此可见,C_1 过大,负载电阻 R_L 很小,放大器增益就较低,环路增益也就较小,有可能使振荡器不满足振幅平衡条件而停振。

振荡器的振荡频率为

$$\omega_1 \approx \omega_0 = \sqrt{\frac{1}{LC}} \approx \sqrt{\frac{1}{LC_3}} \qquad (4-33)$$

反馈系数的大小为

$$|F(j\omega)| = \frac{C_1}{C_2} \qquad (4-34)$$

克拉泼振荡器主要用于固定频率或波段范围较窄的场合。这是因为克拉泼振荡器频率的改变是通过调整 C_3 来实现的。根据式(4-32)可知,C_3 的改变,负载电阻 R_L 将随之改变,放大器的增益也将变化,调频率时有可能因环路增益不足而停振。另外,由于负载电阻 R_L 的变化,振荡器输出幅度也将变化,导致波段范围内输出振幅变化较大。克拉泼振荡器的频率覆盖系数(最高工作频率与最低工作频率之比)一般只有 1.2~1.3。

2. 西勒振荡器

图 4-19 是西勒振荡器的实际电路和交流等效电路。与克拉泼振荡器相比,将与电感串联的可变电容改为与电感并联,并增加一串联的固定电容。与克拉泼振荡器一样,图中

$C_3 \ll C_1$、C_2，因此晶体管与回路之间耦合较弱，频率稳定度高。

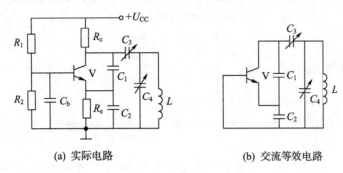

(a) 实际电路　　　　　　　　(b) 交流等效电路

图 4-19　西勒振荡器电路

由图 4-19 可知，回路的总电容为

$$C = \cfrac{1}{\cfrac{1}{C_1} + \cfrac{1}{C_2} + \cfrac{1}{C_3}} + C_4 \approx C_3 + C_4 \qquad (4-35)$$

振荡器的振荡频率为

$$\omega_1 \approx \omega_0 = \sqrt{\frac{1}{LC}} \approx \sqrt{\frac{1}{L(C_3 + C_4)}} \qquad (4-36)$$

反馈系数的大小为

$$\left| F(\mathrm{j}\omega) \right| = \frac{C_1}{C_2} \qquad (4-37)$$

由于改变频率是通过调整 C_4 完成的，C_4 的改变并不影响接入系数 p（由图 4-18 和图 4-19 可知，西勒振荡器的接入系数与克拉泼振荡器的相同），所以波段内输出幅度较平稳。而且由式（4-36）可见，C_4 改变，频率变化较明显，故西勒振荡器的频率覆盖系数较大，可达 1.6～1.8。西勒振荡器适用于较宽波段工作，在实际中用得较多。

例 4-4　一振荡器等效电路如图 4-20 所示。已知：$C_1 = 600\ \mathrm{pF}$，$C_3 = 20\ \mathrm{pF}$，$C_5 = 12 \sim 250\ \mathrm{pF}$，反馈系数大小为 $F = 0.4$，振荡器的频率 f 的范围为 $1.2\ \mathrm{MHz} \sim 3\ \mathrm{MHz}$，试计算：$C_2$、$C_4$、$L$。

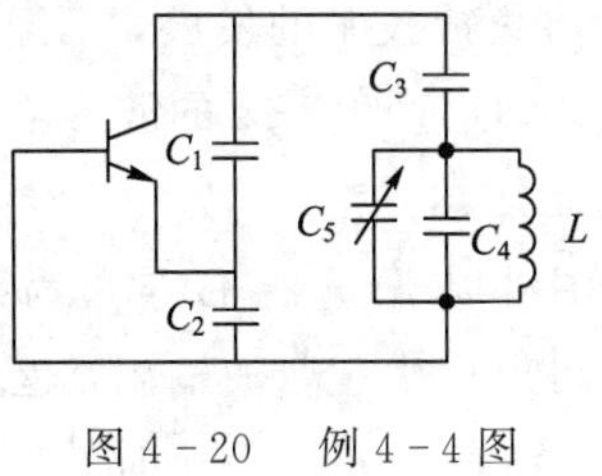

图 4-20　例 4-4 图

解　根据反馈系数的定义，有

$$C_2 = \frac{C_1}{F} = \frac{600}{0.4} = 1500\ \mathrm{pF}$$

由于 $C_3 \ll C_1$、C_2，则回路的总电容 C 为

$$C \approx C_3 + C_4 + C_5$$

$$f_{\min} = 1.2 \times 10^{-6} = \frac{1}{2\pi \sqrt{LC_{\max}}} = \frac{1}{2 \times 3.14 \times \sqrt{L \times (20 + C_4 + 250) \times 10^{-12}}}$$

$$f_{\max} = 1.2 \times 10^{-6} = \frac{1}{2\pi \sqrt{LC_{\min}}} = \frac{1}{2 \times 3.14 \times \sqrt{L \times (20 + C_4 + 12) \times 10^{-12}}}$$

因此,有

$$C_4 = 13.3 \text{ pF}$$
$$L = 62.2 \text{ μH}$$

五、场效应管振荡器

原则上说,上述各种晶体三极管振荡器线路都可以用场效应管构成,分析方法与晶体三极管振荡器也类似,在此不再详细分析,仅举几个电路说明场效应管振荡器,如图 4 - 21 所示。

图 4 - 21 (a)是一栅极调谐型场效应管振荡器线路,它是由结型场效应管构成的互感耦合场效应管振荡器,图上两线圈的极性关系保证了此振荡器的正反馈;图 4 - 21 (b)是电感反馈场效应管振荡器线路;图 4 - 21 (c)是电容反馈场效应管振荡器线路。

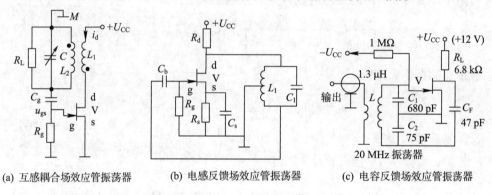

(a) 互感耦合场效应管振荡器   (b) 电感反馈场效应管振荡器   (c) 电容反馈场效应管振荡器

图 4 - 21   由场效应管构成的振荡器电路

六、单片集成振荡器举例

随着集成技术的发展,已经有专门按振荡器工作特点设计的集成电路,使用时只需外加回路,即可产生需要的波形输出,使用极为方便。

1. E1648

单片集成振荡器 E1648 为 ECL 中规模集成电路,其内部原理图如图 4 - 22 所示。E1648 可以产生正弦波输出,也可以产生方波输出。

E1648 输出正弦电压时的典型参数为:最高振荡频率 225 MHz,电源电压 5 V,功耗 150 mV,振荡回路输出峰峰值电压 500 mV。

E1648 单片集成振荡器的振荡频率是由 10 脚和 12 脚之间的外接振荡电路的 L、C 值决定,并与两脚之间的输入电容 C_i 有关,其表达式为

$$f = \frac{1}{2\pi \sqrt{L(C + C_i)}} \tag{4 - 38}$$

改变外接回路元件参数,可以改变 E1648 单片集成振荡器的工作频率。

在 5 脚外加一正电压时,可以获得方波输出。

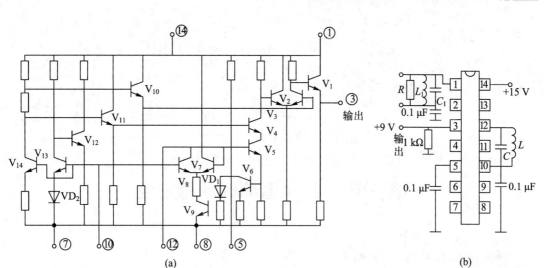

图 4-22　E1648 内部原理图及构成的振荡器

2. M101

M101 是美国 MF 电子公司生产的一种用于晶体振荡器的 IC 芯片。使用基频晶体能输出频率为 6～36 MHz 的方波信号；使用泛音晶体可输出 20～50 MHz 的方波信号。M101 的结构及引脚分布如图 4-23 所示。

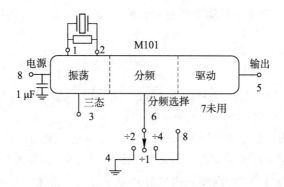

图 4-23　M101 结构示意图

图 4-23 中，1、2 脚之间接晶体，如果采用泛音晶体时，需要并接 3.3 kΩ 的电阻。根据 6 脚的不同接入形式，输出频率与晶体标称频率分别呈现 1 分频、2 分频、4 分频关系。

图 4-24 示出了 M101 的实际应用电路。图 4-24（a）中 C_1、C_2 用于频率的微调，比如要产生频率为 f_0 的信号，而实际输出大于 f_0 时，可以增大 C_1、C_2 使输出频率降低到 f_0；反之，实际输出小于 f_0 时，可以减少 C_1、C_2 使输出频率增大到 f_0。图 4-24（b）为 M101 的另一种应用，即可以完成放大整形，任何输入大于 0.5Vpp（Vpp 为输入峰-峰值）的正弦波信号，均可放大整形为方波。当然，此时也可结合分频选择和三态控制输出。

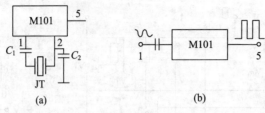

图 4 - 24　M101 应用举例

第三节　振荡器的频率稳定度

一、频率稳定度的意义和表征

振荡器的频率稳定度是指由于外界条件的变化引起振荡器的实际工作频率偏离标称频率的程度，是振荡器的一个重要的指标。振荡器一般是作为某种信号源使用的（作为高频加热之类应用的除外），振荡频率的不稳定将有可能使设备和系统的性能恶化。如在通信中所用的振荡器，频率的不稳定将有可能使所接收的信号部分甚至完全收不到，另外还有可能干扰原来正常工作的邻近频道的信号。再如在数字设备中用到的定时器都是以振荡器为信号源的，频率的不稳定会造成定时的不稳等。

频率稳定度在数量上通常用频率偏差来表示。频率偏差是指振荡器的实际频率和指定频率之间的偏差。它可分为绝对偏差和相对偏差。设 f_1 为实际工作频率，f_0 为标称频率，则绝对偏差为

$$\Delta f = f_1 - f_0 \qquad (4-39)$$

相对偏差为

$$\frac{\Delta f}{f_0} = \frac{f_1 - f_0}{f_0} \qquad (4-40)$$

在上述偏差中，除了置定和测量不准引起的原因外（这一般称为频率准确度），人们最关心的是频率随时间变化而产生的偏差，通常称为频率稳定度（实际上应称为频率不稳定度）。频率稳定度通常定义为在一定时间间隔内振荡器频率的相对变化，用 $\Delta f / f_1 |_{时间间隔}$ 表示，这个数值越小，频率稳定度越高。按照时间间隔长短不同，常将频率稳定度分为以下几种：

（1）长期稳定度：一般指一天以上以至几个月的时间间隔内频率的相对变化。通常是由振荡器中元器件老化而引起的。

（2）短期稳定度：一般指一天以内，以小时、分钟或秒计的时间间隔内频率的相对变化。产生这种频率不稳定的因素有温度、电源电压等。

（3）瞬时稳定度：一般指秒或毫秒时间间隔内频率的相对变化。这种频率变化一般都具有随机性质。这种频率不稳定有时也被看作振荡信号附有相位噪声。引起这类频率不稳定的主要因素是振荡器内部的噪声。衡量时常用统计规律表示。

一般所说的频率稳定度主要是指短期稳定度，而且由于引起频率不稳的因素很多，一

般笼统地说振荡器的频率稳定度多大，是指在各种外界条件下频率变化的最大值。一般短波、超短波发射机的频率稳定度要求是 $10^{-4} \sim 10^{-5}$ 量级，电视发射台要求 5×10^{-7}，一些军用、大型发射机及精密仪器则要求 10^{-6} 量级甚至更高。

二、提高频率稳定度的措施

由前面的分析可知，振荡器的频率主要决定于谐振回路的参数，同时与晶体管的参数也有关，这些参数不可能固定不变，因此造成了振荡频率的不稳定。稳频的主要措施有以下几点。

1. 提高振荡回路的标准性

振荡回路的标准性是指回路元件和电容的标准性。温度是影响的主要因素。随着温度的改变，电感线圈和电容器极板的几何尺寸将发生变化，而且电容器介质材料的介电系数及磁性材料的磁导率也将变化，从而使电感、电容值改变。为减少温度的影响，应该采用温度系数较小的电感和电容，如电感线圈可采用高频瓷骨架，固定电容可采用陶瓷介质电容，可变电容宜采用极片和转轴为线胀系数小的金属材料（如铁镍合金）制作的电容。还可以用负温度系数的电容补偿正温度系数的电感的变化。在对频率稳定度要求较高的振荡器中，为减少温度对振荡频率的影响，可以将振荡器放在恒温槽内。

2. 减少晶体管的影响

在上节分析反馈型振荡器原理时已提到，极间电容将影响频率稳定度，在设计电路时应尽可能减少晶体管和回路之间的耦合。另外，应选择 f_T 较高的晶体管。f_T 越高，高频性能越好，可以保证在工作频率范围内均有较高的跨导，电路易于起振；而且 f_T 越高，晶体管内部相移越小。一般可选择 $f_T > (3 \sim 10)f_{1max}$，$f_{1max}$ 为振荡器最高工作频率。

3. 提高回路的品质因数

要使相位稳定，回路的相频特性应具有负的斜率，斜率越大，相位越稳定。根据 LC 回路的特性，回路的 Q 值越大，回路的相频特性斜率就越大，即回路的 Q 值越大，相位越稳定。从相位与频率的关系可得，此时的频率也越稳定。

前面介绍的电容、电感反馈的振荡器，其频率稳定度一般为 10^{-3} 量级，两种改进型的电容反馈振荡器（克拉泼振荡器和西勒振荡器）由于降低了晶体管和回路之间的耦合，频率稳定度可以达到 10^{-4} 量级。对于 LC 振荡器，即使采用一定的稳频措施，其频率稳定度也不会太高，这是由于受到回路标准性的限制。要进一步提高振荡器的频率稳定度就要采用其他的电路和方法。

4. 减少电源、负载等的影响

电源电压的波动，会使晶体管的工作点和电流发生变化，从而改变晶体管的参数，降低频率稳定度。为了减小其影响，对振荡器电源应采取必要的稳压措施。

负载电阻并联在回路的两端会降低回路的品质因数，从而使振荡器的频率稳定度下降。为了减小其影响，应减小负载对回路的耦合，可以采用在负载与回路之间加射极跟随器等措施。

另外，为提高振荡器的频率稳定度，在制作电路时应将振荡电路安置在远离热源的位置，以减小温度对振荡器的影响；为防止回路参数受寄生电容及周围电磁场的影响，可以将振荡器屏蔽起来，以提高稳定度。

第四节　石英晶体振荡器

石英晶体振荡器是利用石英晶体谐振器作滤波元件构成的振荡器,其振荡频率由石英晶体谐振器决定。与 LC 谐振回路相比,石英晶体谐振器具有很高的标准性和极高的品质因数,因此石英晶体振荡器具有较高的频率稳定度。采用高精度和稳频措施后,石英晶体振荡器可以达到 $10^{-4} \sim 10^{-9}$ 的频率稳定度。

一、石英晶体谐振器

在高频电路中,石英晶体谐振器(也称石英振子)是一个重要的高频组件,它广泛用于高频率稳定性的振荡器中,也用作高性能的窄带滤波器和鉴频器。

1. 物理特性

石英晶体谐振器由天然或人工生成的石英晶体切片而成。石英晶体是 SiO_2 的结晶体,在自然界中以六角锥体出现。它有三个对称轴: z 轴(光轴)、 x 轴(电轴)、 y 轴(机械轴)。各种晶片就是按与各轴不同角度切割而成。图 4-25 就是石英晶体形状和各种切型的位置图。AT 切型是最常用的切型。不同切型的晶片,其振动模式和温度特性不同。在晶片的两面制作金属电极,并与底座的插脚相连,最后以金属壳封装或玻璃壳封装(真空封装),便成为晶体谐振器,如图 4-26 所示。

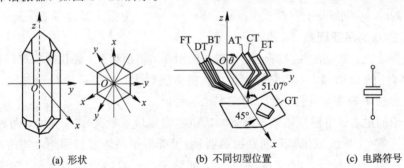

(a) 形状　　　　(b) 不同切型位置　　　　(c) 电路符号

图 4-25　石英晶体的形状及各种切型的位置

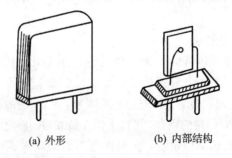

(a) 外形　　　　(b) 内部结构

图 4-26　石英晶体谐振器

石英晶体所以能成为电的谐振器,是利用了它所特有的压电效应。所谓压电效应,就是当晶体受外力作用而变形(如伸缩、切变、扭曲等)时,就在它对应的表面产生正、负电荷,呈现出电压。这称为正压电效应。当在晶体两面加以电压时,晶体又会发生机械形变,这称为反压电效应。因此若在晶体两端加交变电压时,晶体就会发生周期性的振动,同时由于电荷的周期变化,又会有交流电流流过晶体。由于晶体是有弹性的固体,对于某一种振动方式,有一个机械的谐振频率(固有谐振频率)。当外加电信号频率在此自然频率附近时,就会发生谐振现象。它既表现为晶片的机械共振,又在电路上表现出电谐振。这时有很大的电流流过晶体,产生电能和机械能的转换。晶片的谐振频率与晶片的材料、几何形状、尺寸及振动方式(取决于切片方式)有关,而且十分稳定,其温度系数(温度变化 1° 时引起的固有谐振频率相对变化量)均在 10^{-6} 或更高数量级上。温度系数与振动方式有关,某些切型的石英片(如 GT 和 AT 型),其温度系数在很宽范围内都趋近于零。而其他切型的石英片,只在某一特定温度附近的小范围内才趋近于零,通常将这个特定的温度称为拐点温度。若将晶体置于恒温槽内,槽内温度就应控制在此拐点温度上,由此构成的恒温晶体振荡器具有很高的频率稳定度。

用于高频的晶体切片,其谐振时的电波长 λ_0 常与晶片厚度成正比,谐振频率与厚度成反比。正如平常观察到的某些机械振动那样(比如琴弦的振动),对于一定形状和尺寸的某一晶体,它既可以在某一基频上谐振(此时沿某一方向分布 1/2 个机械波长),也可以在高次谐波(谐频或泛音)上谐振(此时沿同一方向分布 3/2、5/2、7/2 个机械波长)。通常把利用晶片基(音)共振的谐振器称为基频(音)谐振器,频率通常用××kHz 表示。把利用晶片谐频共振的谐振器称为泛音谐振器,频率通常用××MHz 表示。由于机械强度和加工的限制,目前,基音谐振频率最高只能达到 25 MHz 左右,泛音谐振频率可达 250 MHz 以上。通常能利用的是 3、5、7 之类的奇次泛音。同一尺寸晶片,泛音工作时的频率比基频工作时要高 3、5、7 倍。应该指出,由于是机械谐振时的谐频,它们的电谐振频率之间并不是准确的 3、5、7 次的整数关系。

2. 等效电路及阻抗特性

图 4 - 27 是晶体谐振器的等效电路。图 4 - 27(a)是考虑基频及各次泛音的等效电路,由于各谐波频率相隔较远,互相影响很小。对于某一具体应用(如工作于基频或工作于泛音),只需考虑此频率附近的电路特性,因此可以用图 4 - 27(b)来等效。图中,C_0 是晶体作为电介质的静电容,其数值一般为 1~100 pF;L_q、C_q、r_q 是对应于机械共振经压电转换而呈现的电参数;r_q 是机械摩擦和空气阻尼引起的损耗。

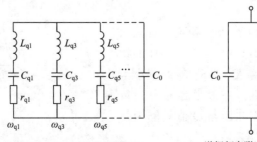

(a) 包括泛音在内的等效电路　　(b) 谐振频率附近的等效电路

图 4 - 27　晶体谐振器的等效电路

由图 4-27(b)可看出，晶体谐振器是一串并联的振荡回路，其串联谐振频率 f_q 和并联谐振频率 f_0 分别为

$$f_q = \frac{1}{2\pi \sqrt{L_q C_q}} \tag{4-41}$$

$$f_0 = \frac{1}{2\pi \sqrt{L_q \dfrac{C_0 C_q}{C_0 + C_q}}} = \frac{1}{2\pi \sqrt{L_q C_q}} \sqrt{1 + \frac{C_q}{C_0}} = f_q \sqrt{1 + \frac{C_q}{C_0}} \tag{4-42}$$

与通常的谐振回路比较，晶体的参数 L_q 和 C_q 与一般线圈电感 L、电容元件 C 有很大不同。例如，国产 B45 1 MHz 中等精度晶体的等效参数如下：

$$L_q = 4.00 \text{ H} \qquad\qquad C_q = 0.0063 \text{ pF}$$
$$r_q = 100 \sim 200 \text{ } \Omega \qquad\qquad C_0 = 2 \sim 3 \text{ pF}$$

由此可见，L_q 很大，C_q 很小。与同样频率的 L、C 元件构成的回路相比，L_q、C_q 与 L、C 元件数值要相差 4～5 个数量级。同时，晶体谐振器的品质因数也非常大，一般为几万甚至几百万，这是普通 LC 电路无法比拟的。B45 的 Q_q 为

$$Q_q = \frac{\omega_q L_q}{r_q} \geqslant (125\ 000 \sim 250\ 000)$$

由于 $C_0 \gg C_q$，晶体谐振器的并联谐振频率 f_0 与串联谐振频率 f_q 相差很小。由式 (4-41)，考虑 $C_q / C_0 \ll 1$，可得

$$f_0 = f_q \left(1 + \frac{1}{2} \frac{C_q}{C_0}\right) \tag{4-43}$$

对 B45 而言，$C_q / C_0 = (0.002 \sim 0003)$，相对频率间隔为

$$\frac{f_0 - f_q}{f_q} = \frac{1}{2} \frac{C_q}{C_0}$$

即，相对频率间隔仅千分之一、二。此外，$C_q / C_0 \ll 1$，也意味着图 4-27(b)所示的等效电路的接入系数 $p \approx C_q / C_0$ 非常小，因此，晶体谐振器与外电路的耦合很弱。

忽略晶体电阻 r_q，晶体谐振器的电抗曲线如图 4-28 所示。由图可知，当 $\omega < \omega_q$ 或 $\omega > \omega_0$ 时，晶体谐振器呈容性；当 ω 在 ω_q 和 ω_0 之间，晶体谐振器等效为一电感，而且为一数值巨大的非线性电感。在并联型晶体振荡器中，晶体即起等效电感的作用。由于晶体的 Q 值非常大，除了并联谐振频率附近外，此曲线与实际电抗曲线（即不忽略 r_q）很接近。

晶体谐振器与一般振荡回路比较，有以下几个明显的特点：

(1) 晶体的谐振频率 f_q 和 f_0 非常稳定。这是因为 L_q、C_q、C_0 的大小由晶体尺寸决定，由于晶体的物理特性，它们受外界因素（如温度、震动）等影响小。

(2) 有非常高的品质因数。一般很容易得到数值上万的 Q 值，而普通的线圈和回路 Q 值只能为几十到一二百。

(3) 接入系数非常小，一般为 10^{-3} 数量级，甚至

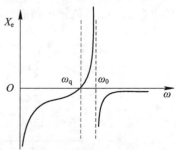

图 4-28　晶体谐振器的电抗曲线

更小。

(4) 晶体在工作频率附近阻抗变化率大,有很高的并联谐振阻抗。

所有这些特点决定了晶体谐振器的频率稳定度比一般振荡回路要高。因此,利用石英晶体制成的振荡器,其频率稳定度也高于一般的 LC 振荡器。

二、晶体振荡器电路

晶体振荡器的电路类型很多。根据晶体在电路中的作用,可以将晶体振荡器归为两大类——并联型晶体振荡器和串联型晶体振荡器。在并联型晶体振荡器中,晶体起等效电感的作用,它和其他电抗元件组成决定频率的并联谐振回路与晶体管相连。由晶体的阻抗频率特性可知,并联型晶体振荡器的振荡频率在晶体谐振器的 f_q 与 f_p 之间。在串联型晶体振荡器中,振荡器工作在邻近 f_q 处,晶体以低阻抗接入电路,起选频短路线的作用。两类电路都可以利用基频晶体或泛音晶体。

由于晶体的品质因数 Q_q 很大,故其并联谐振电阻 R_0 也很大,虽然接入系数 p 较小,但等效到晶体管 ce 两端的阻抗 R_L 仍较大,所以放大器的增益较大,电路很容易满足振幅起振条件,晶体振荡器很容易起振。

1. 并联型晶体振荡器

图 4-29 示出了一种典型的晶体振荡器电路。当振荡器的振荡频率在晶体的串联谐振频率和并联谐振频率之间时,晶体呈感性。该电路满足三端式振荡器的组成原则,而且该电路与电容反馈振荡器对应,通常称为皮尔斯(Pierce)振荡器。C_3 起到微调振荡器频率的作用,同时也起到减小晶体管和晶体之间的耦合作用。C_1、C_2 既是回路的一部分,也是反馈电路。

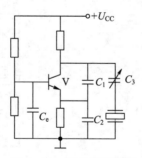

图 4-29 皮尔斯振荡器

皮尔斯振荡器的工作频率应由 C_1、C_2、C_3 及晶体构成的回路决定,即由晶体电抗 X_e 与外部电容相等的条件决定。设外部电容为 C_L,则

$$X_e - \frac{1}{\omega_1 C_L} = 0 \tag{4-44}$$

由图有

$$\frac{1}{C_L} = \frac{1}{C_1} + \frac{1}{C_2} + \frac{1}{C_3} \tag{4-45}$$

通常电路中 $C_3 \ll C_1$、C_2,C_L 主要由 C_3 决定。电容 C_3 用来微调振荡频率,晶体振荡器的工作频率为晶体标称频率。晶体制造厂家为便利用户,对用于并联型电路的晶体,规定了一

个标准的负载电容 C_L，可以将振荡频率调整到晶体标称频率上。在几兆赫至几十兆赫范围，一般 C_L 规定为 30 pF。

反馈系数 F 的大小为

$$|F| = \frac{C_1}{C_2} \tag{4-46}$$

图 4-30 是并联型晶体振荡器的实际线路，其适宜的工作频率范围为 0.85～15 MHz。

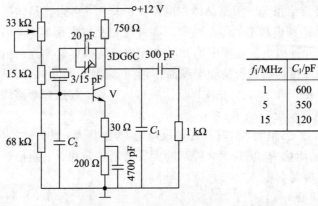

f_1/MHz	C_1/pF	C_2/pF
1	600	750
5	350	510
15	120	320

图 4-30 并联型晶体振荡器的实际线路

图 4-31 示出了另一种并联型晶体振荡器电路。该电路晶体接在基极和发射极之间，只要晶体呈现感性，该电路即满足三端式振荡器的组成原则，且电路类似于电感反馈振荡器，又称为密勒（Miler）振荡器。由于晶体与晶体管的低输入阻抗并联，降低了有载品质因数 Q_L，故密勒振荡器的频率稳定度较低。

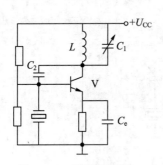

图 4-31 密勒振荡器

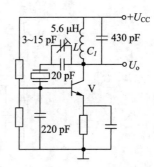

图 4-32 泛音晶体皮尔斯振荡器

由于皮尔斯振荡器的频率稳定度比密勒振荡器高，故实际应用的晶体振荡器大多为皮尔斯振荡器，在频率较高时可以采用泛音晶体构成。图 4-32 给出了一种应用泛音晶体构成的皮尔斯振荡器电路，图中 L 和 C_1 构成的并联谐振回路是用以破坏基频和低次泛音的相位条件，使振荡器工作在设定的泛音频率上。如电路需要工作在 5 次泛音频率上，应使 L 和 C_1 构成的并联回路的谐振频率低于 5 次泛音频率，但高于所要抑制的 3 次泛音频率。这样对低于工作频率的低泛音频率来说，L、C_1 并联回路呈现一感性，不能满足三端式振荡器的组成原则，电路不能振荡，但工作在所需的 5 次泛音上时，L、C_1 并联回路就呈现容性，满足三端式的组成原则，电路可以工作。需要注意的是，并联型晶体振荡器电路工作的泛音不能太高，一般为 3、5、7 次，高次泛音振荡时，由于接入系数的降低，等效到晶体管输出端的负载电阻将下降，使放大器增益减小，振荡器停振。

图 4-33 是一场效应管晶体并联型振荡器线路，晶体等效成一感抗，构成一等效的电容反馈振荡器。

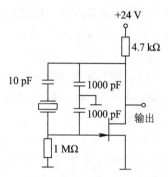

图 4-33　场效应管晶体并联型振荡器线路

2. 串联型晶体振荡器

在串联型晶体振荡器中，晶体接在振荡器要求低阻抗的两点间，通常在反馈电路中。图 4-34 示出了一串联型晶体振荡器的实际线路和等效电路。由图可见，如果将晶体短路，该电路即为一电容反馈的振荡器。电路的工作原理为：当回路的谐振频率等于晶体的串联谐振频率时，晶体的阻抗最小，近似为一短路线，电路满足相位条件和振幅条件，故能正常工作；当回路的谐振频率距串联谐振频率较远时，晶体的阻抗增大，使反馈减弱，电路不满足振幅条件，不能工作。串联型晶体振荡器的工作频率等于晶体的串联谐振频率，不需要外加负载电容 C_L。通常这种晶体标明其负载电容为无穷大。在实际制作中，若 f_q 有小的误差，则可以通过回路调谐来微调。

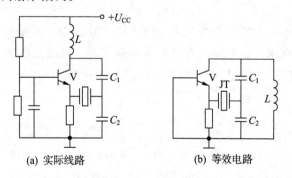

(a) 实际线路　　　　　　　　(b) 等效电路

图 4-34　一种串联型晶体振荡器

串联型晶体振荡器能适应高次泛音工作，这是由于晶体只起到控制频率的作用，对回路没有影响，只要电路能正常工作，输出幅度就不受晶体控制。

3. 使用注意事项

（1）石英晶体谐振器的标称频率都是在出厂前，在石英晶体谐振器上并接一定负载电容的条件下测定的，实际使用时也必须外加负载电容，并经微调后才能获得标称频率。为了保持晶振的高稳定性，负载电容应采用精度较高的微调电容。

（2）石英晶体谐振器的激励电平应在规定范围内。过高的激励功率会使石英晶体谐振器内部温度升高，使石英晶片的老化效应和频率漂移增大，严重时还会使晶片因机械振动过大而损坏。

（3）在并联型晶体振荡器中，石英晶体起等效电感的作用，若作为容抗，则在石英晶片失效时，石英谐振器的支架电容还存在，线路仍可能满足振荡条件而振荡，石英晶体谐振器失去了稳频作用。

（4）石英晶体振荡器中一块晶体只能稳定一个频率。当要求在波段中得到可选择的许多频率时，就要采取别的电路措施，如频率合成器，它是用一块晶体得到许多稳定频率。频率合成器的有关内容将在第八章介绍。

例 4-5 一晶体振荡器的实际电路如图 4-35(a)所示。

（1）画出该电路的交流等效电路，说明属于何种类型的晶体振荡器，晶体在电路中的作用是什么？

（2）该电路的工作频率是多少？

（3）若将 5 MHz 的晶体换成 2 MHz 的晶体，该电路是否能正常工作，为什么？

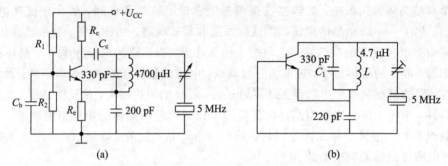

图 4-35 例 4-5 图

解 （1）图 4-35(a)的交流等效电路如图 4-35(b)所示。由图可见，晶体是回路的一部分，起等效电感的作用。该电路为并联型晶体振荡器，但振荡器要能正常工作，必须使 $4.7\mu H$ 的电感 L 与 330 pF 的电容 C_1 构成的回路呈现容性。由电感 L 与电容 C_1 构成回路的谐振频率为

$$f_{01} = \frac{1}{2\pi\sqrt{LC_1}} = \frac{1}{2\times 3.14\times \sqrt{4.7\times 10^{-6}\times 330\times 10^{-12}}} \approx 4\ \text{MHz}$$

而晶体的标称频率为 5 MHz，电感 L 与电容 C_1 构成的回路在 5 MHz 时呈现容性，振荡器在 5 MHz 工作。由此可见，这是一个并联型泛音晶振电路。

（2）晶体振荡器的工作频率即为回路的标称频率，即 5 MHz。

（3）如果晶体换成 2 MHz，则 2 MHz 时电感 L 与电容 C_1 构成的回路呈现感性，不满足三端式振荡器的组成原则，故电路不能正常工作。

三、高稳定晶体振荡器

前面介绍的并联、串联型晶体振荡器，是没有采取温度补偿措施的晶体振荡器，在整

个温度范围内，晶振的频率稳定度取决于其内部所用晶体的性能，频率稳定度在 10^{-5} 量级，一般用于普通场所作为本振源或中间信号，是晶振中最廉价的产品。若要得到更高稳定度的信号，需要在一般晶体振荡器的基础上采取专门措施来制作。

影响晶体振荡器频率稳定度的因素仍然是温度、电源电压和负载变化，其中最主要的还是温度的影响。

为减小温度变化对晶体频率及振荡频率的影响，一个办法就是采用温度系数低的晶体晶片。目前在几兆赫至几十兆赫广泛采用 AT 切片，其具有的温度特性如图 4-36 所示。由图可见，在 $-20℃\sim70℃$ 的正常工作温度范围内，相对频率变化小于 5×10^{-6}；并且在 $50℃\sim55℃$ 温度范围内有接近于零的温度系数（在此处有一拐点，约在 52℃ 处）。另一个有效的办

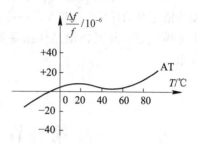

图 4-36　AT 切片的频率温度特性

法就是保持晶体及有关电路在恒定温度环境中工作，即采用恒温装置，恒温温度最好在晶片的拐点温度处，温度控制得越精确，稳定度越高。

图 4-37 是一种恒温晶体振荡器的组成框图。它由两大部分组成：晶体振荡器和恒温控制电路。图中虚框内表示一恒温槽，它是一绝热的小容器，晶体安放在此槽内。恒温的原理为：槽内的感温电阻（如温敏电阻）作为电桥的一臂，当温度等于所需某一温度（拐点温度）时，电桥输出直流电压经放大后，对加热电阻丝加热，以维持平衡温度；当环境温度变化，从而使槽温偏离原来温度时，通过感温电阻的变化改变加热电阻的电流，从而减少槽温的变化。图中的自动增益控制（AGC）起到振幅稳定的作用。同时，由于振荡器振幅稳定，晶体的激励电平不变，也使得晶体的频率稳定。目前，恒温控制的晶体振荡器已制成标准部件供用户使用。恒温晶体振荡器的频率稳定度可达 $10^{-7}\sim10^{-9}$，主要用作频率源或标准信号。

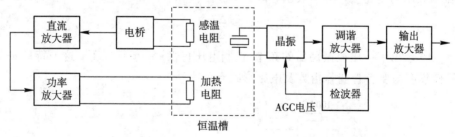

图 4-37　恒温晶体振荡器的组成

恒温控制的晶体振荡器频率稳定度虽高，但存在着电路复杂、体积大、重量重等缺点，应用上受到一定限制。在频率稳定度要求不十分高而又希望电路简单、体积小、耗电省的场合，常采用温度补偿晶体振荡器，如图 4-38 所示。图中 R_T 为温敏电阻，当环境温度改变时，由于晶体的频率随温度变化，振荡器频率也随温度变化，但温度改变时，温敏电阻改变，加在变容管上的偏置电压改变，从而使变容管电容变化，以补偿晶体频率的变化，因此

整个振荡器频率随温度变化很小，从而得到较高的频率稳定度。需要说明的是，要在整个工作温度范围内实现温度补偿，其补偿电路是很复杂的。温度补偿晶体振荡器的频率稳定度可达 $10^{-6} \sim 10^{-7}$，由于其良好的开机特性、优越的性能价格比及功耗低、体积小、环境适应性较强等多方面优点，温度补偿晶体振荡器获得了广泛应用。

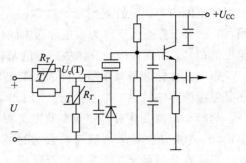

图 4-38　温度补偿晶振的原理线路

第五节　压 控 振 荡 器

在 LC 振荡器决定振荡频率的 LC 回路中，使用电压控制电容器(变容管)可以在一定的频率范围内构成电调谐振荡器。这种包含有压控元件作为频率控制器件的振荡器就称为压控振荡器。它广泛应用于频率调制器、锁相环路，以及无线电发射机和接收机中。

在压控振荡器中，振荡频率应只随加在变容管上的控制电压变化，但实际电路中，振荡电压也加在变容管两端，这使得振荡频率在一定程度上也随振荡幅度而变化，这是不希望的。为了减小振荡频率随振荡幅度的变化，应尽量减小振荡器的输出振荡电压幅度，并使变容管工作在较大的固定直流偏压(如大于 1 V)上。图 4-39 示出了一压控振荡器线路。它的基本电路是一个栅极电路调谐的互感耦合振荡器。决定频率的回路元件为 L_1、C_1、C_2 和压控变容管 VD 呈现的电容 C_j。

压控振荡器的主要性能指标为压控灵敏度和线性度。压控灵敏度定义为单位控制电压引起的振荡频率的变化量，用 S 表示，即

$$S = \frac{\Delta f}{\Delta u} \tag{4-46}$$

图 4-40 示出了一压控振荡器的频率-控制电压特性。一般情况下，这一特性是非线性的，非线性程度与变容管变容指数及电路形式有关。

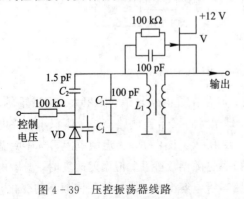

图 4-39　压控振荡器线路　　　　图 4-40　压控振荡器的频率-控制电压关系

随着半导体技术和集成电路技术的发展，也出现了集成的压控振荡器。如美国Motorola公司生产的需要外加 LC 回路的低功耗的 MC12148 压控振荡器，频率可以高达1.1 GHz。MC12148 内部结构如图 4-41 所示。

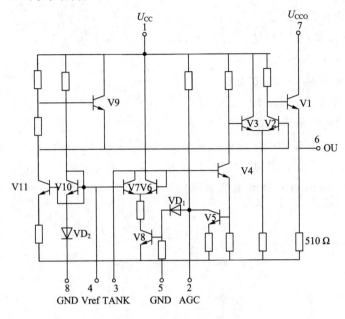

图 4-41 MC12148 内部结构图

MC12148 典型应用电路如图 4-42 所示。引脚 1(U_{CC})为电源电压输入，引脚 2(AGC)为电路自动增益控制，引脚 3(TANK)为谐振回路连接端，引脚 4(Vref)为基准电源电压，引脚 5(GND)为接地端，引脚 6(OUT)为电路输出端，引脚 7(U_{CCO})为放大电路电源，引脚 8(GND)为接地端。

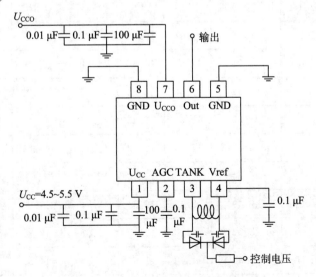

图 4-42 MC12148 典型应用电路图

美国 Mini - Circuits 公司生产的压控振荡器(VCO) POS - 1060，变容二极管集成在芯片内部，其线性可调谐带宽较宽，而且相位噪声低、功耗低，应用比较广泛。

POS - 1060 有以下主要特点：

· 最大可调电压(U_{tune})：+20 V；

· 频率调谐范围：750 MHz～1060 MHz；

· 调谐电压：1.0 V～20.0 V；

· 谐波抑制典型值：-11.0 dBc；

· 3 dB 调制带宽典型值：1000.00 kHz；

· 8 V 电源供电时最大工作电流：30 mA。

POS - 1060 外形示意及引出端排列如图 4 - 43 所示，采用 A06 封装，1 脚接电源电压，2 脚为输出，3、4、5、6、7 脚均为接地端，8 脚为调谐电压输入端。表 4 - 2 列出了 POS - 1060 的调谐特性、输出功率及谐波抑制指标，表 4 - 2 列出了它的频率温度特性及相位噪声。

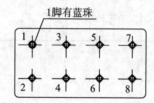

图 4 - 43　POS - 1060 封装图

表 4 - 1　POS - 1060 的调谐特性、输出功率及谐波抑制

调谐特性/(MHz/V)			输出能量 /dBm			谐波抑制 /dBc		
调谐电压	频率/MHz	调谐灵敏度	-55℃	25℃	85℃	二次谐波	三次谐波	四次谐波
2.0	696.62	19.99	10.98	10.98	10.90	-21.14	-34.52	-28.82
4.0	736.98	20.73	12.00	11.56	11.00	-17.10	-35.34	-27.13
6.0	783.77	24.32	11.90	12.04	12.05	-13.96	-27.35	-26.30
8.0	834.40	25.69	12.52	12.45	12.15	-12.30	-23.93	-26.93
10.0	887.32	26.61	12.85	12.52	12.11	-10.84	-24.58	-22.23
12.0	941.67	27.64	12.63	12.33	12.14	-9.60	-19.71	-20.91
14.0	997.06	27.49	12.48	12.54	12.51	-10.84	-17.99	-19.54
16.0	1045.32	23.00	12.20	12.00	11.60	-10.78	-14.74	-19.27
18.0	1094.34	25.88	11.49	11.64	11.86	-14.89	-15.81	-22.11
20.0	1129.95	14.94	12.03	11.92	11.49	-20.96	-14.73	-18.43

表 4 - 2 POS - 1060 的频率温度特性与相位噪声

不同温度下的频率/MHz				相 位 噪 声	
调谐电压	−55℃	+25℃	+85℃	频率偏移/Hz	单边带相噪/(dBc/Hz)
2.0	705.71	697.66	690.63	1000	−65
4.0	749.19	741.35	732.14		
6.0	786.40	777.56	770.01	10 000	−90
8.0	841.58	833.68	826.97		
10.0	901.15	893.70	884.16		
12.0	959.47	949.31	938.49		
14.0	1002.41	994.54	986.85	100 000	−112
16.0	1052.01	1046.38	1037.38		
18.0	1092.75	1083.05	1067.83	1 000 000	−132
20.0	1138.66	1124.15	1108.01		

本 章 小 结

本章主要介绍了正弦波振荡器的原理以及应用电路，其详细内容如下：

（1）介绍了反馈式正弦波振荡器的基本工作原理，包括振荡器正常工作所必须满足的起振条件、平衡条件及稳定条件。

（2）重点分析了三端式振荡器组成原则、电路组成、工作原理和性能特点。

（3）针对基本电容反馈振荡器的缺点，分析了两种改进型的电容反馈振荡器——克拉泼振荡器和西勒振荡器，提高了振荡器的频率稳定度。

（4）简要介绍了频率稳定度的概念，分析了影响频率稳定的原因，给出了改善频率稳定度的措施。

（5）重点分析了石英晶体的特性以及晶体谐振器电路组成、工作原理和性能特点。

（6）简要分析了负阻型振荡器工作原理以及压控振荡器的工作原理，简要介绍了典型的集成振荡器。

思考题与练习题

4-1 负阻型振荡器的工作原理是什么？

4-2 什么是反馈型振荡器的起振条件、平衡条件和稳定条件？振荡器输出信号的振幅和频率分别是由什么条件决定？

4-3 反馈型振荡器的初始激励从何而来？由起振条件如何过渡到平衡条件？

4-4 试从相位条件出发，判断图P4-1所示的高频等效电路中，哪些可能振荡，哪些不可能振荡。能振荡的属于哪种类型振荡器？

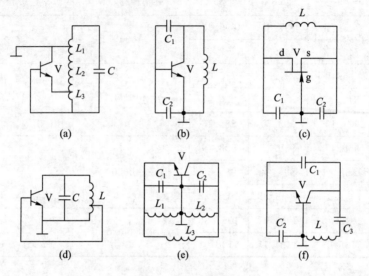

图 P4-1　题 4-4 图

4-5 将图P4-2所示的互感耦合振荡器交流通路改画为实际线路，并注明互感的同名端。

图 P4-2　题 4-5 图

4-6 对于图P4-3所示的各振荡电路：

（1）画出交流等效电路，说明振荡器类型。

（2）估算振荡频率和反馈系数。

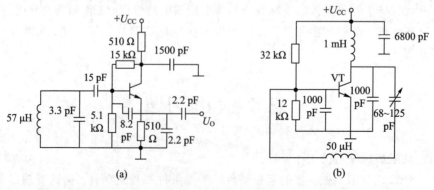

图 P4-3　题 4-6 图

4-7　克拉泼和西勒振荡线路是怎样改进了电容反馈振荡器的性能的?

4-8　振荡器的频率稳定度用什么来衡量?什么是长期、短期和瞬时稳定度?引起振荡器频率变化的外界因素有哪些?

4-9　石英晶体为什么可以制成谐振器?

4-10　石英晶体振荡器频率稳定度高的原因是什么?

4-11　图 P4-4 是两个实用的晶体振荡器线路,试画出它们的交流等效电路,并指出它们是哪一种振荡器,工作频率分别是多少?晶体在电路中的作用分别是什么?

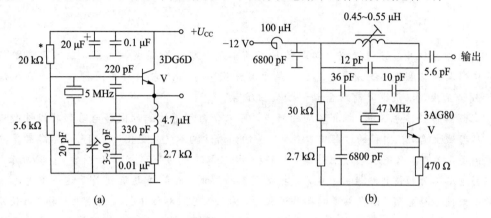

图 P4-4　题 4-11 图

4-12　泛音晶体振荡器和基频晶体振荡器有什么区别?在什么场合下应选用泛音晶体振荡器?为什么?

第五章　频谱的线性搬移电路

在通信系统中，频谱搬移电路是最基本的单元电路。振幅调制与解调、频率调制与解调、相位调制与解调、混频等电路，都属于频谱搬移电路。它们的共同特点是将输入信号进行频谱变换，以获得具有所需频谱的输出信号。

在频谱的搬移电路中，根据不同的特点，可以分为频谱的线性搬移电路和非线性搬移电路。从频域上看，在搬移的过程中，输入信号的频谱结构不发生变化，即搬移前后各频率分量的比例关系不变，只是在频域上简单的搬移（允许只取其中的一部分），如图 5-1(a) 所示，这类搬移电路称为频谱的线性搬移电路，振幅调制与解调、混频等电路就属于这一类电路。频谱的非线性搬移电路，是在频谱的搬移过程中，输入信号的频谱不仅在频域上搬移，而且频谱结构也发生了变化，如图 5-1(b) 所示，频率调制与解调、相位调制与解调等电路就属于这一类电路。本章和第六章讨论频谱的线性搬移电路及其应用——振幅调制与解调和混频电路；在第七章讨论频谱的非线性搬移电路及其应用——频率调制与解调等电路。

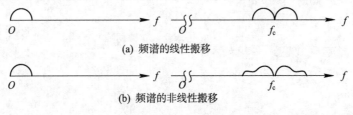

(a) 频谱的线性搬移

(b) 频谱的非线性搬移

图 5-1　频谱搬移电路

本章在讨论频谱线性搬移数学模型的基础上，着重介绍频谱线性搬移的实现电路，以便为第六章介绍振幅调制与解调、混频电路打下基础。

第一节　非线性电路的分析方法

在频谱的搬移电路中，输出信号的频率分量与输入信号的频率分量不尽相同，会产生新的频率分量。由先修课程（如"电路原理"、"信号与系统"、"模拟电子线路分析基础"等）可知，线性电路并不产生新的频率分量，只有非线性电路才会产生新的频率分量。要产生新的频率分量，必须用非线性电路。在线性电路中，信号通过线性电路时，不会产生非线性失真，即不会产生新的频率分量。而在频谱的搬移电路中，输出的频率分量大多数情况下是输入信号中没有的,因此频谱的搬移必须用非线性电路来完成,其核心就是非线性器件。与线性电路比较,非线性电路涉及的概念多,分析方法也不同。非线性器件的主要特点是它的参数(如电阻、电容、有源器件中的跨导、电流放大倍数等)随电路中的电流或电压变化,也可以说,器件的电流、电压间不是线性关系。因此,先修课程中熟知的线性电路的分析方法已不能用于非线性电路(特别是线性电路分析中的齐次性和叠加性),必须采用新的分析方法来分析非线性电路。

　　在高等数学课程中,学习了非线性函数的分析方法,其中最重要的是幂级数展开法。非线性器件的伏安特性是非线性特性,大多可用幂级数、超越函数和多段折线三类函数逼近。非线性电路分析方法主要采用幂级数展开分析法,以及在此基础上,在一定的条件下,将非线性电路等效为线性时变电路的线性时变电路分析法。下面分别介绍这两种分析方法。

一、非线性函数的级数展开分析法

　　非线性器件的伏安特性,可用下面的非线性函数来表示:

$$i = f(u) \tag{5-1}$$

式中,u 为加在非线性器件上的电压。由高等数学可知,该非线性函数可用泰勒级数展开为

$$i = f(u) = \sum_{n=0}^{\infty} a_n u^n \tag{5-2}$$

式中,$a_n (n = 0, 1, 2, \cdots)$ 为各次方项的系数。一般情况下 $u = U_Q + u_1 + u_2$,其中 U_Q 为静态工作点电压,u_1 和 u_2 为两个输入电压,带入式(5-2),有

$$i = a_0 + a_1(u_1 + u_2) + a_2(u_1 + u_2)^2 + \cdots + a_n(u_1 + u_2)^n + \cdots$$

$$= \sum_{n=0}^{\infty} a_n (u_1 + u_2)^n \tag{5-3}$$

　　利用二项式可将 $(u_1 + u_2)^n$ 展开为

$$(u_1 + u_2)^n = \sum_{m=0}^{n} C_n^m u_1^{n-m} u_2^m \tag{5-4}$$

式中,C_n^m 为二项式系数,故:

$$i = \sum_{n=0}^{\infty} \sum_{m=0}^{n} a_n C_n^m u_1^{n-m} u_2^m \tag{5-5}$$

　　令 $u_2 = 0$,即只有一个输入信号,且令 $u_1 = U_1 \cos\omega_1 t$,代入式(5-2),有

$$i = \sum_{n=0}^{\infty} a_n u_1^n = \sum_{n=0}^{\infty} a_n U_1^n \cos^n \omega_1 t \tag{5-6}$$

　　利用三角公式经整理式(5-6)变为

$$i = \sum_{n=0}^{\infty} V_n \cos n\,\omega_1 t \tag{5-7}$$

式中,V_n 为分解后的第 n 次谐波的振幅。用傅立叶级数将式(5-6)展开,也可得到式(5-7)相同的结果。由上式可以看出,当单一频率信号作用于非线性器件时,在输出电流中不仅包含了输入信号的频率分量 ω_1,而且还包含了该频率分量的各次谐波分量 $n\omega_1 (n = 2, 3, \cdots)$,这些谐波分量就是非线性器件产生的新的频率分量。在放大器中,由于工作点

选择不当，工作到了非线性区，或输入信号的幅度超过了放大器的动态范围，就会产生这种非线性失真——输出中有输入信号频率的谐波分量，使输出波形失真。当然，这种电路可以用作倍频电路，在输出端加一窄带滤波器，就可根据需要获得输入信号频率的倍频信号。

由上面可以看出，当只加一个信号时，只能得到输入信号频率的基波分量和各次谐波分量，但不能获得任意频率的信号，当然也不能完成频谱在频域上的任意搬移。因此，还需要另外一个频率的信号，才能完成频谱任意搬移的功能。为分析方便，把 u_1 称为输入信号，把 u_2 称为参考信号或控制信号。一般情况下，u_1 为要处理的信号，它占据一定的频带；而 u_2 为一单频信号。从电路的形式看，线性电路(如放大器、滤波器等)、倍频器等都是四端(或双口)网络，一个输入端口，一个输出端口；而频谱搬移电路一般情况下有两个输入，一个输出，因而是六端(三口)网络。

当两个信号 u_1 和 u_2 作用于非线性器件时，通过非线性器件的作用，从式(5-5)可以看出，输出电流中不仅有两个输入电压的分量($n=1$ 时)，而且存在着大量的乘积项 $u_1^{n-m}u_2^m$。在第六章的振幅调制与解调、混频电路将指出要完成这些功能，关键在于这两个信号的乘积项($2a_1u_1u_2$)，它是由特性的二次方项产生的。除了完成这些功能所需的二次方项以外，还有大量不需要的项，必须去掉，因此，频谱搬移电路必须具有频率选择功能。在实际的电路中，这个选择功能是由滤波器来实现的，如图5-2示。

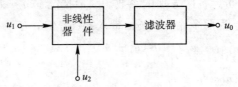

图5-2　非线性电路完成频谱的搬移

若作用在非线性器件上的两个电压均为余弦信号，即 $u_1=U_1\cos\omega_1 t$，$u_2=U_2\cos\omega_2 t$，利用式(5-7)和三角函数的积化和差公式：

$$\cos x\cos y = \frac{1}{2}\cos(x-y)+\frac{1}{2}\cos(x+y) \tag{5-8}$$

可得

$$i = \sum_{p=-\infty}^{\infty}\sum_{q=-\infty}^{\infty}I_{p,q}\cos(p\omega_1+q\omega_2)t \tag{5-9}$$

其中，I 为振幅。由式(5-9)不难看出，i 中将包含由下列通式表示的无限多个频率组合分量：

$$\omega_{p,q}=|\pm p\omega_1\pm q\omega_2| \tag{5-10}$$

式中，p 和 q 是包括零在内的正整数，即 p、$q=0,1,2,\cdots$，把 $p+q$ 称为组合分量的阶数。其中 $p=1$，$q=1$ 的频率分量($\omega_{1,1}=|\pm\omega_1\pm\omega_2|$)是由二次项产生的。在大多数情况下，其他分量是不需要的。这些频率分量产生的规律是：凡是 $p+q$ 为偶数的组合分量，均由幂级数中 n 为偶数且大于等于 $p+q$ 的各次方项产生的；凡是 $p+q$ 为奇效的组合分量均由幂级数中 n 为奇数且大于等于 $p+q$ 的各次方项产生的。当 U_1 和 U_2 幅度较小时，它们的强度

都将随着 $p+q$ 的增大减小。

综上所述，当多个信号作用于非线性器件时，由于器件的非线性特性，其输出端不仅包含了输入信号的频率分量，还有输入信号频率的各次谐波分量（$p\omega_1$、$q\omega_2$、$r\omega_3$、$\cdots$）以及输入信号频率的组合分量（$\pm p\omega_1 \pm q\omega_2 \pm r\omega_3 \pm \cdots$）。在这些频率分量中，只有很少的项是完成某一频谱搬移功能所需要的，其他绝大多数分量是不需要的。因此，频谱搬移电路必须具有选频功能，以滤除不必要的频率分量，减少输出信号的失真。大多数频谱搬移电路所需的是非线性函数展开式中的平方项，或者说，是两个输入信号的乘积项。因此，在实际中实现接近理想的乘法运算，减少无用的组合频率分量的数目和强度，就成为人们追求的目标。对此一般可以从以下三个方面考虑：① 从非线性器件的特性考虑。例如，选用具有平方律特性的场效应管作为非线性器件；选择合适的静态工作点电压 U_Q，使非线性器件工作在特性接近平方律的区域。② 从电路考虑。例如，采用多个非线性器件组成平衡电路，抵消一部分无用组合频率分量。③ 从输入信号的大小考虑。例如减小 u_1 和（或）u_2 的振幅，以便有效地减小高阶相乘项及其产生的组合频率分量的强度。下面介绍的差分对电路采用这种措施后，就可等效为一模拟乘法器。

上面的分析是对非线性函数用泰勒级数展开后完成的，用其他函数展开，也可以得到上述类似的结果。

二、线性时变电路分析法

对式（5-1）在 $U_Q + u_2$ 上对 u_1 用泰勒级数展开，有

$$i = f(U_Q + u_1 + u_2) = \sum_{n=0}^{\infty} \frac{1}{n!} f^{(n)}(U_Q + u_2) u_1^n \qquad (5-11)$$

式中，$f^{(n)}(U_Q + u_2)$ 为泰勒级数系数。若 u_1 足够小，可以忽略式（5-11）中 u_1 的二次方及其以上各次方项，则该式化简为

$$i \approx f(U_Q + u_2) + f'(U_Q + u_2) u_1 \qquad (5-12)$$

式中，$f(U_Q + u_2)$ 和 $f'(U_Q + u_2)$ 是与 u_1 无关的系数，但是它们都随 u_2 变化，即随时间变化，因此，称为时变系数，或称为时变参量。其中，$f(U_Q + u_2)$ 是当输入信号 $u_1 = 0$ 时的电流，称为时变静态电流或称为时变工作点电流（与静态工作点电流相对应），用 $I_0(t)$ 表示；$f'(U_Q + u_2)$ 称为时变增益或时变电导、时变跨导，用 $g(t)$ 表示。与上相对应，可得时变偏置电压 $U_Q(t) = U_Q + u_2$。式（5-12）可表示为

$$i = I_0(t) + g(t) u_1 \qquad (5-13)$$

由上式可见，就非线性器件的输出电流 i 与输入电压 u_1 的关系而言，是线性的，类似于线性器件，但是它们的系数却是随时间变的。因此，将具有式（5-13）描述的工作状态称为线性时变工作状态，具有这种关系的电路称为线性时变电路。

考虑 u_1 和 u_2 都是余弦信号，$u_1 = U_1 \cos\omega_1 t$，$u_2 = U_2 \cos\omega_2 t$，时变偏置电压 $U_Q(t) = U_Q + U_2 \cos\omega_2 t$ 为一周期性函数，故 $I_0(t)$、$g(t)$ 也必为周期性函数，可用傅里叶级数展开，得

$$I_0(t) = f(U_Q + U_2\cos\omega_2 t) = I_{00} + I_{01}\cos\omega_2 t + I_{02}\cos 2\omega_2 t + \cdots \qquad (5-14)$$

$$g(t) = f'(U_Q + U_2\cos\omega_2 t) = g_0 + g_1\cos\omega_2 t + g_2\cos 2\omega_2 t + \cdots \qquad (5-15)$$

由此可以看出，时变工作点电流 $I_0(t)$ 和时变电导 $g(t)$ 中包含了控制信号 u_2 的基波分量 ω_2 和谐波分量 $n\omega_2$。因此，线性时变电路的输出信号的频率分量仅有非线性器件产生的频率分量。式(5-10)中 p 为 0 和 1，q 为任意数的组合分量，去除了 q 为任意和 p 大于 1 的众多组合频率分量。其频率分量为

$$\omega = \begin{cases} q\omega_2 \\ |q\omega_2 - \omega_1| \end{cases} \qquad q = 0, 1, 2, 3 \cdots \qquad (5-16)$$

即 ω_2 的各次谐波分量及其与 ω_1 的组合分量。

虽然线性时变电路相对于非线性电路的输出中的组合频率分量大大减少，但二者的实质是一致的。线性时变电路是在一定条件下由非线性电路演变来的，其产生的频率分量与非线性器件产生的频率分量是完全相同的(在同一非线性器件条件下)，只不过是选择线性时变工作状态后，由于高阶分量($\omega_{p,q} = |\pm p\omega_1 \pm q\omega_2|$，$p \neq 0, 1$) 的幅度相对于低阶的分量($\omega_{p,q} = |\pm p\omega_1 \pm q\omega_2|$，$p = 0, 1$) 的幅度要小得多，因而被忽略，这在工程中是完全合理的。线性时变电路虽然大大减少了组合频率分量的数目，但仍然有大量的不需要的频率分量，用于频谱的搬移电路时，仍然需要用滤波器选出所需的频率分量，滤除不必要的频率分量，如图 5-3 所示。

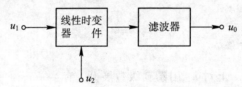

图 5-3 线性时变电路完成频谱的搬移

应指出的是，线性时变电路并非线性电路，前已指出，线性电路不会产生新的频率分量，不能完成频谱的搬移功能。线性时变电路其本质还是非线性电路，是非线性电路在一定的条件下近似的结果；线性时变分析方法是在非线性电路的级数展开分析法的基础上，在一定的条件下的近似。线性时变电路分析方法大大简化了非线性电路的分析，线性时变电路大大减少了非线性器件的组合频率分量。因此，大多数频谱搬移电路都工作于线性时变工作状态，这样有利于系统性能指标的提高。

介绍了非线性电路的分析方法后，下面分别介绍不同的非线性器件实现频谱的线性搬移电路，重点是二极管电路和差分对电路。分析的重点，主要是分析各种频谱线性搬移电路产生的组合频率分量。

第二节 二 极 管 电 路

二极管电路广泛用于通信与电子设备中，特别是平衡电路和环形电路。它们具有电路简单、噪声低、组合频率分量少、工作频带宽等优点。如果采用肖特基表面势垒二极管(或称热载流子二极管)，它的工作频率可扩展到微波波段。目前已有极宽工作频段(从几十千赫到几吉赫)的环形混频器组件供应市场，而且它的应用已远远超出了混频的范围，作为通

用组件，它可广泛应用于振幅调制、振幅解调、混频及实现其他的功能。

一、单二极管电路

　　单二极管电路的原理电路如图 5-4 所示，输入信号 u_1 和控制信号（参考信号）u_2 相加作用在非线性器件二极管上。如前所述，由于二极管伏安特性非线性的频率变换作用，在流过二极管的电流中产生各种组合分量，用传输函数为 $H(j\omega)$ 的滤波器取出所需的频率分量，就可完成某一频谱的线性搬移功能。下面分析单二极管电路的频谱线性搬移功能。

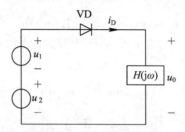

图 5-4　单二极管电路

　　设二极管电路工作在大信号状态。所谓大信号，是指输入的信号电压振幅大于 0.5 V。u_1 为输入信号或要处理的信号；u_2 是参考信号，为一余弦波，$u_2 = U_2\cos\omega_2 t$，其振幅 U_2 远比 U_1 的振幅大，即 $U_2 \gg U_1$；且有 $U_2 > 0.5$ V。忽略输出电压 u_0 对回路的反作用，这样，加在二极管两端的电压 u_D 是输入的两个信号 u_1 和 u_2 之和，为

$$u_D = u_1 + u_2 \tag{5-17}$$

　　由于二极管工作在大信号状态，主要工作于截止区和导通区，因此可将二极管的伏安特性用折线近似，如图 5-5。由此可见，当二极管两端的电压 u_D 大于二极管的导通电压 U_P 时，二极管导通，流过二极管的电流 i_D 与加在二极管两端的电压 u_D 成正比；当二极管两端电压 u_D 小于导通电利 U_P 时，二极管截止，$i_D = 0$。这样，二极管可等效为一个受控开关，控制电压就是 u_D。有

$$i_o = \begin{cases} g_D u_D, & u_D \geqslant U_P \\ 0, & u_D < U_P \end{cases} \tag{5-18}$$

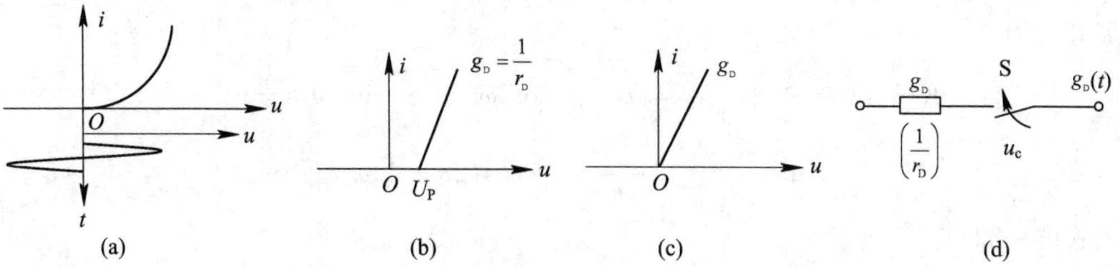

图 5-5　二极管伏安特性的折线近似

　　由前已知，$U_2 \gg U_1$，而 $u_D = u_1 + u_2$，可进一步认为二极管的通断主要由 u_2 控制，可得

$$i_o = \begin{cases} g_D u_D, & u_2 \geqslant U_P \\ 0, & u_2 < U_P \end{cases} \tag{5-19}$$

　　一般情况下，U_P 较小，有 $U_2 \gg U_P$，可令 $U_P = 0$（也可在电路中加一固定偏置电压 U_o，用以抵消 U_P，在这种情况下 $u_D = U_o + u_1 + u_2$），式(5-19)可进一步写为

$$i_o = \begin{cases} g_D u_D, & u_2 \geqslant 0 \\ 0, & u_2 < 0 \end{cases} \qquad (5-20)$$

由于 $u_2 = U_2\cos\omega_2 t$，则 $u_2 \geqslant 0$ 对应于 $2n\pi - \pi/2 \leqslant \omega_2 t \leqslant 2n\pi + \pi/2$，$n = 0, 1, 2, \cdots$，故有

$$i_o = \begin{cases} g_D u_D, & 2n\pi - \dfrac{\pi}{2} \leqslant \omega_2 t < 2n\pi + \dfrac{\pi}{2} \\ 0, & 2n\pi + \dfrac{\pi}{2} \leqslant \omega_2 t < 2n\pi + \dfrac{3\pi}{2} \end{cases} \qquad (5-21)$$

上式也可以合并写成

$$i_D = g(t)u_D = g_D K(\omega_2 t)u_D \qquad (5-22)$$

式中，$g(t)$ 为时变电导，受 u_2 的控制；$K(\omega_2 t)$ 为开关函数，它在 u_2 的正半周时等于 1，在负半周时为零，即

$$K(\omega_2 t) = \begin{cases} 1, & 2n\pi - \dfrac{\pi}{2} \leqslant \omega_2 t < 2n\pi + \dfrac{\pi}{2} \\ 0, & 2n\pi + \dfrac{\pi}{2} \leqslant \omega_2 t < 2n\pi + \dfrac{3\pi}{2} \end{cases} \qquad (5-23)$$

如图 5-6 所示，这是一个单向开关函数。由此可见，在前面的假设条件下，二极管电路可等效一线性时变电路，其时变电导 $g(t)$ 为

$$g(t) = g_D K(\omega_2 t) \qquad (5-24)$$

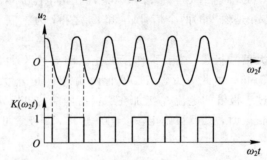

图 5-6　u_2 与 $K(\omega_2 t)$ 的波形图

$K(\omega_2 t)$ 是一周期性函数，其周期与控制信号 u_2 的周期相同，可用一傅立叶级数展开，其展开式为

$$K(\omega_2 t) = \frac{1}{2} + \frac{2}{\pi}\cos\omega_2 t - \frac{2}{3\pi}\cos3\omega_2 t + \frac{2}{5\pi}\cos5\omega_2 t - \cdots$$

$$+ (-1)^{n+1}\frac{2}{(2n-1)\pi}\cos(2n-1)\omega_2 t + \cdots \qquad (5-25)$$

代入式(5-22)有

$$i_D = g_D\left[\frac{1}{2} + \frac{2}{\pi}\cos\omega_2 t - \frac{2}{3\pi}\cos3\omega_2 t + \frac{2}{5\pi}\cos5\omega_2 t - \cdots\right]u_D \qquad (5-26)$$

若 $u_1 = U_1\cos\omega_1 t$，为单一频率信号，代入上式有

$$i_D = \frac{g_D}{\pi}U_2 + \frac{g_D}{2}U_1\cos\omega_1 t + \frac{g_D}{2}U_2\cos\omega_1 t + \frac{g_D}{3\pi}U_2\cos2\omega_2 t$$

$$- \frac{g_D}{\pi}U_2\cos4\omega_2 t + \cdots + \frac{1}{\pi}\frac{g_D}{2}U_1\cos(\omega_2 - \omega_1)t$$

$$+\frac{1}{\pi}\frac{g_{D}}{2}U_{1}\cos(\omega_{2}+\omega_{1})t-\frac{1}{3\pi}g_{D}U_{1}\cos(3\omega_{2}-\omega_{1})t-\frac{1}{3\pi}g_{D}U_{1}\cos(3\omega_{2}+\omega_{1})t$$

$$+\frac{1}{5\pi}g_{D}U_{1}\cos(5\omega_{2}-\omega_{1})t+\frac{1}{5\pi}g_{D}U_{1}\cos(5\omega_{2}+\omega_{1})t+\cdots \qquad (5-27)$$

由上式可以看出，流过二极管的电流 i_D 中的频率分量有：

① 输入信号 u_1 和控制信号 u_2 的频率分量 ω_1 和 ω_2；

② 控制信号 u_2 的频率 ω_2 的偶次谐波分量；

③ 由输入信号 u_1 的频率 ω_1 与控制信号 u_2 的奇次谐波分量的组合频率分量 $(2n+1)\omega_2$ $\pm\omega_1$，$n=0,1,2,\cdots$。

在前面的分析中，是在一定的条件下，将二极管等效为一个受控开关，从而可将二极管电路等效为一线性时变电路。应指出的是：如果假定条件不满足，比如 U_2 较小，不足以使二极管工作在大信号状态，图 5-5 的二极管特性的折线近似就是不正确的了，因而后面的线性时变电路的等效也存在较大的问题；若 $U_2\gg U_1$ 不满足，等效的开关控制信号不仅仅是 U_2，还应考虑 U_1 的影响，这时等效的开关函数的通角不是固定的 $\pi/2$，而是随 u_1 变化的；分析中还忽略了输出电压 u_0 对回路的反作用，这是由于在 $U_2\gg U_1$ 的条件下，输出电压 u_0 的幅度相对于 u_2 而言，有 $U_2\gg U_0$，若考虑 u_0 的反作用，对二极管两端电压 u_D 的影响不大，频率分量不会变化，u_0 的影响可能使输出信号幅度降低。还需进一步指出：即便前述条件不满足，该电路仍然可以完成频谱的线性搬移功能；不同的是，这些条件不满足后，电路不能等效为线性时变电路，因而不能用线性时变电路的分析法来分析，但仍然是一非线性电路，可以用级数展开的非线性电路分析方法来分析。

二、二极管平衡电路

在单二极管电路中，由于工作在线性时变工作状态，因而二极管产生的频率分量大大减少了，但在产生的频率分量中，仍然有不少不需要的频率分量，因此有必要进一步减少一些频率分量，二极管平衡电路就可以满足这一要求。

1. 电路

图 5-7(a) 是二极管平衡电路的原理电路。它是由两个性能一致的二极管及中心抽头变压器 T_1、T_2 接成平衡电路的。图中，A、A′ 的上半部与下半部完全一样。控制电压 u_2 加于变压器的 A、A′ 两端。输出变压器 T_2 次级接滤波器，用以滤除无用的频率分量。从 T_2 次级向右看的负载电阻为 R_L。

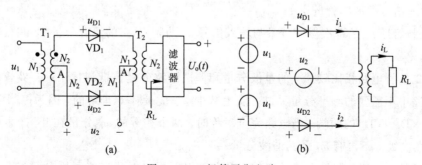

图 5-7　二极管平衡电路

为了分析方便，设变压器线圈匝数比 $N_1 : N_2 = 1 : 1$，因此加给 VD_1、VD_2 两管的输入电压均为 u_1，其大小相等，但方向相反；而 u_2 是同相加到两管上的。该电路可等效成图 5 - 7(b) 所示的原理电路。

2. 工作原理

与单二极管电路的条件相同，二极管处于大信号工作状态，即 $U_2 > 0.5$ V。这样，二极管主要工作在截止区和线性区，二极管的伏安特性可用折线近似。$U_2 \gg U_1$，二极管开关主要受 u_2 控制。若忽略输出电压的反作用，则加到两个二极管的电压 u_{D1}、u_{D2} 为

$$\begin{cases} u_{D1} = u_2 + u_1 \\ u_{D2} = u_2 - u_1 \end{cases} \qquad (5-28)$$

由于加到两个二极管上的控制电压 u_2 是同相的，因此两个二极管的导通、截止时间是相同的，其时变电导也是相同的。由此可得流过两管的电流 i_1、i_2 分别为

$$\begin{cases} i_1 = g_1(t)u_{D1} = g_D K(\omega_2 t)(u_2 + u_1) \\ i_2 = g_2(t)u_{D2} = g_D K(\omega_2 t)(u_2 - u_1) \end{cases} \qquad (5-29)$$

i_1、i_2 在 T_2 次级产生的电流分别为

$$i_{L1} = \frac{N_1}{N_2}i_1 = i_1$$

$$i_{L2} = \frac{N_1}{N_2}i_2 = i_2$$

但两电流流过 T_2 的方向相反，在 T_2 中产生的磁通相消，故次级总电流 i_L 应为

$$i_L = i_{L1} - i_{L2} = i_1 - i_2 \qquad (5-30)$$

将式(5-29)代入上式，有

$$i_L = 2g_D K(\omega_2 t)u_1 \qquad (5-31)$$

考虑 $u_1 = U_1 \cos\omega_1 t$，代入上式可得

$$i_L = g_D U_1 \cos\omega_1 t + \frac{2}{\pi}g_D U_1 \cos(\omega_2 + \omega_1)t + \frac{2}{\pi}g_D U_1 \cos(\omega_2 - \omega_1)t$$

$$- \frac{2}{3\pi}g_D U_1 \cos(3\omega_2 + \omega_1)t - \frac{2}{3\pi}g_D U_1 \cos(3\omega_2 - \omega_1)t + \cdots \qquad (5-32)$$

由上式可以看出，输出电流 i_L 中的频率分量有：

① 输入信号的频率分量 ω_1；

② 控制信号 u_2 的奇次谐波分量与输入信号 u_1 的频率 ω_1 的组合分量 $(2n+1)\omega_2 + \omega_1$，$n = 0, 1, 2, \cdots$。

与单二极管电路相比较，u_2 的基波分量和偶次谐波分量被抵消掉了，二极管平衡电路的输出电路中不需要的频率分量又进一步地减少了。这是不难理解的，因为控制电压 u_2 是同相加于 VD_1、VD_2 的两端，当电路完全对称时，两个相等的 ω_2 分量在 T_2 产生的磁通互相抵消，在次级上不再有 ω_2 及其谐波分量。

在上面的分析中，假设电路是理想对称的，因而可以抵消一些无用分量，但实际上难

以做到这点。例如，两个二极管特性不一致，i_1 和 i_2 中的 ω_2 电流值将不同，致使 ω_2 及其谐波分量不能完全抵消，变压器不对称也会造成这个结果。很多情况下，不需要有控制信号输出，但由于电路不可能完全平衡、从而形成控制信号的泄漏。一般要求泄漏的控制信号频率分量的电平要比有用的输出信号电平至少低 20 dB 以上。为减少这种泄漏，以满足实际运用的需要，首先要保证电路的对称性。一般采用如下办法：

（1）选用特性相同的二极管；用小电阻与二极管串接，使二极管等效正、反向电阻彼此接近。但串接电阻后会使电流减小，所以阻值不能太大，一般为几十至上百欧姆。

（2）变压器中心抽头要准确对称，分布电容及漏感要对称，这可以采用双线并绕法绕制变压器，并在中心抽头处加平衡电阻。同时，还要注意两线圈对地分布电容的对称性。为了防止杂散电磁耦合影响对称性，可采取屏蔽措施。

为改善电路性能，应使其工作在理想开关状态，且二极管的通断只取决于控制电压 u_2，而与输入电压 u_1 无关。为此，要选择开关特性好的二极管，如热载流子二极管。控制电压要远大于输入电压，一般要大于十倍以上。

图 5-8(a) 为平衡电路的另一种形式，称为二极管桥式电路。这种电路应用较多，因为它不需要具有中心抽头的变压器，四个二极管接成桥路，控制电压直接加到二极管上。当 $u_2 > 0$ 时，四个二极管同时截止，u_1 直接加到 T_2 上；当 $u_1 < 0$ 时，四个二极管导通，A、B 两点短路，无输出。所以：

$$u_{AB} = K(\omega_2 t) u_1 \tag{5-33}$$

由于四个二极管接成桥型，若二极管特性完全一致，AB 端无 u_2 的泄与式(5-31)相比较，二极管平衡电路与桥式电路的功能相同，产生的频率分量相同。

图 5-8(b) 是一实际桥式电路，其工作原理同上，只不过桥路输出加至晶体管的基极经放大及回路滤波后输出所需频率分量，从而完成特定的频谱搬移功能。

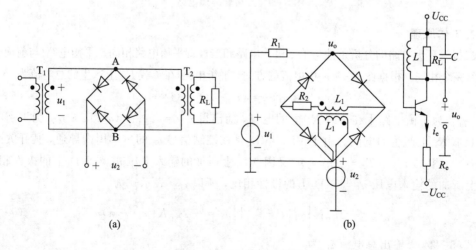

图 5-8　二极管桥式电路

三、二极管环形电路

1. 基本电路

图 5-9(a) 为二极管环形电路的基本电路，与二极管平衡电路相比，只是多接了两只二极管 VD_3 和 VD_4，四只二极管方向一致，组成一个环路，因此称为二极管环形电路。控制电压 u_2 正向地加到 VD_1、VD_2 两端，反向地加到 VD_3、VD_4 两端，随控制电压 u_2 的正负变化，两组二极管交替导通和截止。当 $u_2 \geqslant 0$ 时，VD_1、VD_2 导通，VD_3、VD_4 截止；当 $u_2 < 0$ 时，VD_1、VD_2 截止，VD_3、VD_4 导通。在理想情况下，它们互不影响，因此，二极管环形电路是由两个平衡电路组成的：VD_1 与 VD_2 组成平衡电路Ⅰ，VD_3 与 VD_4 组成平衡电路Ⅱ，分别如图 5-9(b)、(c) 所示。因此，二极管环形电路又称为二极管双平衡电路。

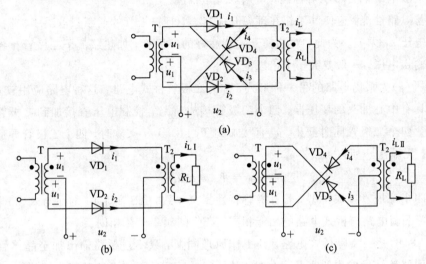

图 5-9　二极管环形电路

2. 工作原理

二极管环形电路的分析条件与单二极管电路和二极管平衡电路相同。平衡电路Ⅰ与前面分析的电路完全相同。根据图 5-9(a) 中电流的方向，平衡电路Ⅰ在负载 R_L 上产生的总电流为

$$i_L = i_{L\,I} + i_{L\,II} = (i_1 - i_2) + (i_3 - i_4) \tag{5-34}$$

式中，$i_{L\,I}$ 为平衡电路Ⅰ在负载 R_L 上的电流，前已得 $i_{L\,I} = 2g_D K(\omega_2 t) u_1$；$i_{L\,II}$ 为平衡电路Ⅱ在负载 R_L 上产生的电流。由于 VD_3、VD_4 是在控制信号 u_2 的负半周内导通，其开关函数与 $K(\omega_2 t)$ 相差 $T_2/2 (T_2 = 2\pi/\omega_2)$。又因 VD_3 上所加的输入电压 u_1 与 VD_1 上的极性相反，VD_4 上所加的输入电压 u_1 与 VD_2 上的极性相反，所以 $i_{L\,II}$ 表示式为

$$i_{L\,II} = -2g_D K\left[\omega_2\left(t - \frac{T_2}{2}\right)\right]u_1 = -2g_D K(\omega_2 t - \pi)u_1 \tag{5-35}$$

代入式 (5-34)，输出总电流 i_L 为

$$i_L = 2g_D[K(\omega_2 t) - K(\omega_2 t - \pi)]u_1 = 2g_D K'(\omega_2 t)u_1 \tag{5-36}$$

图 5-10 给出了 $K(\omega_2 t)$、$K(\omega_2 t - \pi)$ 及 $K'(\omega_2 t)$ 的波形。

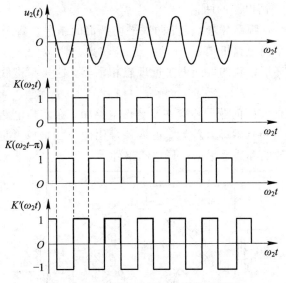

图 5 - 10 环形电路的开关函数波形图

由此可见 $K(\omega_2 t)$、$K(\omega_2 t - \pi)$ 为单向开关函数，$K'(\omega_2 t)$ 为双向开关函数，且有

$$K'(\omega_2 t) = K(\omega_2 t) - K(\omega_2 t - \pi) = \begin{cases} 1, & u_2 \geqslant 0 \\ -1, & u_2 < 0 \end{cases} \tag{5-37}$$

和

$$K(\omega_2 t) + K(\omega_2 t - \pi) = 1 \tag{5-38}$$

由此可得 $K(\omega_2 t - \pi)$、$K'(\omega_2 t)$ 的傅立叶级数：

$$K(\omega_2 t - \pi) = 1 - K(\omega_2 t)$$

$$= \frac{1}{2} - \frac{2}{\pi}\cos\omega_2 t + \frac{2}{3\pi}\cos3\omega_2 t - \frac{2}{5\pi}\cos5\omega_2 t + \cdots$$

$$+ (-1)^n \frac{2}{(2n-1)\pi}\cos(2n-1)\omega_2 t + \cdots \tag{5-39}$$

$$K'(\omega_2 t) = \frac{4}{\pi}\cos\omega_2 t - \frac{4}{3\pi}\cos3\omega_2 t + \frac{4}{5\pi}\cos5\omega_2 t + \cdots$$

$$+ (-1)^{n+1} \frac{4}{(2n-1)\pi}\cos(2n-1)\omega_2 t + \cdots \tag{5-40}$$

当 $u_1 = U_1\cos\omega_1 t$ 时，有

$$i_L = \frac{4}{\pi}g_D U_1\cos(\omega_2 + \omega_1)t + \frac{4}{\pi}g_D U_1\cos(\omega_2 - \omega_1)t$$

$$- \frac{4}{3\pi}g_D U_1\cos(3\omega_2 + \omega_1)t - \frac{4}{3\pi}g_D U_1\cos(3\omega_2 + \omega_1)t$$

$$+ \frac{4}{5\pi}g_D U_1\cos(5\omega_2 + \omega_1)t - \frac{4}{5\pi}g_D U_1\cos(5\omega_2 - \omega_1)t + \cdots \tag{5-41}$$

由上式可以看出，环形电路中，输出电流 i_L 只有控制信号 u_2 的基波分量和奇次谐波分量与输入信号 u_1 的频率 ω_1 的组合频率分量 $(2n+1)\omega_2 \pm \omega_1$（$n = 0, 1, 2, \cdots$）。在平衡电路的基础上，又消除了输入信号 u_1 的频率分量 ω_1，且输出的 $(2n+1)\omega_2 \pm \omega_1$（$n = 0, 1, 2, \cdots$）的

频率分量的幅度等于平衡电路的两倍。

环形电路 i_L 中无 ω_1 频率分量，这是两次平衡抵消的结果。每个平衡电路自身抵消 ω_2 及其谐波分量，两个平衡电路抵消 ω_1 分量。若 ω_2 较高，则 $3\omega_2 \pm \omega_1$，$5\omega_2 \pm \omega_1$，…组合频率分量很容易滤除，故环形电路的性能更接近理想相乘器，这是频谱线性搬移电路要解决的核心问题。

前述平衡电路中的实际问题同样存在于环形电路中，在实际电路中仍需采取措施加以解决。为了解决二极管特性参差性问题，可将每臂用两个二极管并联，如采用图 5-11 的电路，另一种更为有效的办法是采用环形电路组件。

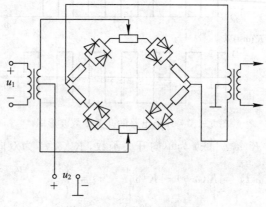

图 5-11　实际的环形电路

环形电路组件称为双平衡混频器组件或环形混频器组件，已有从短波到微波波段的系列产品提供用户。这种组件是由精密配对的肖特基二极管及传输线变压器装配而成，内部元件用硅胶粘接，外部用小型金属壳屏蔽。二极管和变压器在装入混频器之前经过严格的筛选，能承受强烈的震动、冲击和温度循环。图 5-12 是这种组件的外形和电路图，图中混频器有三个端口（本振、射频和中频），分别以 LO、RF 和 IF 来表示，VD_1、VD_2、VD_3 和 VD_4 为混频管堆，T_1、T_2 为平衡—不平衡变换器，以便把不平衡的输入变为平衡的输出（T_1）；或平衡的输入转变为不平衡输出（T_2）。双平衡混频器组件的三个端口均具有极宽的频带，它的动态范围大、损耗小、频谱纯、隔离度高，而且在其工作频率范围内，从任意两端口输入 u_1 和 u_2，就可在第三端口得到所需的输出。但应注意所用器件对每一输入信号的输入电平的要求，以保证器件的安全。

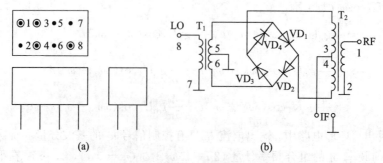

(a)　　　　　　　　　(b)

图 5-12　双平衡混频器组件的外壳和电原理图

例 5-1　在图 5-12 的双平衡混频器组件的本振口加输入信号 u_1，在中频口加控制信号 u_2，输出信号从射频口输出，如图 5-13 所示。忽略输出电压的反作用，可得加到四个二极管上的电压分别为

$$\begin{cases} u_{D1} = u_1 - u_2 \\ u_{D2} = u_1 + u_2 \\ u_{D3} = -u_1 - u_2 \\ u_{D4} = -u_1 + u_2 \end{cases}$$

由此可见，控制电压 u_2 正向加到 VD_2、VD_4 的两端，反向加到 VD_1、VD_3 两端。由于有 $U_2 \gg U_1$，

图 5-13　双平衡混频器组件的应用

四个二极管的通断受 u_2 的控制，由此可得流过四个二极管的电流与加到二极管两端的电压的关系为线性时变关系，这些电流为

$$\begin{cases} i_1 = g_D K(\omega_2 t - \pi) u_{D1} \\ i_2 = g_D K(\omega_2 t) u_{D2} \\ i_3 = g_D K(\omega_2 t - \pi) u_{D3} \\ i_4 = g_D K(\omega_2 t) u_{D4} \end{cases}$$

这四个电流与输出电流 i 之间的关系为

$$\begin{aligned} i &= -i_1 + i_2 + i_3 - i_4 = (i_2 - i_4) - (i_1 - i_3) \\ &= 2g_D K(\omega_2 t) u_1 - 2g_D K(\omega_2 t - \pi) u_1 \\ &= 2g_D K'(\omega_2 t) u_1 \end{aligned}$$

此结果与式(5-36)完全相同。改变 u_1、u_2 的输入端口，同样可以得到以上结论。表 5-1 给出了部分国产双平衡混频器组件的特性参数。

表 5-1　部分国产双平衡混频器组件的特性参数

型号	频率范围 /MHz	本振电平 /dBm	变频损耗 /dB	隔离度 /dB	1 dB 压缩 电平/dBm	尺寸 （长×宽×高）/mm³
VJH6	1～500	+7	6.5	40	+2	20.2×10.2×10.5
VJH7	200～1000	+7	7.0	35	+1	20.2×10.2×6.6
HPS2	0.003～100	+7	6.5	40	+1	20.2×10.2×10.5
HPS6	0.5～500	+7			+1	20.2×10.2×6.6
HPS9	0.5～800	+7			+1	Φ9.4×6.5
HPS12	1～700	+7	6.5	40	+1	12.5×5.6×6.5
HPS22	0.05～2000	+10	7.5	40	+5	20.2×10.2×10.5
HPS32	2～2500	+7			+1	Φ15.3×6.4
HPS132	10－3000	+10			+5	12.9×9.8×3.7

双平衡混频器组件有很广阔的应用领域，除用作混频器外，还可用作相位检波器、脉冲或振幅调制器、2PSK 调制器、电流控制衰减器和二倍频器；与其他电路配合使用，还可以组成更复杂的高性能电路组件。应用双平衡混频器组件，可减少整机的体积和重量，提高整机的性能和可靠性，简化整机的维修，提高了整机的标准化、通用化和系列化程度。

第三节 差分对电路

频谱搬移电路的核心部分是相乘器。实现相乘的方法很多,有霍尔效应相乘法、对数-反对数相乘法、可变跨导相乘法等。由于可变跨导相乘法具有电路简单、易于集成、工作频率高等特点而得到广泛应用。它可以用于实现调制、解调、混频、鉴相及鉴频等功能。这种方法是利用一个电压控制晶体管射极电流或场效应管源极电流,使其跨导随之变化从而达到与另一个输入电压相乘的目的。这种电路的核心单元是一个带恒流源的差分对电路。

一、单差分对电路

1. 电路

基本的差分对电路如图 5-14 所示。图中两个晶体管和两个电阻精密配对(这在集成电路上很容易实现)。恒流源 I_0 为对管提供射极电流。两管静态工作电流相等,$I_{e1} = I_{e2} = I_0/2$。当输入端加有电压(差模电压) u 时,若 $u > 0$,则 V_1 管射极电流增加 ΔI,V_2 管电流减少 ΔI,但仍保持如下关系:

$$i_{c1} + i_{c2} = \left(\frac{I_0}{2} + \Delta I\right) + \left(\frac{I_0}{2} - \Delta I\right) = I_0 \qquad (5-42)$$

这时两管不平衡。输出方式可采用单端输出,也可采用双端输出。

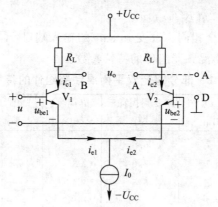

图 5-14 差分对原理电路

2. 传输特性

设 V_1、V_2 管的 $\alpha \approx 1$,则有 $i_{c1} \approx i_{e2}$,$i_{e1} \approx i_{e2}$,可得晶体管的集电极电流与基极射极电压 u_{be} 的关系为

$$i_{c1} = I_s e^{\frac{q}{KT} u_{be1}} = I_s e^{\frac{u_{be1}}{U_T}}$$
$$i_{c2} = I_s e^{\frac{q}{KT} u_{be2}} = I_s e^{\frac{u_{be2}}{U_T}} \qquad (5-43)$$

由式(5-42),有

$$I_0 = i_{c1} + i_{c2} = I_s e^{\frac{u_{be1}}{U_T}} + I_s e^{\frac{u_{be2}}{U_T}} = i_{c2}\left[1 + e^{\frac{u_{be2} - u_{be1}}{U_T}}\right] = i_{c2}(1 + e^{\frac{u}{U_T}}) \qquad (5-44)$$

故有

$$i_{c2} = \frac{I_0}{1 + e^{\frac{u}{U_T}}} \qquad (5-45)$$

式中，$u = u_{be1} - u_{be2}$。类似可得

$$i_{c1} = \frac{I_0}{1 + e^{-\frac{u}{U_T}}} \qquad (5-46)$$

为了易于观察 i_{c1}、i_{c2} 随输入电压 u 变化的规律，将式(5-46)减去静态工作电流 $I_0/2$，可得

$$i_{c1} - \frac{I_0}{2} = \frac{I_0}{2}\left(\frac{2}{1+e^{-\frac{u}{U_T}}}\right) - \frac{I_0}{2} = \frac{I_0}{2}\tanh\left(\frac{u}{2U_T}\right) \qquad (5-47)$$

这里：

$$\tanh(x) = \frac{e^x - e^{-x}}{e^x + e^{-x}}$$

为双曲正切函数。

因此：

$$i_{c1} = \frac{I_0}{2} + \frac{I_0}{2}\tanh\left(\frac{u}{2U_T}\right) \qquad (5-48)$$

同理可得

$$i_{c2} = \frac{I_0}{2} - \frac{I_0}{2}\tanh\left(\frac{u}{2U_T}\right) \qquad (5-49)$$

双端输出的情况下，由

$$u_o = u_{c2} - u_{c1} = (U_{CC} - i_{c2}R_L) - (U_{CC} - i_{c1}R_L)$$
$$= R_L(i_{c1} - i_{c2}) = R_L I_0 \tanh\left(\frac{u}{2U_T}\right) \qquad (5-50)$$

可得等效的差动输出电流 i_o 与输入电压 u 的关系式：

$$i_o = I_0 \tanh\left(\frac{u}{2U_T}\right) \qquad (5-51)$$

式(5-48)、式(5-49)及式(5-51)分别描述了集电极电流 i_{c1}、i_{c2} 和差动输出电流 i_o 与输入电压 u 的关系，这些关系就称为传输特性。图 5-15 给出了这些传输特性曲线。

由上面的分析可知：

（1）i_{c1}、i_{c2} 和 i_o 与差模输入电压 u 是非线性关系——双曲正切函数关系，与恒流源 I_0 成线性关系。双端输出时，直流抵消，交流输出加倍。

（2）输入电压很小时，传输特性近似为线性关系，即工作在线性放大区。这是因为当 $|x| < 1$ 时，$\tanh(x/2) \approx x/2$，即当 $|u| < U_T = 26$ mV 时，$i_o = I_0 \tanh(\frac{u}{2U_T}) \approx \frac{u}{2U_T}$。

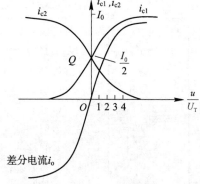

图 5-15 差分对的传输特性

（3）若输入电压很大，一般在 $|u| > 100$ mV 时，电路呈现限幅状态，两管接近于开关

105

状态，因此，该电路可作为高速开关、限幅放大器等电路。

（4）小信号运用时的跨导即为传输特性线性区的斜率，它表示电路在放大区输出时的放大能力：

$$g_m = \left. \frac{\partial i_o}{\partial u} \right|_{u=0} = \frac{I_0}{2U_T} \approx 20 I_0 \qquad (5-52)$$

该式表明，g_m 与 I_0 成正比，I_0 增加，则 g_m 加大，增益提高。若 I_0 随时间变化，g_m 也随时间变化，成为时变跨导 $g_m(t)$。因此，可用控制 I_0 的办法构造线性时变电路。

（5）当输入差模电压 $u = U_1 \cos\omega_1 t$ 时，由传输特性可得 i_o 波形，如图 5 - 16。其所含频率分量可由 $\tanh(u/2U_T)$ 的傅立叶级数展开式求得，即

$$i_o(t) = I_0 [\beta_1(x)\cos\omega_1 t + \beta_3(x)\cos3\omega_1 t + \beta_5(x)\cos5\omega_1 t + \cdots]$$

$$= I_0 \sum_{n=1}^{\infty} \beta_{2n-1}(x)\cos(2n-1)\omega_1 t \qquad (5-53)$$

式中，傅里叶系数：

$$\beta_{2n-1}(x) = \frac{1}{\pi} \int_{-\pi}^{\pi} \tanh\left(\frac{x}{2}\cos\omega t\right)\cos(2n-1)\omega t \, \mathrm{d}\omega t \qquad (5-54)$$

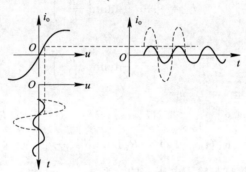

图 5 - 16　差分对作放大时 i_o 的输出波形

$x = U_1/U_T$。其系数值见表 5 - 2。

表 5 - 2　$\beta_n(x)$ 数值表

x	$\beta_1(x)$	$\beta_3(x)$	$\beta_5(x)$
0.5	0.2462	—	—
1.0	0.4712	−0.0096	—
1.5	0.6610	−0.0272	—
2.0	0.8116	−0.0542	—
2.5	0.9262	−0.0870	0.00 452
3.0	1.0108	−0.1222	0.0194
4.0	1.1172	—	—
5.0	1.1754	−0.2428	0.1710
7.0	1.2224	−0.3142	0.1150
10.0	1.2514	−0.3654	0.1662
∞	1.2732	−0.4244	0.2546

3. 差分对频谱搬移电路

差分对电路的可控通道有两个:一个为输入差模电压,一个为电流源 I_0;故可用输入信号和控制信号分别控制这两个通道。由于输出电流 i_o 与 I_0 成线性关系,所以将控制电流源的这个通道称为线性通道;输出电流 i_o 与差模输入电压 u 成非线性关系,所以将差模输入通道称为非线性通道。图 5-17 为差分对频谱搬移电路的原理图。

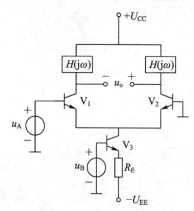

图 5-17 差分对频谱搬移电路

集电极负载为一滤波回路,滤波回路(或滤波器)的种类和参数可根据不同的功能进行设计,输出频率分量呈现的阻抗为 R_L。恒流源 I_0 由尾管 V_3 提供,V_3 射极接有大电阻 R_E,所以又将此电路称为"长尾偶电路"。R_E 大则可削弱 V_3 的发射结非线性电阻的作用。由图中可看到:

$$u_B = u_{be3} + i_{e3}R_E - U_{EE} \tag{5-55}$$

当忽略 u_{be3} 后,得出:

$$i_o(t) = i_{e3} = \frac{U_{EE}}{R_E} + \frac{u_B}{R_E} = I_0\left(1 + \frac{u_B}{U_{EE}}\right), \quad I_0 = \frac{U_{EE}}{R_E} \tag{5-56}$$

由此可得输出电流:

$$i_o(t) = I_0(t)\tanh\left(\frac{u_A}{2U_T}\right) = I_0\left(1 + \frac{u_B}{U_{EE}}\right)\tanh\left(\frac{u_A}{2U_T}\right) \tag{5-57}$$

考虑 $|u_A| < 26$ mV 时,有

$$i_o(t) \approx I_0\left(1 + \frac{u_B}{U_{EE}}\right)\frac{u_A}{2U_T} \tag{5-58}$$

式中有两个输入信号的乘积项,因此,可以构成频谱线性搬移电路。以上讨论的是双端输出的情况,单端输出时的结果可自行推导。

二、双差分对电路

双差分对频谱搬移电路如图 5-18 示。它由三个基本的差分电路组成,也可看成由两个单差分对电路组成。V_1、V_2、V_5 组成差分电路 I,V_3、V_4、V_6 组成差分电路 II,两个差分对电路的输出端交叉耦合。输入电压 u_A 交叉地加到两个差分对管的输入端,输入电压 u_B 则加到 V_5 和 V_6 组成的差分对管输入端,三个差分对都是差模输入。双差分对每边的输出电流为两差分对管相应边的输出电流之和,因此,双端输出时,它的差动输出电流为

$$i_o = i_I - i_{II} = (i_1 + i_3) - (i_2 + i_4)$$
$$= (i_1 - i_2) - (i_4 - i_3) \tag{5-59}$$

式中，$(i_1 - i_2)$ 是左边差分对管的差动输出电流，$(i_4 - i_3)$ 是右边差分对管差动输出电流，分别为

$$\begin{cases} i_1 - i_2 = i_5 \tanh\left(\dfrac{u_A}{2U_T}\right) \\ i_4 - i_3 = i_6 \tanh\left(\dfrac{u_A}{2U_T}\right) \end{cases} \tag{5-60}$$

由此可得

$$i_o = (i_5 - i_6)\tanh\left(\frac{u_A}{2U_T}\right) \tag{5-61}$$

式中，$(i_5 - i_6)$ 是 V_5 和 V_6 差分对管的差动输出电流，为

$$i_5 - i_6 = I_0 \tanh\left(\frac{u_B}{2U_T}\right) \tag{5-62}$$

代入式(5-61)，有

$$i_o = I_0 \tanh\left(\frac{u_A}{2U_T}\right)\tanh\left(\frac{u_B}{2U_T}\right) \tag{5-63}$$

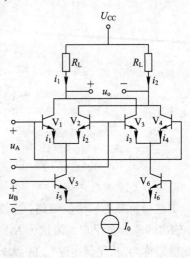

图 5-18　双差分对电路

由此可见，双差分对的差动输出电流 i_o 与两个输入电压 u_A、u_B 之间均为非线性关系。用作频谱搬移电路时，输入信号 u_1 和控制信号 u_2 可以任意加在两个非线性通道中，而单差分对电路的输出频率分量与这两个信号所加的位置是有关的。当 $u_1 = U_1 \cos\omega_1 t$，$u_2 = U_2 \cos\omega_2 t$ 时，代入式(5-63)有

$$i_o = I_0 \sum_{m=0}^{\infty} \sum_{n=0}^{\infty} \beta_{2n-1}(x_1)\beta_{2m-1}(x_2)\cos(2m-1)\omega_1 t \cos(2n-1)\omega_2 t \tag{5-64}$$

式中，$x_1 = U_1/U_T$，$x_2 = U_2/U_T$，有 ω_1 与 ω_2 的各阶奇次谐波分量的组合分量，其中包括两个信号乘积项，但不能等效为一理想乘法器。若 U_1、$U_2 < 26$ mV，非线性关系可近似为线性关系，式(5-64)为

$$i_o = I_0 \frac{u_1}{2U_T} \frac{u_2}{2U_T} = \frac{I_0}{4U_T^2} u_1 u_2 \tag{5-65}$$

这是理想的乘法器。

作为乘法器时，由于要求输入电压幅度要小，因而 U_A、U_B 的动态范围较小。为了扩大 u_B 的动态范围，可以在 V_5 和 V_6 的发射极上接入负反馈电阻 R_{E2}，如图 5-19。

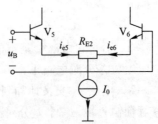

图 5-19　接入负反馈时的差分对电路

例 5 - 2　试推导出图 5 - 20 所示双差分电路单端输出时的输出电压表示式。

题意分析：差分对输出有两种形式：双端输出与单端输出。前面分析的是双端输出的情况，单端输出与双端输出的结果是否相同，本题就是讨论这个问题。分析的方法与教材中的讨论方法相同，但要注意的是单端输出时，输出电压是相对于地的电压。如从右边的电阻 R_L 的下端输出，其输出电压 $u_o = U_{CC} - i_{II} R_L$，只要求出 i_{II}，代入式中，就可得出结论。

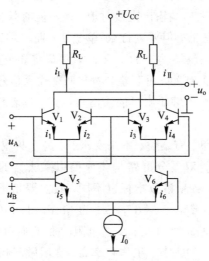

图 5 - 20　双差分对电路

解　图 5 - 20 为双差分对电路，从右边的电阻 R_L 的下端输出，则输出电压 $u_o = E_c - i_{II} R_L$。求出 i_{II} 后，就可得到输出电压。由图中可以看出，$i_{II} = i_2 + i_4$，i_2 是由 V_1、V_2 组成的单差分对的单端输出电流，i_3、i_4 是由 V_3、V_4 组成的单差分对的单端输出电流，输入电压 u_A 正向加到 V_4，反向加到 V_2，由单差分对电路的分析可知：

$$i_2 = \frac{i_5}{2} - \frac{i_5}{2}\tanh\left(\frac{u_A}{2U_T}\right)$$

$$i_4 = \frac{i_6}{2} + \frac{i_6}{2}\tanh\left(\frac{u_A}{2U_T}\right)$$

这里，i_5 和 i_6 分别是两个差分对的恒流源。由此可得

$$i_{II} = i_2 + i_4 = \frac{1}{2}(i_5 + i_6) - \frac{1}{2}(i_5 - i_6)\tanh\left(\frac{u_A}{2U_T}\right)$$

$$= \frac{I_0}{2} - \frac{I_0}{2}\tanh\left(\frac{u_A}{2U_T}\right)\tanh\left(\frac{u_B}{2U_T}\right)$$

由此可见，双差分对在单端输出时，将 i_{II} 代入 $u_o = U_{CC} - i_{II} R_L$ 中，可得

$$u_o = U_{CC} - i_{II} R_L$$

$$= U_{CC} - \frac{I_0}{2}R_L + \frac{I_0}{2}R_L\tanh\left(\frac{u_A}{2U_T}\right)\tanh\left(\frac{u_B}{2U_T}\right)$$

当 u_A 和 u_B 的幅度均小于 26 mV 时，有

$$u_o = U_{CC} - \frac{I_0}{2}R_L + \frac{I_0}{2}\frac{1}{4U_T^2}u_A u_B$$

由于 u_o 中有直流分量，还不是一个理想乘法器（隔直后为一理想乘法器），它可以完成频谱的线性搬移功能。

讨论：差分对电路有两种形式，单差分对电路和双差分对电路，这两种电路均可用于频谱的线性搬移，其输出方式可以双端输出，也可单端输出，但两种输出的结果是不相同的。两种输出均有其各自的优缺点：单差分对电路双端输出可以抑制共模干扰，但输出不是对地，还需进行双-单变换；单端输出直接对地，但不能有效抑制共模干扰。双差分对双端输出时，可等效一理想乘法器，但要进行双-单变换；而单端输出直接对地，但不能等效为理想乘法器，且输出幅度是双端输出的一半。第六章将要分析：单差分对完成频谱的线性搬移与两个输入信号的位置有关，而双差分对与两个输入信号的位置无关。

这里分析的是双差分对的单端输出时的输出表达式，读者也可按此思路分析单差分对电路单端输出的结果。

双差分电路具有结构简单、有增益、不用变压器、易于集成化、对称性精确、体积小等优点，因而得到广泛的应用。双差分电路是集成模拟乘法器的核心。模拟乘法器种类很多，由于内部电路结构不同，各项参数指标也不同，其主要指标有：工作频率、电源电压、输入电压动态范围、线性度、带宽等。图 5-21 为 Motorola MC1596 内部电路图，它是以双差分电路为基础，在 Y 输入通道加入了反馈电阻，故 Y 通道输入电压动态范围较大，X 通道输入电压动态范围很小。MC1596 工作频率高，常用做调制、解调和混频。

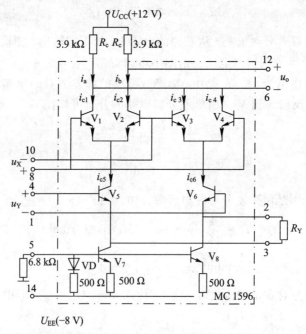

图 5-21 MC1596 的内部电路

通过上面的分析可知，差分对作为放大器时是四端网络，其工作点不变，不产生新的频率分量。差分对作为频谱线性搬移电路时，为六端网络。两个输入电压中，一个用来改变工作点，使跨导变为时变跨导；另一个则作为输入信号，以时变跨导进行放大，因此称为时变跨导放大器。这种线性时变电路，即使工作于线性区，也能产生新的频率成分，完成相乘功能。

第四节　其他频谱线性搬移电路

一、晶体三极管频谱线性搬移电路

晶体三极管频谱线性搬移电路如图 5-22 所示，图中，u_1 是输入信号，u_2 是参考信号，且 u_1 的振幅 U_1 远远小于 u_2 的振幅 U_2，即 $U_2 \gg U_1$。由图看出，u_1 与 u_2 都加到三极管的 be 结，利用其非线性特性，可以产生 u_1 和 u_2 的频率的组合分量，再经集电极的输出回路选出完成某一频谱线性搬移功能所需的频率分量，从而达到频谱线性搬移的目的。

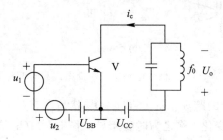

图 5-22　晶体三极管频谱搬移原理电路

当频率不太高时，晶体管集电极电流 i_c 是 u_{be} 及 u_{ce} 的函数。若忽略输出电压的反作用，则 i_c 可以近似表示为 u_{be} 的函数，即 $i_c = f(u_{be}, u_{ce}) \approx f(u_{be})$。

从图 5-22 可以看出，$u_{be} = u_1 + u_2 + U_{BB}$，其中，$U_{BB}$ 为直流工作点电压。现将 $U_{BB} + u_2 = U_{BB}(t)$ 看作三极管频谱线性搬移电路的静态工作点电压（即无信号时的偏压），由于工作点随时间变化，所以叫做时变工作点，即 $U_{BB}(t)$（实质上是 u_2）使三极管的工作点沿转移特性来回移动。因此，可将 i_c 表示为

$$i_c = f(u_{be}) = f(u_1 + u_2 + U_{BB})$$
$$= f[U_{BB}(t) + u_1] \tag{5-66}$$

在时变工作点处，将上式对 u_1 展开成泰勒级数，并考虑 $U_2 \gg U_1$，有

$$i_c \approx f[U_{BB}(t)] + f'[U_{BB}(t)]u_1 \tag{5-67}$$

式中各项系数的意义说明如下：

$f[U_{BB}(t)] = f(u_{be})|_{u=U_{BB}(t)} = I_{c0}(t)$，表示时变工作点处的电流，或称为静态工作点电流，它随参考信号 u_2 周期性地变化。当 u_2 瞬时值最大时，三极管工作点为 Q_1，$I_{c0}(t)$ 为最大值，当 u_2 瞬时值最小时，三极管工作点为 Q_2，$I_{c0}(t)$ 为最小值。图 5-23（a）给出了 i_c-u_{be} 曲线，同时画出了 $I_{c0}(t)$ 波形，其表示式为

$$I_{c0}(t) = I_{c00} + I_{c01}\cos\omega_2 t + I_{c02}\cos2\omega_2 t + \cdots \tag{5-68}$$

$$f'[U_{BB}(t)] = \frac{\mathrm{d}i_c}{\mathrm{d}u_{be}}\bigg|_{u_{be}=U_{BB}(t)} = \frac{\mathrm{d}f(u_{be})}{\mathrm{d}u_{be}}\bigg|_{u_{be}=U_{BB}(t)} \tag{5-69}$$

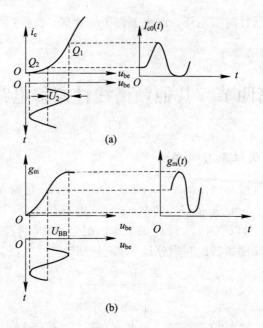

图 5-23　三极管电路中的时变电流和时变跨导

这里 $\mathrm{d}i_c/\mathrm{d}u_{be}$ 是晶体管的跨导，而 $f'[U_{BB}(t)]$ 就是在 $U_{BB}(t)$ 作用下晶体管的正向传输电导 $g_m(t)$ 也随 u_2 周期性变化，称之为时变跨导。图 5-23(b)给出了 $g_m(t)$ - u_{be} 曲线。由于 $g_m(t)$ 是 u_2 的函数，而 u_2 是周期性变化的，其角频率为 ω_2，因此 $g_m(t)$ 也是以角频率 ω_2 周期性变化的函数，用傅立叶级数展开，可得

$$g_m(t) = g_{m0} + g_{m1}\cos\omega_2 t + g_{m2}\cos 2\omega_2 t + \cdots \tag{5-70}$$

式中，g_{m0} 是 $g_m(t)$ 的平均分量(直流分量)，它不一定是直流工作点 U_{BB} 处的跨导。g_{m1} 是 $g_m(t)$ 中角频率为 ω_2 分量的振幅——时变跨导的基波分量振幅。

将式(5-68)、式(5-70)代入式(5-67)，可得

$$
\begin{aligned}
i_c &= I_{c0}(t) + g_m(t)u_1 + \frac{1}{2}f'[U_{BB}(t)]u_1^2 \\
&= I_{c00} + I_{c01}\cos\omega_2 t + I_{c02}\cos 2\omega_2 t + \cdots \\
&\quad + (g_{m0} + g_{m1}\cos\omega_2 t + g_{m2}\cos 2\omega_2 t + \cdots)U_1\cos\omega_1 t
\end{aligned}
\tag{5-71}
$$

可以看出，i_c 中的频率分量包含了 ω_1 和 ω_2 的各次谐波分量以及 ω_1 和 ω_2 的各次组合频率分量：

$$\omega_{p,q} = |\pm q\omega_2 \pm \omega_1| \quad q = 0, 1, 2, \cdots \tag{5-72}$$

用晶体管组成的频谱线性搬移电路，其集电极电流中包含了各种频率成分，用滤波器选出所需频率分量，就可完成所要求的频谱线性搬移功能。

若 $U_2 \gg U_1$ 的条件不满足，其分析结果与本章第一节非线性分析方法的结果相同，组合频率分量如式(5-10)。

二、场效应管频谱线性搬移电路

晶体三极管频谱线性搬移电路具有高增益、低噪声等特点，但它的动态范围小，非线性

失真大。在高频工作时，场效应管（FET）比双极晶体管（BJT）的性能好，因为其特性近似于平方律，动态范围大，非线性失真小。下面讨论结型场效应管（JFET）频谱线性搬移电路。

结型场效应管是利用栅漏极间的非线性转移特性实现频谱线性搬移功能的。场效应管转移特性 $i_\mathrm{D}-u_\mathrm{GS}$ 近似为平方律关系，其表示式为

$$i_\mathrm{D} = I_\mathrm{DSS}\left(1-\frac{u_\mathrm{GS}}{U_\mathrm{P}}\right)^2 \tag{5-73}$$

它的正向传输跨导 g_m 为

$$g_\mathrm{m} = \frac{\mathrm{d}i_\mathrm{D}}{\mathrm{d}u_\mathrm{GS}} = g_\mathrm{m0}\left(1-\frac{u_\mathrm{GS}}{U_\mathrm{P}}\right) \tag{5-74}$$

式中，$g_\mathrm{m0}=2I_\mathrm{DSS}/\,|\,U_\mathrm{P}\,|$ 为 $u_\mathrm{GS}=0$ 时的跨导。$i_\mathrm{D}-u_\mathrm{GS}$ 及 $g_\mathrm{m}-u_\mathrm{GS}$ 曲线如图 5-24 所示。图中 $U_\mathrm{P}=-2\ \mathrm{V}$；工作点 Q 的电压 $U_\mathrm{GS}=-1\ \mathrm{V}$。

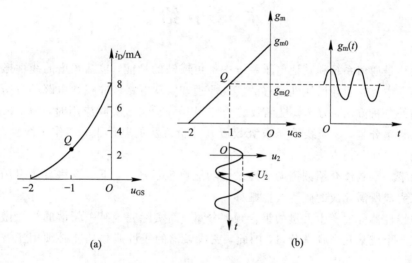

图 5-24 结型场效应管的电流与跨导特性

令 $u_\mathrm{GS}=U_\mathrm{GS}+U_2\cos\omega_2 t$，则对应 U_GS 点的静态跨导为

$$g_\mathrm{m} = \frac{\mathrm{d}i_\mathrm{D}}{\mathrm{d}u_\mathrm{GS}} = g_\mathrm{m0}\left(1-\frac{u_\mathrm{GS}}{U_\mathrm{P}}\right) \tag{5-75}$$

对应于 u_GS 的时变跨导为

$$\begin{aligned} g_\mathrm{m}(t) &= g_\mathrm{m0}\left(1-\frac{U_\mathrm{GS}}{U_\mathrm{P}}\right)- g_\mathrm{m0}\,\frac{U_2}{U_\mathrm{P}}\cos\omega_2 t\\ &= g_\mathrm{mQ}- g_\mathrm{m0}\,\frac{U_2}{U_\mathrm{P}}\cos\omega_2 t \end{aligned} \tag{5-76}$$

其曲线如图 5-24(b)所示。上式只适用于 g_m 的线性区。由于 U_P 为负值，故式（5-76）可改写为

$$g_\mathrm{m}(t) = g_\mathrm{mQ}+ g_\mathrm{m0}\,\frac{U_2}{|\,U_\mathrm{P}\,|}\cos\omega_2 t \tag{5-77}$$

当输入信号为 $u_1=U_1\cos\omega_1 t$，且 $U_1\ll U_2$ 时，漏极电流中的时变分量就等于 u_1 与 $g_\mathrm{m}(t)$ 的乘积，即

$$i_D(t) = g_m(t)U_1\cos\omega_1 t$$
$$= g_{mQ}U_1\cos\omega_1 t + g_{m0}U_1\cos\omega_1 t\cos\omega_2 t \qquad (5-78)$$

由上式可以看出，由于结型场效应管转移特性近似为平方律，其组合分量相对于晶体三极管电路的组合分量要少得多，在 $U_1 \ll U_2$ 的情况下，只有 ω_1、$\omega_2 \pm \omega_1$ 三个频率分量。即使 $U_1 \ll U_2$ 条件不成立，其频率分量也只有 ω_1、ω_2、$2\omega_1$、$2\omega_2$ 及 $\omega_2 \pm \omega_1$ 等六个频率分量。

由式(5-78)可以看出，要完成频谱的线性搬移功能，必须用第二项才能完成，则其搬移效率或灵敏度与第二项的系数(式(5-77)中的基波分量振幅 $g_{m0}U_2/|U_P|$)有关。如果 Q 点选在 g_m 曲线的中点，则 $g_Q = g_{m0}/2$。U_2 应在 g_m 的线性区工作，这时场效管频谱搬移电路的效率较高，失真小。

本 章 小 结

频谱搬移是通信系统和其他电子系统中不可或缺的功能，包括频谱的线性搬移和非线性搬移。本章主要介绍频谱线性搬移的实现原理和实现电路。非线性电路的分析方法不同于线性电路的分析方法，为非线性函数的级数展开分析法。实际应用时，为了减少非线性器件的组合频率分量，在非线性函数级数展开分析方法的基础上，工作于线性时变状态，进而得到线性时变分析方法。

本章为下一章具体介绍频谱的线性搬移功能奠定了基础，下一章将直接引用本章所介绍的电路来完成所需完成的频谱线性搬移。

由于非线性器件要产生大量的组合频率分量，而实际完成某一频谱的线性搬移功能只需要其中某一个或某几个频率分量，因此，完成频谱的线性搬移功能必须用滤波器选出所需频率分量。

原则上讲，非线性器件加滤波器可构成一种频谱线性搬移电路，选择何种搬移电路需考虑系统的性能指标等因素。二极管频谱搬移电路、差分对频谱搬移电路、三极管频谱搬移电路、场效应管频谱搬移电路是本章介绍的主要的频谱搬移电路，为了减少非线性电路的组合分量，它们在器件选择、电路形式选择、工作状态的选择、输入信号幅度的选择等方面均会有不同的效果。对于频谱的线性搬移功能而言，分析这些电路的关键是获得两个输入信号的乘积项，而尽可能使其他的组合分量数减少，且其幅值尽可能的小，到达可以被忽略的程度，使得输出的信号的质量更好。

思考题与练习题

5-1 一非线性器件的伏安特性为
$$i = a_0 + a_1 u + a_2 u^2 + a_3 u^3$$
式中，$u = u_1 + u_2 + u_3 = U_1\cos\omega_1 t + U_2\cos\omega_2 t + U_3\cos\omega_3 t$，试写出电流 i 中组合频率分量

的频率通式，说明它们是由 i 的哪些乘积项产生的，并求出其中的 ω_1、$2\omega_1 + \omega_2$、$\omega_1 + \omega_2 - \omega_3$ 频率分量的振幅。

5-2　若非线性器件的伏安特性幂级数表示为

$$i = a_0 + a_1 u + a_3 u^3$$

式中，a_0、a_1、a_3 是不为零的常数，信号 u 是频率为 150 kHz 和 200 kHz 的两个正弦波，问电流中能否出现 50 kHz 和 350 kHz 的频率成分？为什么？

5-3　一非线性器件的伏安特性为

$$i = \begin{cases} g_{\mathrm{D}} u, & u > 0 \\ 0, & u \leqslant 0 \end{cases}$$

式中，$u = U_{\mathrm{Q}} + u_1 + u_2 = U_{\mathrm{Q}} + U_1 \cos\omega_1 t + U_2 \cos\omega_2 t$。若 U_1 很小，满足线性时变条件，则在 $U_{\mathrm{Q}} = -U_2/2$ 时求出时变电导 $g_{\mathrm{m}}(t)$ 的表示式。

5-4　二极管平衡电路如图 P5-1，u_1 及 u_2 的注入位置如图所示，图中，$u_1 = U_1 \cos\omega_1 t$，$u_2 = U_2 \cos\omega_2 t$，且 $U_2 \gg U_1$。求 $u_{\mathrm{o}}(t)$ 的表示式，并与图 5-7 所示电路的输出相比较。

5-5　图 P5-2 为二极管平衡电路，$u_1 = U_1 \cos\omega_1 t$，$u_2 = U_2 \cos\omega_2 t$，且 $U_2 \gg U_1$。试分析 R_{L} 上的电压或流过 R_{L} 的电流频谱分量，并与图 5-7 所示电路的输出相比较。

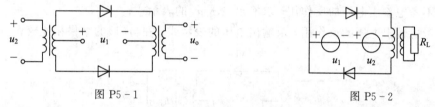

图 P5-1　　　　　　　　　　　　　　图 P5-2

5-6　试推导出图 5-14 所示单差分对电路单端输出时的输出电压表示式(从 V_2 集电极输出)。

5-7　在图 P5-3 电路中，晶体三极管的转移特性为 $i_{\mathrm{c}} = a_0 I_{\mathrm{s}} e^{\frac{u_{\mathrm{be}}}{U_{\mathrm{T}}}}$。若回路的谐振阻抗为 R_0，试写出下列三种情况下的输出电压 u_{o} 的表示式。

(1) $u = U_1 \cos\omega_1 t$，输出回路谐振在 $2\omega_1$ 上；

(2) $u = U_{\mathrm{c}} \cos\omega_{\mathrm{c}} t + U_\Omega \cos\Omega t$，且 $\omega_{\mathrm{c}} \gg \Omega$，$U_\Omega$ 很小，满足线性时变条件，输出回路谐振在 ω_{c} 上；

(3) $u = U_1 \cos\omega_1 t + U_2 \cos\omega_2 t$，且 $\omega_2 > \omega_1$，U_1 很小，满足线性时变条件，输出回路谐振在 $(\omega_2 - \omega_1)$ 上。

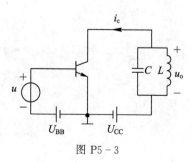

图 P5-3

5-8 场效应管的静态转移特性为 $i_D = I_{DSS}\left(1 - \dfrac{u_{GS}}{V_P}\right)^2$，如图 P5-4 所示。图中，$u_{GS} = U_{GS} + U_1\cos\omega_1 t + U_2\cos\omega_2 t$；若 U_1 很小，满足线性时变条件。

(1) 当 $U_2 \leqslant |U_P - U_{GS}|$，$U_{GS} = U_P/2$ 时，求时变跨导 $g_m(t)$ 以及 g_{m1}；

(2) 当 $U_2 = |U_P - U_{GS}|$，$U_{GS} = U_P/2$ 时，证明 g_{m1} 为静态工作点跨导。

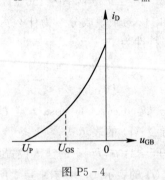

图 P5-4

5-9 图 P5-5 所示二极管平衡电路，输入信号 $u_1 = U_1\cos\omega_1 t$，$u_2 = U_2\cos\omega_2 t$，且 $\omega_2 \gg \omega_1$，$U_2 \gg U_1$。输出回路对 ω_2 谐振，谐振阻抗为 R_0，带宽 $B = 2F_1$（$F_1 = \omega_1/2\pi$）。

(1) 不考虑输出电压的反作用，求输出电压 u_o 的表示式；

(2) 考虑输出电压的反作用，求输出电压的表示式，并与(1)的结果相比较。

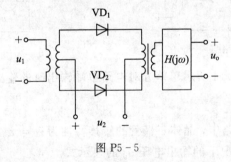

图 P5-5

第六章 振幅调制、解调与混频

振幅调制、解调及混频电路都属于频谱的线性搬移电路，是通信系统及其他电子系统的重要部件。第五章介绍了频谱线性搬移电路的原理电路、工作原理及特点，旨在为本章具体的频谱线性搬移的原理及实现打下基础。本章的重点是各种频谱线性搬移电路的概念、原理、特点及实现方法，并在第五章的基础上，介绍一些实用的频谱线性搬移电路。

第一节 振 幅 调 制

调制器与解调器是通信设备中的重要部件。所谓调制，就是用调制信号去控制载波的某个参数的过程。调制信号是由原始消息（如声音、数据、图像等）转变成的低频或视频信号，这些信号可以是模拟的，也可以是数字的，通常用 u_Ω 或 $f(t)$ 表示。未受调制的高频振荡信号称为载波，它可以是正弦波，也可以是非正弦波，如方波、三角波、锯齿波等；但它们都是周期信号，用符号 u_c 和 i_c 表示。受调制后的振荡波称为已调波，它具有调制信号的特征，也就是说，已经把要传送的信息载到高频振荡上去了。解调则是调制的逆过程，是将载于高频振荡信号上的调制信号恢复出来的过程。

振幅调制是由调制信号控制载波的振幅，使之按调制信号的规律变化，严格地讲，是使高频振荡信号的振幅与调制信号成线性关系，其他参数（频率和相位）不变。振幅调制部分包括：普通振幅调制（AM）以及在 AM 基础上得到的抑制载波双边带调制（DSB - SC）、抑制载波单边带调制（SSB - SC）方式，对应的已调信号分别称为调幅信号、双边带信号及单边带信号。为了理解调制及解调电路的构成，必须对已调信号有个正确的概念。本节对振幅调制信号进行分析，然后给出各种实现的方法及一些实际调制电路。

一、振幅调制信号分析

1. 调幅信号分析

1）表达式及波形

设载波电压为

$$u_c = U_c \cos\omega_c t \tag{6-1}$$

调制电压为

$$u_\Omega = U_\Omega \cos\Omega t \tag{6-2}$$

通常满足：$\omega_c \gg \Omega$，这里 ω_c 和 Ω 分别是载波信号与调制信号的角频率，其对应的频率分别为 $F_c = \omega_c/(2\pi)$ 和 $F = \Omega/(2\pi)$。根据振幅调制信号的定义，已调信号的振幅随调制信号 u_Ω

线性变化，由此可得振幅调制信号振幅 $U_m(t)$ 为

$$U_m(t) = U_c + \Delta U_c(t) = U_c + k_a U_\Omega \cos\Omega t$$
$$= U_c + \Delta U_c \cos\Omega t = U_c(1 + m\cos\Omega t) \tag{6-3}$$

式中，$\Delta U_c(t)$ 与调制电压 u_Ω 成正比，其振幅 $\Delta U_c = k_a U_\Omega$ 与载波振幅之比称为调幅度（调制度）：

$$m = \frac{\Delta U_c}{U_c} = \frac{k_a U_\Omega}{U_c} \tag{6-4}$$

式中，k_a 为比例系数，一般由调制电路确定，又称为调制灵敏度。由此可得调幅信号的表达式为

$$u_{AM}(t) = U_m(t)\cos\omega_c t = U_c(1 + m\cos\Omega t)\cos\omega_c t \tag{6-5}$$

为了使已调波不失真，即高频振荡波的振幅能真实地反映出调制信号的变化规律，调制度 m 应小于或等于 1。图 6-1(c)、图 6-1(d)分别为 $m<1$、$m=1$ 时的已调波波形；图 6-1(a)、图 6-1(b)则分别为调制信号、载波信号的波形。当 $m>1$ 时，称为过调制，如图 6-1(e)所示，此时已调信号的振幅已与调制信号不构成线性关系而产生失真，这是应该避免的。在画已调信号波形时，应该注意已调波的包络用虚线表示，因为它只是包络的变化趋势，而不是实际的变化曲线。

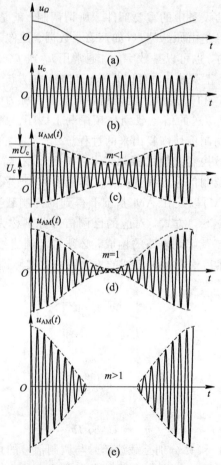

图 6-1　AM 调制过程中的信号波形

上面的分析是在单一正弦信号作为调制信号的情况下进行的，而一般传送的信号并非为单一频率的信号，若信号是一连续频谱信号 $f(t)$ 时，可用下式来描述调幅波：

$$u_{AM}(t) = U_c[1 + mf(t)]\cos\omega_c t \qquad (6-6)$$

式中，$f(t)$ 是均值为零的归一化调制信号，$|f(t)|_{max} = 1$。如果调制信号如图 $6-2(a)$ 所示，已调波波形则如图 $6-2(b)$ 所示。

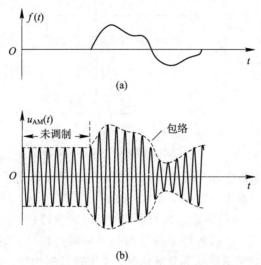

(a)

(b)

图 $6-2$ 实际调制信号的调幅波形

由式 $(6-5)$ 可以看出，要完成振幅调制，可用图 $6-3$ 的原理框图来完成，其关键在于实现调制信号和载波的相乘。

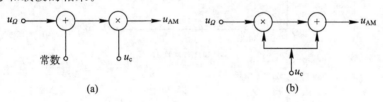

(a)   (b)

图 $6-3$ 振幅调制信号的产生原理图

2) 调幅波的频谱

由图 $6-1(c)$ 可知，调幅波不是一个简单的正弦波形。在单一频率的正弦信号的调制情况下，调幅波如式 $(6-5)$ 所描述。将式 $(6-5)$ 用三角公式展开，可得

$$u_{AM}(t) = U_c\cos\omega_c t + \frac{m}{2}U_c\cos(\omega_c - \Omega)t + \frac{m}{2}U_c\cos(\omega_c + \Omega)t \qquad (6-7)$$

式 $(6-7)$ 表明，单频调制的调幅波包含三个频率分量，它是由三个高频正弦波叠加而成，其频谱图见图 $6-4$。由图 $6-4$ 及式 $(6-7)$ 可看到：频谱的中心分量就是载波分量，它与调制信号无关，不含消息。而两个边频分量 $f_c + F$ 及 $f_c - F$ 则以载频为中心对称分布，两个边频幅度相等并与调制信号幅度成正比。边频相对于载频的位置仅取决于调制信号的频率，这说明调制信号的幅度及频率消息只含于边频分量中。

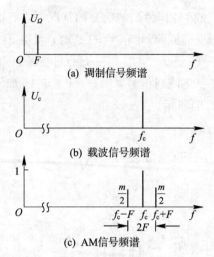

(a) 调制信号频谱

(b) 载波信号频谱

(c) AM信号频谱

图 6-4   单音调制时已调波的频谱

在多频调制情况下，各个低频频率分量所引起的边频对组成了上、下两个边带。例如语言信号，其频率范围大致为 $300 \sim 3400$ Hz(如图 6-5(a)所示)，这时调幅波的频谱如图 6-5(b)。由图可见，上边带的频谱结构与原调制信号的频谱结构相同，下边带是上边带的镜像。所谓频谱结构相同，是指各频率分量的相对振幅及相对位置没有变化。这就是说，振幅调制是把调制信号的频谱搬移到载频两侧，在搬移过程中频谱结构不变。这类调制方式属于频谱线性搬移的调制方式。

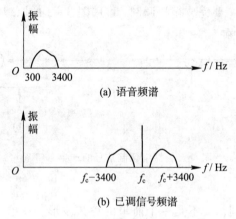

(a) 语音频谱

(b) 已调信号频谱

图 6-5   话音信号及已调信号频谱

单频调制时，调幅波占用的带宽 $B_{AM} = 2F$。如调制信号为一连续谱信号或多频信号，其最高频率为 F_{max}，则振幅调制信号占用的带宽 $B_{AM} = 2F_{max}$。信号带宽是决定无线电台频率间隔的主要因素，如通常广播电台规定的带宽为 9 kHz，VHF 电台的带宽为 25 kHz。

3) 调幅波的功率

平均功率(简称功率)是对恒定幅度、恒定频率的正弦波而言的。调幅波的幅度是变化的，所以它存在几种状态下的功率，如载波功率、最大功率及最小功率、调幅波的平均功率等。

在负载电阻 R_L 上消耗的载波功率为

$$P_c = \frac{1}{2\pi}\int_{-\pi}^{\pi} \frac{u_c^2}{R_L}\mathrm{d}\omega_c t = \frac{U_C^2}{2R_L} \tag{6-8}$$

在负载电阻 R_L 上，一个载波周期内调幅波消耗的功率为

$$P = \frac{1}{2\pi}\int_{-\pi}^{\pi} \frac{u_{AM}^2(t)}{R_L}\mathrm{d}\omega_c t = \frac{1}{2R_L}U_c^2(1+m\cos\Omega t)^2 = P_c(1+m\cos\Omega t)^2 \tag{6-9}$$

由此可见，P 是调制信号的函数，是随时间变化的。上、下边频的平均功率均为

$$P_{边频} = \frac{1}{2R_L}\left(\frac{mU_c}{2}\right)^2 = \frac{m^2}{4}P_c \tag{6-10}$$

AM 信号的平均功率为

$$P_{av} = \frac{1}{2\pi}\int_{-\pi}^{\pi}P\mathrm{d}\Omega t = P_c\left(1+\frac{m^2}{2}\right) = P_c + 2P_{边} \tag{6-11}$$

由式(6-11)可以看出，AM 波的平均功率为载波功率与两个边带功率之和。而两个边频功率与载波功率的比值为

$$\frac{边频功率}{载波功率} = \frac{m^2}{2} \tag{6-12}$$

当 100% 调制时（$m=1$），边频功率为载波功率的二分之一，即只占整个调幅波功率的 $1/3$。当 m 值减小时，两者的比值将显著减小，边频功率所占比重更小。同时可以得到调幅波的最大功率和最小功率，它们对应调制信号的最大值和最小值分别为

$$P_{max} = P_c(1+m)^2$$
$$P_{min} = P_c(1-m)^2 \tag{6-13}$$

P_{max} 限定了用于调制的功放管的额定输出功率 P_H，要求 $P_H \geqslant P_{max}$。

在普通的振幅调制方式中，载频与边带一起发送，不携带调制信号分量的载频占去了 $2/3$ 以上的功率，而携带有信息的边频功率不到总功率的 $1/3$，功率浪费大，效率低。但它仍广泛地应用于传统的无线电通信及无线电广播中，其主要的原因是设备简单，特别是振幅调制信号解调器很简单，便于接收，而且与其他调制方式（如调频）相比，振幅调制信号占用的频带窄。

2. 双边带信号

在调制过程中，将载波抑制就形成了抑制载波双边带信号，简称双边带（DSB）信号。它可用载波与调制信号相乘得到，其表示式为

$$u_{DSB}(t) = kf(t)u_c \tag{6-14}$$

在单一正弦信号 $u_\Omega = U_\Omega\cos\Omega t$ 调制时，有

$$u_{DSB}(t) = kU_cU_\Omega\cos\Omega t\cos\omega_c t = g(t)\cos\omega_c t \tag{6-15}$$

式中，$g(t)$ 是双边带信号的振幅，与调制信号成正比。与式(6-3)中的 $U_m(t)$ 不同，这里 $g(t)$ 可正可负。因此单频调制时的双边带信号波形如图 6-6(c)所示。与 AM 波相比，它有如下特点：

(1) 包络不同。普通调幅信号波的包络正比于调制信号 $f(t)$ 的波形，而双边带波的包络则正比于 $|f(t)|$。例如 $g(t) = k\cos\Omega t$，它具有正、负两个半周，所形成的双边带信号的包络为 $|\cos\Omega t|$。当调制信号为零时，即 $\cos\Omega t = 0$，DSB 波的幅度也为零。

（2）双边带信号的高频载波相位在调制电压零交点处（调制电压正负交替时）要突变180°。由图可见，在调制信号正半周内，已调波的高频与原载频同相，相差为 0°；在调制信号负半周内，已调波的高频与原载频反相，相差 180°。这就表明，双边带信号的相位反映了调制信号的极性。因此，严格地讲，双边带信号已非单纯的振幅调制信号，而是既调幅又调相的信号。

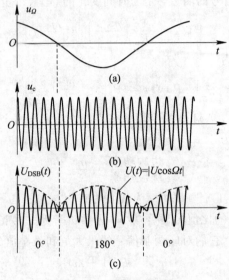

图 6-6   DSB 信号波形

从式（6-15）看出，单频调制的双边带信号只有 f_c+F 及 f_c-F 两个频率分量，它的频谱相当于从普通调幅信号频谱图中将载频分量去掉后的频谱。

由式（6-14）可以看出，双边带信号的产生可以将调制信号和载波直接相乘即可。

由于双边带信号不含载波，它的全部功率被边带占有，所以发送的全部功率都载有消息，功率利用率高于普通调幅信号。由于两个边带所含消息完全相同，故从消息传输角度看，发送一个边带的信号即可，这种方式称为单边带调制。

例 6-1   已知载波电压为 $u_c=U_c\cos\omega_c t$，调制信号如图 6-7 所示，$f_c\gg 1/T_\Omega$。分别画出 $m=0.5$ 及 $m=1$ 两种情况下的 AM 波形以及 DSB 波形。

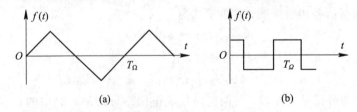

图 6-7   调制信号波形

题意分析：AM 信号是其振幅随调制信号变化的一种振幅调制信号，确切地讲，其振幅与调制信号 u_Ω 成线性关系。调幅信号的表达式为 $u_{AM}(t)=U_c[1+mf(t)]\cos\omega_c t$，式中 $f(t)$ 为调制信号的归一化信号，即 $|f(t)|_{max}=1$。由 AM 信号的表达式可以看出，调幅信号的振幅，是在原载波振幅的基础上，将 $f(t)$ 信号乘以 mU_c 叠加到载波振幅 U_c 之上，再与

$\cos\omega_c t$ 相乘后，得到 AM 信号的波形。对双边带信号，直接将调制信号 u_Ω 与载波 u_c 相乘，就可得到 DSB 信号的波形。应注意的是，DSB 信号在调制信号 u_Ω 的过零点处，载波相位有 180° 的突跳。

解　图 6-8 为 AM 波在 $m=0.5$ 和 $m=1$ 的波形和 DSB 信号的波形。

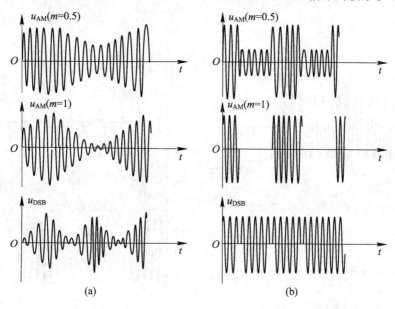

图 6-8　例题 6.1 波形图

讨论：对 AM 信号，当 $m=0.5$ 时，其振幅可以看成是将调制信号叠加到载波振幅 U_c 上，其振幅的最大值（对应调制信号的最大值）为 $U_c(1+0.5)$，最小值（对应调制信号的最小值）为 $U_c(1-0.5)$，包络的峰-峰值为 U_c。当 $m=1$ 时，其振幅可以看成是将调制信号叠加到载波振幅 U_c 上，其最大值与最小值分别为 $2U_c$ 和 0，峰-峰值为 $2U_c$。由此可见，m 越大，振幅的起伏变化越大，有用的边带功率越大，功率的利用率越高。对 DSB 信号，是在 AM 信号的基础上将载波抑制而得到的，反映在波形上，是将包络中的 U_c 分量去掉，将 u_Ω 与 u_c 直接相乘就可得到 DSB 信号。应注意的是，DSB 信号的包络与调制信号的绝对值成正比，在调制信号的过零点载波要反相。特别要指出的是，DSB 信号是在 AM 信号的基础上将载波抑制后得到的，但不可用滤波的方法将载波分量滤出，而是采用如平衡电路等方法将载波分量抵消，从而得到 DSB 信号的。在画波形时，包络不能用实线，只能用虚线，因为它只是反映了包络的变化趋势，而不是信号的瞬时值。

3. 单边带信号

单边带（SSB）信号是由双边带信号经边带滤波器滤除一个边带，或在调制过程中直接将一个边带抵消而成。单频调制时，$u_{DSB}(t)=ku_\Omega u_c$。当取上边频（带）时，有

$$u_{SSB}(t)=U\cos(\omega_c+\Omega)t \qquad (6-16)$$

取下边频（带）时，有

$$u_{SSB}(t)=U\cos(\omega_c-\Omega)t \qquad (6-17)$$

从式(6-16)和式(6-17)可知，单频调制时的单边带信号仍是等幅波，但它与原载波电压是不同的。单边带信号的振幅与调制信号的幅度成正比，它的频率随调制信号频率的不同而不同，因此它含有消息特征。单边带信号的包络与调制信号的包络形状相同。在单频调制时，它们的包络都是一常数。图6-9为单边带信号的波形，图6-10为调制过程中的信号频谱。

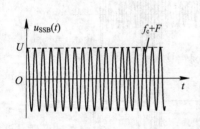

图 6-9 单音调制的 SSB 信号波形

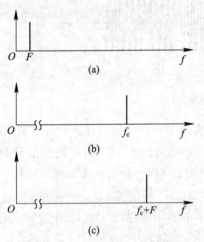

图 6-10 单边带调制时的频谱搬移

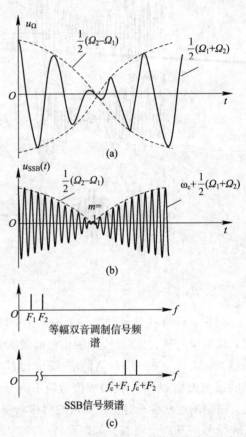

图 6-11 双音调制时 SSB 信号的波形和频谱

双音调制时，每一个调制频率分量产生一个对应的单边带信号分量，它们之间的关系和单音调制时一样，振幅之间成正比，频率则线性移动，如图6-11所示。这一调制关系也同样适用于多频率分量信号 $f(t)$ 的单边带调制。

由式(6-16)和式(6-17)，利用三角公式，可得

$$u_{\text{SSB}}(t) = U\cos\Omega t \cos\omega_c t - U\sin\Omega t \sin\omega_c t \tag{6-18}$$

和

$$u_{\text{SSB}}(t) = U\cos\Omega t \cos\omega_c t + U\sin\Omega t \sin\omega_c t \tag{6-19}$$

式(6-18)对应于上边带，式(6-19)对应于下边带。这是 SSB 信号的另一种表达式，由此可以推出 $u_\Omega(t) = f(t)$，即一般情况下的单边带信号的表达式：

$$u_{\text{SSB}}(t) = f(t)\cos\omega_c t \pm \hat{f}(t)\sin\omega_c t \tag{6-20}$$

式中，"＋"号对应于下边带，"－"号对应于上边带。

$\hat{f}(t)$ 是 $f(t)$ 的希尔伯特(Hilbert)变换，即

$$\hat{f}(t) = \frac{1}{\pi t} * f(t) = \frac{1}{\pi} \int \frac{f(\tau)}{t - \tau} \mathrm{d}\tau \qquad (6-21)$$

由于

$$\frac{1}{\pi t} \leftrightarrow -\mathrm{j}\,\mathrm{sgn}(\omega) \qquad (6-22)$$

式中，$\mathrm{sgn}(\omega)$ 是符号函数，可得 $f(t)$ 的傅立叶变换：

$$\hat{F}(\omega) = -\mathrm{j}\,\mathrm{sgn}(\omega)F(\omega) = F(\omega)\mathrm{e}^{-\mathrm{j}\frac{\pi}{2}\mathrm{sgn}(\omega)} \qquad (6-23)$$

式(6-23)意味着对 $F(\omega)$ 的各频率分量均移相 $-\pi/2$ 就可得到 $F(\omega)$，其传输特性如图 6-12 所示。

单边带调制从本质上说是幅度和频率都随调制信号改变的调制方式。但是由于它产生的已调信号频率与调制信号频率间只是一个线性变换关系（由 F 变至 $f_\mathrm{c}+F$ 或 $f_\mathrm{c}-F$ 的线性搬移），这一点与调幅信号及双边带信号相似，因此通常把它归于振幅调制。由上所述，对于语音调制而言，其单边带信号的频谱如图 6-13(b)、图 6-13(c)所示。图上也表示了产生单边带信号过程中的双边带信号频谱。

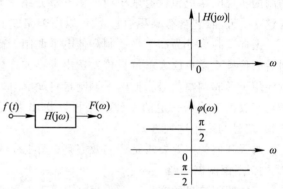

图 6-12 希尔伯特变换网络及其传递函数

单边带调制方式在传送信息时，不但功率利用率高，而且它所占用频带为 $B_\mathrm{SSB} \approx F_m$，比调幅信号、双边带信号减少了一半，频带利用充分，目前已成为短波通信中一种重要的调制方式。

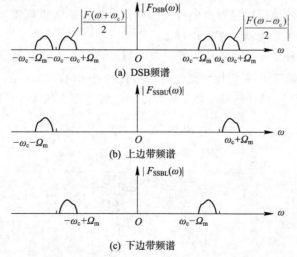

图 6-13 语音调制的 SSB 信号频谱

二、振幅调制电路

由上面的分析可以看出，调幅信号、双边带信号及单边带信号都是将调制信号的频谱搬移到载频上去(允许取一部分)，搬移的过程中，频谱的结构不发生变化，不产生 $f_c \pm nF$ 分量，均属于频谱的线性搬移，故同属频谱的线性搬移。比较上面对调幅信号、双边带信号及单边带信号的分析不难看出，这三种信号都有一个共项(或以此项为基础)，即调制信号 u_Ω 与载波信号 u_c 的乘积项，或者说这些调制的实现必须以乘法器为基础。由式(6-5)、式(6-15)及式(6-16)或式(6-17)可以看出，普通调幅信号是在此乘积项的基础上加载波或在 u_Ω 的基础上加一直流后与 u_c 相乘得到的；双边带信号是将调制信号 u_Ω 与载波信号 u_c 直接相乘得到的；而单边带信号可以在双边带信号的基础上通过滤波来获得。因此，这些调制的实现电路应包含有乘积项。第五章介绍了频谱的线性搬移电路，在那些电路中，只要包含平方项(包含有乘积项)，就可以用来完成上述调制功能。

振幅调制可分为高电平调制和低电平调制。高电平调制是将功放和调制合二为一，调制后的信号不需再放大就可直接发送出去。如许多广播发射机都采用这种调制，这种调制主要用于形成调幅信号。低电平调制是将调制和功放分开，调制后的信号电平较低，还需经功率放大后达到一定的发射功率再发送出去。双边带、单边带以及第七章介绍的调频(FM)信号均采用这种方式。

对调制器的主要要求是调制效率高、调制线性范围大、失真小等。

1. 振幅调制电路

振幅调制信号的产生可以采用高电平调制和低电平调制两种方式完成。目前，振幅调制信号大都用于无线电广播，因此多采用高电平调制方式。

1) 高电平调制

高电平调制主要用于普通调幅信号，这种调制是在高频功率放大器中进行的。通常分为基极调幅、集电极调幅以及集电极-基极(或发射极)组合调幅。其基本工作原理就是利用改变某一电极的直流电压以控制集电极高频电流振幅。集电极调幅和基极调幅的原理和调制特性已在高频功率放大器一章讨论过了。

集电极调幅电路如图 6-14 所示。等幅载波通过高频变压器 T_1 输入到被调放大器的基极，调制信号通过低频变压器 T_2 加到集电极回路且与电源电压相串联，此时，$U_{CC} = U_{CC0} + u_\Omega$，即集电极电源电压随调制信号变化，从而得集电极电流的基波分量随 u_Ω 的规律变化。

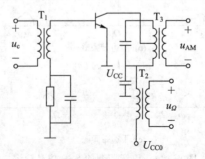

图 6-14　集电极调幅电路

由功放的分析已知，当功率放大器工作于过压状态时，集电极电流的基波分量与集电极偏置电压成线性关系。因此，要实现集电极调幅，应使放大器工作在过压状态。图 6-15 (a)给出了集电极电流基波振幅 I_{c1} 随 U_{CC} 变化的曲线——集电极调幅时的静态调制特性，图 6-15(b)画出了集电极电流脉冲及基波分量的波形。

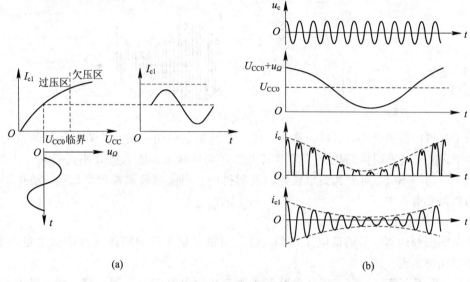

(a)　　　　　　　　　　　　　　　(b)

图 6-15　集电极调幅的波形

图 6-16 是基极调幅电路，图中 L_{B1} 是高频扼流圈，L_B 为低频扼流圈，C_1、C_3、C_5 为低频旁路电容，C_2、C_4、C_6 为高频旁路电容。基极调幅与谐振功放的区别是基极偏压随调制电压变化。在分析高频功放的基极调制特性时已得出集电极电流基波分量振幅 I_c 随 U_{BB} 变化的曲线，这条曲线就是基极调幅的静态调制特性，如图 6-17 所示。如果 U_{BB} 随 u_Ω 变化，I_{c1} 将随之变化，从而得到调幅信号。从调制特性看，为了使 I_{c1} 受 U_{BB} 的控制明显，放大器应工作在欠压状态。

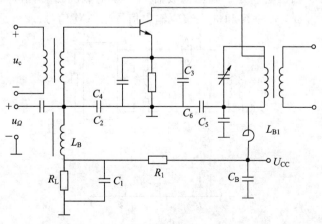

图 6-16　基极调幅电路

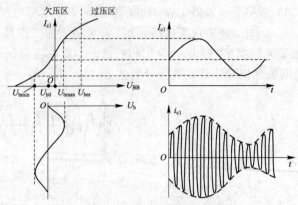

图 6-17 基极调幅的波形

由于基极电路电流小，消耗功率小，故所需调制信号功率很小，调制信号的放大电路比较简单，这是基极调幅的优点。但因其工作在欠压状态，集电极效率低是其一大缺点。一般只用于功率不大、对失真要求较低的发射机中。而集电极调幅效率较高，适用于较大功率的调幅发射机中。

2) 低电平调制

要完成振幅调制信号的低电平调制，可采用第五章介绍的频谱线性搬移电路来实现。下面介绍几种实现方法。

(1) 二极管电路。用单二极管电路和平衡二极管电路作为调制电路，都可以完成 AM 信号的产生，图 6-18(a)为单二极管调制电路。当 $U_c \gg U_\Omega$ 时，由式(5-27)可知，流过二极管的电流 i_D 为

$$i_D = \frac{g_D}{\pi}U_c + \frac{g_D}{2}U_\Omega\cos\Omega t + \frac{g_D}{2}U_c\cos\omega_c t$$

$$+ \frac{g_D}{\pi}U_c\cos(\omega_c - \Omega)t + \frac{g_D}{\pi}U_c\cos(\omega_c + \Omega)t + \cdots \qquad (6-24)$$

其频谱图如图 6-16(b)所示。输出滤波器 $H(j\omega)$ 对载波 ω_c 调谐，带宽为 $2F$。这样最后的输出频率分量为 $\omega_c, \omega_c + \Omega$ 和 $\omega_c - \Omega$，输出信号是 AM 信号。

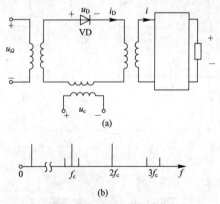

图 6-18 单二极管调制电路及频谱

对于二极管平衡调制器，在图 5-7(b)所示电路中，令 $u_1 = u_c$，$u_2 = u_\Omega$，且有

$U_c \gg U_\Omega$，产生的已调信号也为振幅调制信号，读者可自己加以分析。

（2）利用模拟乘法器产生普通调幅波。模拟乘法器是以差分放大器为核心构成的。在第五章中分析了差分电路的频谱线性搬移功能，对单差分电路，已得到双端差动输出的电流 i_c 与差动输入电压 u_A 和恒流源（受 u_B 控制）的关系式（5-57）为

$$i_o = I_0 \left(1 + \frac{u_B}{U_{EE}}\right) \tanh\left(\frac{u_A}{2U_T}\right) \tag{6-25}$$

若将 u_c 加至 u_A，u_Ω 加到 u_B，则有

$$i_o = I_0 \left(1 + \frac{U_\Omega}{U_{EE}}\cos\Omega t\right) \tanh\left(\frac{U_c}{2U_T}\cos\omega_c t\right)$$

$$= I_0(1 + m\cos\Omega t)[\beta_1(x)\cos\omega_c t + \beta_3(x)\cos 3\omega_c t + \beta_5(x)\cos 5\omega_c t + \cdots] \tag{6-26}$$

式中，$m = U_\Omega/U_{EE}$，$x = U_c/U_T$。若集电极滤波回路的中心频率为 f_c，带宽为 $2F$，振阻抗为 R_L，则经滤波后的输出电压 u_o：

$$u_o = I_0 R_L \beta_1(x)(1 + m\cos\Omega t)\cos\omega_c t \tag{6-27}$$

为一振幅调制信号。这种情况下的差动传输特性及 i_o 波形如图 6-19 所示。图 6-19(a)中实线为调制电压 $u_\Omega = 0$ 时的曲线，虚线表示 u_Ω 达正、负峰值时的特性，输出为振幅调制信号。如果载波幅度增大，包络内高频正弦波将趋向方波，i_o 中含高次谐波。

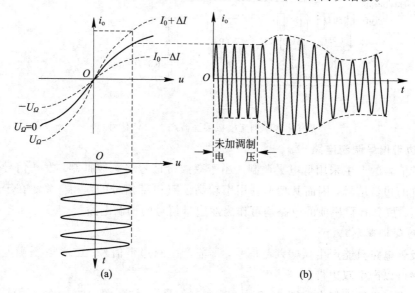

图 6-19　差分对 AM 调制器的输出波形

用双差分对电路或模拟乘法器也可得到振幅调制信号。图 6-20(a)给出了用 BG314模拟乘法器产生振幅调制信号的电路，将调制信号叠加上直流成分，即可得到振幅调制信号输出，调节直流分量大小，即可调节调制度 m 值，电路要求 U_c、U_Ω 分别小于 2.5 V。用MC1596G 产生振幅调制信号的电路如图 6-20(b)所示，MC1596G 与国产 XCC 类似，将调制信号叠加上直流分量也可产生普通调幅波。

此外，还可以利用集成高频放大器、可变跨导乘法器等电路产生振幅调制信号。

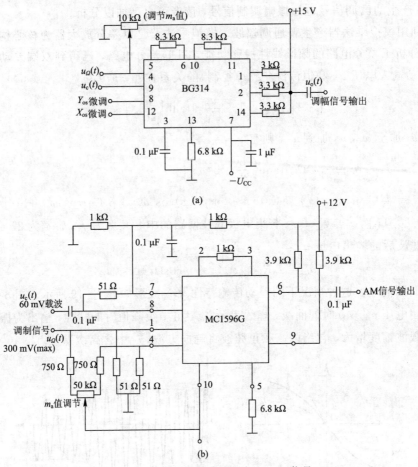

图 6 - 20 利用模拟乘法器产生 AM 信号

2. 双边带信号调制电路

双边带信号的产生采用低电平调制。由于双边带信号将载波抑制，发送信号只包含两个带有信息的边带信号，因而其功率利用率较高。双边带信号的获得，关键在于调制电路中的乘积项，故具有乘积项的电路均可作为双边带信号的调制电路。

1）二极管调制电路

单二极管电路只能产生振幅调制信号，不能产生双边带信号。二极管平衡电路和二极管环形电路可以产生双边带信号。

在第五章二极管平衡电路图 5 - 7 中，把调制信号 u_Ω 加到图中的 u_1 处，载波 u_c 加到图中的 u_2 处，且 $U_c \gg U_\Omega$，电路工作在线性时变状态，这就构成图 6 - 21 所示的二极管平衡调制电路。由式（5 - 31）可得输出变压器的次级电流 i_L 为

$$i_L = 2g_D K(\omega_c t) u_\Omega$$

$$= g_D U_\Omega \cos \Omega t + \frac{2}{\pi} g_D U_\Omega \cos(\omega_c + \Omega) t + \frac{2}{\pi} g_D U_\Omega \cos(\omega_c - \Omega) t$$

$$- \frac{2}{3\pi} g_D U_\Omega \cos(3\omega_c + \Omega) t + \frac{2}{3\pi} g_D U_\Omega \cos(3\omega_c - \Omega) t + \cdots \qquad (6 - 28)$$

式中包含 F 分量和 $(2n+1)f_c \pm F(n = 0, 1, 2, \cdots)$ 分量，若输出滤波器的中心频率为 f_c，带宽为 $2F$，谐振阻抗为 R_L，则输出电压为

$$u_o(t) = R_L \frac{2}{\pi} g_D U_\Omega \cos(\omega_c + \Omega)t + R_L \frac{2}{\pi} g_D U_\Omega \cos(\omega_c - \Omega)t$$

$$= 4U_\Omega \frac{R_L g_D}{\pi} \cos \Omega t \cos \omega_c t \tag{6-29}$$

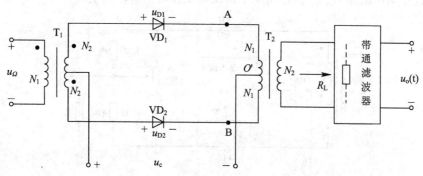

图 6-21 二极管平衡调制电路

二极管平衡调制器采用平衡方式，将载波抑制掉、从而获得抑制载波的双边带信号。平衡调制器的波形如图 6-22 所示，加在 VD_1、VD_2 上的电压仅音频信号 u_Ω 的相位不同（反相），故电流 i_1 和 i_2 仅音频包络反相。电流 $i_1 - i_2$ 的波形如图 6-22(c) 所示。经高频变压器 T_2 及带通滤波器滤除低频和 $3\omega_c \pm \Omega$ 等高频分量后，负载上得到双边带信号电压 $u_o(t)$，如图 6-22(d) 所示。

对平衡调制器的主要要求是调制线性好、载漏小（输出端的残留载波电压要小，一般应比有用边带信号低 20 dB 以上），同时希望调制效率高及阻抗匹配等。

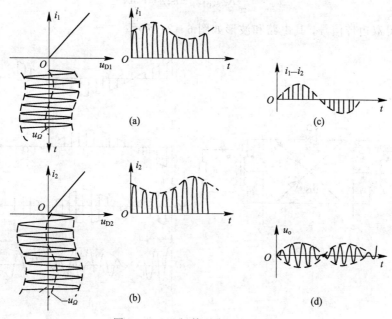

图 6-22 二极管平衡调制器波形

131

一实用的平衡调制电路如图 6-23 所示。调制电压为单端输入，已调信号为单端输出，省去了中心抽头音频变压器和输出变压器。从图可见，由于两个二极管方向相反，故载波电压仍同相加于两管上，而调制电压反相加到两管上。流经负载电阻 R_L 的电流仍为两管电流之差，所以它的原理与基本的平衡电路相同。图中，C_1 对高频短路、对音频开路，因此 T_1 次级中心抽头为高频地电位。R_2、R_3 与二极管串联，同时用并联的可调电阻 R_1 来使两管等效正向电阻相同。C_2、C_3 用于平衡反向工作时两管的结电容。

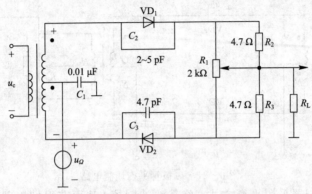

图 6-23 平衡调制器的一种实际线路

为进一步减少组合分量，可采用双平衡调制器（环形调制器）。在第五章已得到双平衡调制器输出电流的表达式(5-36)，在 $u_1 = u_\Omega$，$u_2 = u_c$ 的情况下，该式可表示为

$$i_L = 2g_D K'(\omega_c t)u_\Omega = 2g_D\left[\frac{4}{\pi}\cos\omega_c t - \frac{4}{3\pi}\cos 3\omega_c t + \cdots\right]U_\Omega\cos\Omega t \qquad (6-30)$$

经滤波后，有

$$u_o = \frac{8}{\pi}R_L g_D U_\Omega\cos\Omega t\cos\omega_c t \qquad (6-31)$$

从而可得双边带信号，其电路和波形如图 6-24 所示。

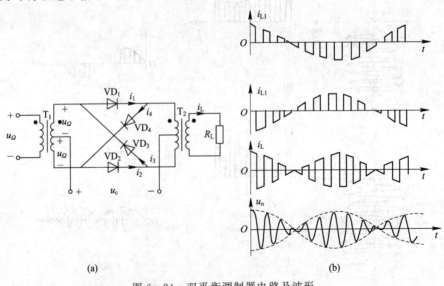

图 6-24 双平衡调制器电路及波形

在二极管平衡调制电路(如图 5-7 所示电路)中，调制电压 u_Ω 与载波 u_c 的注入位置与所要完成的调制功能有密切的关系。u_Ω 加到 u_1 处，u_c 加到 u_2 处，可以得到双边带信号，但两个信号的位置相互交换后，只能得到振幅调制信号，而不能得到双边带信号。在双平衡电路中，u_c、u_Ω 可任意加到两个输入端，均可完成双边带调制，当然，输入回路是不相同的，一个输入的是低频信号，另一个输入的是高频信号。

平衡调制器的一种等效电路是桥式调制器，同样也可以用两个桥路构成的电路等效一个环形调制器，如图 6-25 所示。

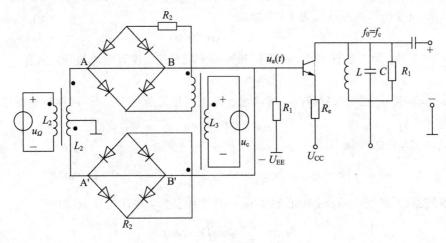

图 6-25 双桥构成的环形调制器

例 6-2 二极管调制电路如图 6-26，载波电压控制二极管的通断。试分析其工作原理并画出输出电压波形；说明 R 的作用。

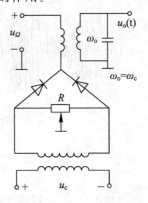

图 6-26 二极管调制电路

题意分析：这是一种二极管调制电路，与第五章介绍的二极管平衡调制器的电路形式是不同的。从图中可以看出，载波电压 u_c 正向地加到两个(串联)二极管上，控制二极管的导通。这里两个二极管和电阻 R 构成一个电桥，由此可知，调节电阻 R 的抽头，可以使电桥平衡。当二极管导通时($u_c > 0$)，两个二极管均呈现一导通电阻 R_D，电桥平衡时，两个二极管的中间连接点为地电位，则 u_Ω 有效地加到变压器的初级回路中就有电流流动；当二

133

极管截止时($u_c < 0$)，两个二极管开路，变压器的输入端不能形成回路，没有电流流动，故输出端没有输出。由此可以看出，图 6-26 的电路可以等效为图 6-27(a)所示的电路。可以认为在变压器的输入端接了一个由载波电压 u_c 控制的时变开关。将 $u_c > 0$ 和 $u_c < 0$ 的两种情况合并考虑，就可得到变压器次级回路的电压，经滤波器(并联谐振回路)滤波后，就可得到输出电压，从而画出输出电压的波形。

解 当 $u_c > 0$ 时，两个二极管导通，呈现一导通电阻 R_D，若由两个二极管和电阻 R 组成的电桥平衡，则变压器的下端为地电位，变压器的初级有电流流动，在变压器的次级就有电压 u_o'，设变压器的匝数比为 $1:1$，则有

$$u_o' = u_\Omega, \quad (u_c > 0)$$

当 $u_c < 0$ 时，两二极管截止，变压器初级的下端开路，没有电流流动，则有

$$u_o' = 0, \quad (u_c < 0)$$

将 $u_c > 0$ 和 $u_c < 0$ 两种情况一并考虑，可用一开关函数 $K(\omega_c t)$ 将两种情况综合，有

$$u_o' = K(\omega_c t) u_\Omega$$

若 $u_\Omega = U_\Omega \cos\Omega t$，则有

$$u_o' = \left(\frac{1}{2} + \frac{2}{\pi}\cos\omega_c t - \frac{2}{3\pi}\cos 3\omega_c t + \frac{2}{5\pi}\cos 5\omega_c t - \cdots\right) U_\Omega \cos\Omega t$$

经滤波器(并联谐振回路，中心频率 $\omega_0 = \omega_c$)滤波后，输出电压 u_o 为

$$u_o = \frac{2}{\pi} U_\Omega \cos\Omega t \cos\omega_c t$$

上式表明，该电路完成了 DSB 调制。图 6-27(b)为输出电压的波形图。

图 6-26 中 R 的作用是与两个二极管构成桥式电路，改变中间抽头可调节桥路的平衡。

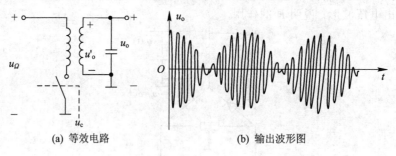

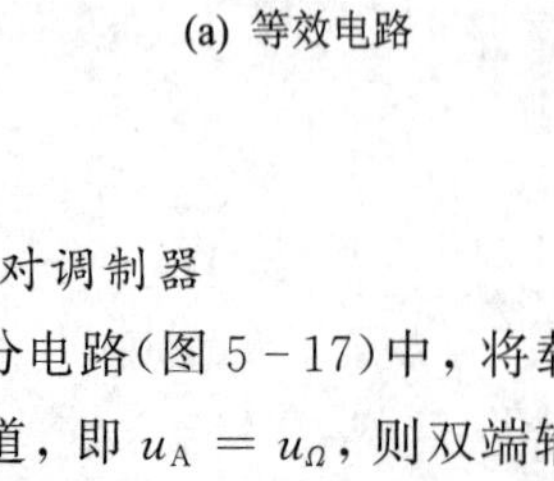

(a) 等效电路 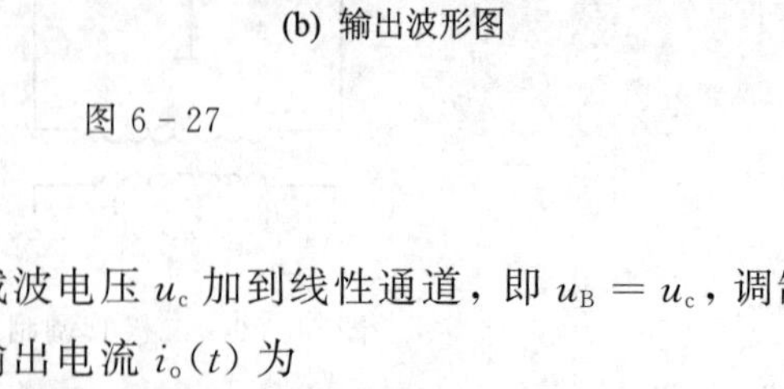　　　　　　　　(b) 输出波形图

图 6-27

2) 差分对调制器

在单差分电路(图 5-17)中，将载波电压 u_c 加到线性通道，即 $u_B = u_c$，调制信号 u_Ω 加到非线性通道，即 $u_A = u_\Omega$，则双端输出电流 $i_o(t)$ 为

$$i_o(t) = I_0(1 + m\cos\omega_c t)\tanh\left(\frac{U_\Omega}{2U_T}\cos\Omega t\right)$$

$$= I_0(1 + m\cos\omega_c t)[\beta_1(x)\cos\Omega t + \beta_3(x)\cos 3\Omega t + \cdots] \tag{6-32}$$

式中，$I_0 = U_{EE}/R_E$，$m = U_c/U_{EE}$，$x = U_\Omega/U_T$。经滤波后的输出电压 $u_o(t)$ 为

$$u_o(t) \approx I_0 R_L m\beta_1(x)\cos\Omega t \cos\omega_c t = U_c \cos\Omega t \cos\omega_c t \tag{6-33}$$

式(6－33)表明，u_Ω、u_c 采用与产生振幅调制信号的相反方式加入电路，可以得到双边带信号。但由于 u_Ω 加在非线性通道，故出现了 $f_c \pm nF\,(n=3,5,\cdots)$ 分量，它们是不易滤除的，这就是说，这种注入方式会产生包络失真。只有当 u_Ω 较小时，使 $\beta_3(x) \ll \beta_1(x)$，才能得到接近理想的双边带信号。图6－28为差分对双边带调制器的波形图。传输特性以 f_c 的频率在 $u_c = 0$ 那条曲线上下摆动。图中所示为 U_Ω 值较小的情况，图6－28(c)为滤除 F 后的双边带信号波形。

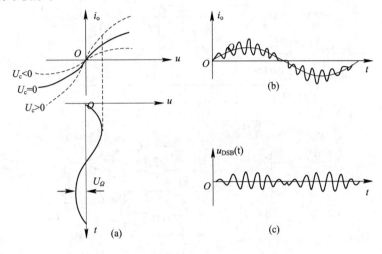

图6－28　差分对 DSB 调制器的波形

由信号分析可知，双边带信号的产生可将 u_Ω 和 u_c 直接相乘即可。单差分调制器虽然可以得到双边带信号，具有乘法器功能，但它并不是一个理想乘法器。首先，信号的注入必须是 $u_A = u_\Omega$，$u_B = u_c$，且对 u_Ω 的幅度提出了要求，U_Ω 值应小（例如，$U_\Omega < 26\text{ mV}$），这限制了输入信号的动态范围；其次，要得到双边带信号，必须加滤波器以滤除不必要的分量；必须双端差动输出（单端输出只能得到振幅调制信号）；最后，当输入信号为零时，输出并不为零，如 $u_B = 0$，则电路为一直流放大器，仍然有输出。采用双差分调制器，可以近似为一理想乘法器。前已得到双差分对电路的差动输出电流为

$$i_o(t) = I_0 \tanh\left(\frac{u_A}{2U_T}\right)\tanh\left(\frac{u_B}{2U_T}\right) \qquad (6-34)$$

若 U_Ω、U_c 均很小，上式可近似为

$$i_o(t) \approx \frac{I_0}{4}\frac{1}{U_T^2}u_\Omega u_c \qquad (6-35)$$

不加滤波器就可得到双边带信号。由上面的分析可以看出，双差分对调制器克服了单差分对调制器上述大部分的缺点。例如，与信号加入方式无关，不需加滤波器，单端输出仍然可以获得双边带信号。唯一的要求是输入信号的幅度应受限制。

图6－29是用于彩色电视发送机中的双差分对调制器的实际电路。图中，V_7、V_8 组成恒流源电路。V_5、V_6 由复合管组成。R_{P4} 用来调整差分电路的平衡性，使静态电流 $I_5 = I_6$，否则即使色差信号（调制信号）为零，还有副载频输出，会造成副载频泄漏。同理，R_{P2} 用来调整 $V_1 \sim V_4$ 管的对称性，如不对称，即使副载频为零，仍有色差信号输出，称为视频泄漏。

135

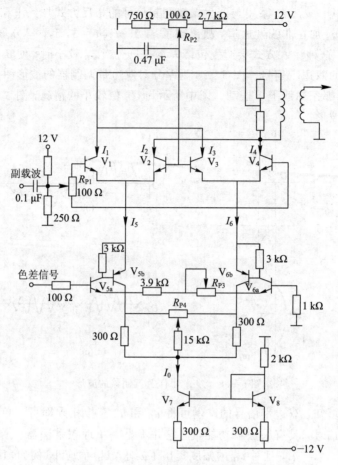

图 6 - 29 双差分调制器实际线路

图 6 - 20 为利用 BG314 和 MC1596G 产生振幅调制信号的实际电路,若将调制信号上叠加的直流分量去掉,就可产生双边带信号。这种电路的特点是工作频带较宽,输出信号的频谱较纯,而且省去了变压器。

3. 单边带调制电路

单边带信号是将双边带信号滤除一个边带形成的。根据滤除方法的不同,单边带信号产生方法有好几种,主要有滤波法和移相法两种。

1) 滤波法

图 6 - 30 是采用滤波法产生单边带的发射机框图。调制器(平衡或环形调制器)产生的双边带信号,通过后面的边带滤波器,就可得到所需的单边带(上边带或下边带)信号。滤波法单边带信号产生器是目前广泛采用的单边带信号产生的方法。滤波法的关键是边带滤波器的制作。因为要产生满足要求的单边带信号,对边带滤波器的要求很高。这里主要是要求边带滤波器的通带、阻带间有陡峭的过渡衰减特性。设语音信号的最低频率为 300 Hz,调制器产生的上边带和下边带之差为 600 Hz,若要求对无用边带的抑制度为 40 dB,则要求滤波器在 600 Hz 过渡带内衰减变化 40 dB 以上。图 6 - 31 就是要求的理想边带滤波

器的衰减频率特性。除了过渡特性外，还要求通带内衰减要小，衰减变化要小。

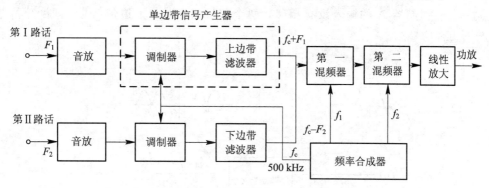

图 6-30　滤波法产生 SSB 信号的框图

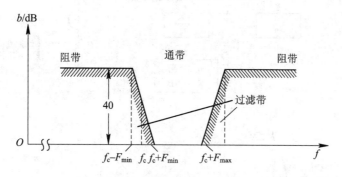

图 6-31　理想边带滤波器的衰减特性

通常的带通滤波器是由 L、C 元件或等效 L、C 元件(如石英晶体)构成。从振荡回路的基本概念可知，带通滤波器的相对带宽 $\Delta f/f_0$ 随元件品质因数 Q 的增加而减小。因为实际的品质因素不能任意大，当带宽一定时(如 3000 Hz)，滤波器的中心频率 f_0 就不能很高。因此，用滤波法产生单边带信号，通常不是直接在工作频率上调制和滤波，而是先在低于工作频率的某一固定频率上进行，然后如图 6-30 那样，通过几次混频及放大，将单边带信号搬移到工作频率上去。

目前常用的边带滤波器有机械滤波器、晶体滤波器和陶瓷滤波器等。它们的特点是 Q 值高、频率特性好、性能稳定。机械滤波器的工作频率一般为 100~500 kHz，晶体边带滤波器的工作频率为一、二兆赫至几百千赫。

2) 移相法

移相法是利用移相网络对载波和调制信号进行适当的相移，以便在相加过程中将其中的一个边带抵消而获得单边带信号。在单边带信号分析中已经得到了式(6-20)，重写如下：

$$u_{SSB}(t) = f(t)\cos\omega_c t \pm \hat{f}(t)\sin\omega_c t$$

它由两个分量组成。同相分量 $f(t)\cos\omega_c t$ 和正交分量 $\hat{f}(t)\sin\omega_c t$ 可以看成是两个 DSB 信号，将这两个信号相加，就可抵消掉一个边带。图 6-32 为移相法单边带调制器的原理

137

框图。图中，两个调制器相同，但输入信号不同。调制器 B 的输入信号是移相 $\pi/2$ 的载频及调制信号；调制器 A 的输入没有相移。两个分量相加时为下边带信号；两个分量相减时，为上边带信号。

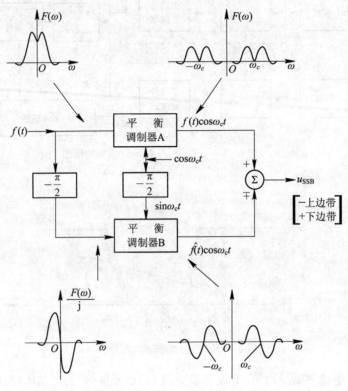

图 6-32　移相法 SSB 信号调制器

移相法的优点是省去了边带滤波器，但要把无用边带完全抑制掉，必须满足下列两个条件：两个调制器输出的振幅应完全相同；移相网络必须对载频及调制信号均保证精确的 $\pi/2$ 相移。根据分析，若要求对无用边带抑制 40 dB，则要求网络的相移误差在 1°左右。这时单频的载频电压是不难做到的，但对于调制信号，如话音信号 300～3400 Hz 的范围内（波段系数大于 11），要在每个频率上都达到这个要求是很困难的。因此，$\pi/2$ 相移网络是移相法的关键部件。

第二节　调幅信号的解调

一、调幅信号解调的方法

从高频已调信号中恢复出调制信号的过程称为解调，又称为检波。对于振幅调制信号，解调就是从它的幅度变化上提取调制信号的过程。解调是调制的逆过程，实质上是将高频信号搬移到低频端，这种搬移正好与调制的搬移过程相反。搬移是线性搬移，故所有的线性搬移电路均可用于解调。

振幅信号解调方法可分为包络检波和同步检波两大类。

包络检波是指解调器输出电压与输入已调波的包络成正比的检波方法。由于振幅调制信号的包络与调制信号成线性关系，因此包络检波只适用于振幅调制波。其原理框图如图6-33所示。由非线性器件产生新的频率分量，用低通滤波器选出所需分量。双边带信号和单边带信号的包络不同于调制信号，不能用包络检波，必须使用同步检波。

同步解调器是一个六端网络，有两个输入电压，一个是双边带信号或单边带信号，另一个是外加的参考电压（或称为插入载波电压或恢复载波电压）。为了正常地进行解调，恢复载波应与调制端的载波电压完全同步（同频同相），这就是同步检波名称的由来。同步检波的框图及输入、输出信号频谱示于图6-34中。顺便指出，同步检波也可解调振幅调制信号，但因为它比包络检波器复杂，所以很少采用。

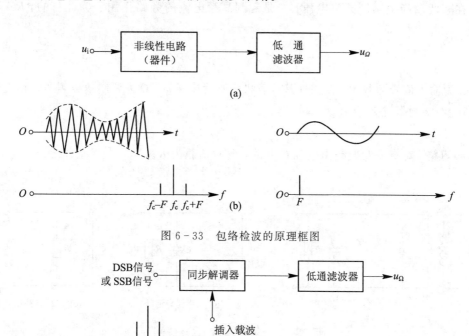

图6-33 包络检波的原理框图

图6-34 同步解调器的框图

同步检波又可以分为乘积型（图6-35(a)）和叠加型（图6-35(b)）两类。它们都需要用恢复的载波信号 u_r 进行解调。

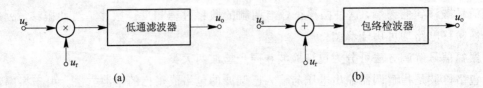

图 6 - 35　同步检波器

二、二极管峰值包络检波器

1. 原理电路及工作原理

图 6 - 36(a)是二极管峰值包络检波器的原理电路。它由输入回路、二极管 VD 和 RC 低通滤波器组成。在超外差接收机中,检波器的输入回路通常就是末级中放的输出回路。二极管通常选用导通电压小、r_D 小的锗管。RC 电路有两个作用:一是作为检波器的负载,在其两端产生调制频率电压;二是起到高频电流的旁路作用。为此目的,RC 网络需满足:

$$\frac{1}{\omega_c C} \ll R, \quad \frac{1}{\Omega C} \gg R$$

式中,ω_c 为输入信号的载频,在超外差接收机中则为中频 ω_1;Ω 为调制信号频率。在理想情况下,RC 网络的阻抗 Z 应为

$$Z(\omega_c) = 0 \qquad Z(\Omega) = R$$

即对高频短路;对直流及低频由电容 C 开路,此时负载为 R。

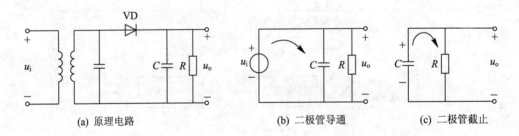

(a) 原理电路　　　　　　(b) 二极管导通　　　　　　(c) 二极管截止

图 6 - 36　二极管峰值包络检波器

在这种检波器中,信号源、非线性器件二极管及 RC 网络三者为串联。该检波器工作于大信号状态,输入信号电压要大于 0.5 V,通常在 1 V 左右。故这种检波器的全称为二极管串联型大信号峰值包络检波器。这种电路也可以工作在输入电压小的情况,由于工作状态不同,不再属于峰值包络检波器范围,这种电路称为小信号检波器。

下面讨论检波过程。检波过程可用图 6 - 37 说明。设输入信号 u_i 为等幅高频电压(载波状态),且加电压前图 6 - 36 中 C 上电荷为零,当 u_i 从零开始增大时,由于电容 C 的高频阻抗很小,u_i 几乎全部加到二极管 VD 两端,VD 导通,C 被充电,因 r_D 小,充电电流很大,又因充电时常数 $r_D C$ 很小,电容上的电压建立得很快,这个电压又反向加于二极管上,此

时 VD 上的电压为信源 u_i 与电容电压 u_C 之差,即 $u_D = u_C - u_i$。当 u_C 达到 U_1 值时(见图所示),$u_D = u_C - u_i = 0$,VD 开始截止,随着 u_i 的继续下降,VD 存在一段截止时间,在此期间内电容器 C 把导通期间储存的电荷通过 R 放电。因放电时常数 RC 较大,放电较慢,在 u_C 值下降不多时,u_i 的下一个正半周已到来。当 $u_i > u_C$ (如图中 U_2 值时),VD 再次导通,电容 C 在原有积累电荷量的基础上又得到补充,u_C 进一步提高。然后,继续上述放电、充电过程,直至 VD 导通时 C 的充电电荷量等于 VD 截止时 C 的放电电荷量,便达到动态平衡状态——稳定工作状态。如图中 U_4 以后所示情况,此时,U_4 已接近输入电压峰值。在下面的研究中,将只考虑稳态过程,因为暂态过程是很短暂的瞬间过程。

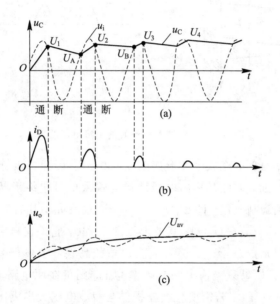

图 6-37　加入等幅波时检波器的工作过程

从这个过程可以看出:

(1) 检波过程就是信号源通过二极管给电容充电与电容对电阻 R 放电的交替重复过程。若忽略 r_D,二极管 VD 导通与截止期间的检波器等效电路如图 6-36(b)、图 6-36(c) 所示。

(2) 由于 RC 时常数远大于输入电压载波周期,放电慢,使得二极管负极永远处于正的较高的电位(因为输出电压接近于高频正弦波的峰值,即 $U_o \approx U_m$)。该电压对 VD 形成一个大的负电压,从而使二极管只在输入电压的峰值附近才导通。导通时间很短,电流通角 θ 很小,二极管电流是一窄脉冲序列,如图 6-37(b),这也是峰值包络检波名称的由来。

(3) 二极管电流 i_D 包含平均分量(此种情况为直流分量) I_{av} 及高频分量。I_{av} 流经电阻 R 形成平均电压 U_{av} (载波输入时,$U_{av} = U_{dc}$),它是检波器的有用输出电压;高频电流主要被旁路电容 C 旁路,在其上产生很小的残余高频电压 Δu,所以检波器输出电压 $u_o = u_C = U_{av} + \Delta u$,其波形如图 6-37(c)。实际上,当电路元件选择正确时,高频波纹电压很小,可以忽略，这时检波器输出电压为 $U_o = U_{av}$。直流输出电压 U_{dc} 接近于但小于输入电压峰值 U_m。

根据上面的讨论，可以画出大信号检波器在稳定状态下的二极管工作特性，如图 6-38 所示，其中二极管的伏安特性用通过原点的折线来近似。二极管两端电压 u_D 在大部分时间里为负值，只在输入电压峰值附近才为正值，$u_D = -U_o + u_i$。

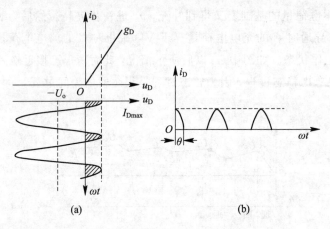

图 6-38　检波器稳态时的电流电压波形

当输入振幅调制信号时，充放电波形如图 6-39(a)。因为二极管是在输入电压的每个高频周期的峰值附近导通，因此其输出电压波形与输入信号包络形状相同。此时，平均电压 U_{av} 包含直流及低频调制分量，即 $U_o(t) = U_{av} = U_{dc} + u_\Omega$，其波形见图 6-39(b)。此时二极管两端电压为 $u_D = u_{AM} - U_o(t)$，其波形见图 6-40，它是在自生负偏压 $-U_o(t)$ 之上叠加输入振幅调制信号后的波形。二极管电流 i_D 中的高频分量被 C 旁通，I_{dc} 及调制分量 i_Ω 流经 R 形成输出电压。如果只需输出调制频率电压，则可在原电路上增加隔直电容 C_g 和负载电阻 R_g，如图 6-41(a)。若需要检波器提供与载波电压大小成比例的直流电压，例如作自动控制放大器增益的偏压时，则可用低通滤波器 $R_\varphi C_\varphi$ 取出直流分量，如图 6-41(b)所示。其中，C_φ 对调制分量短路。

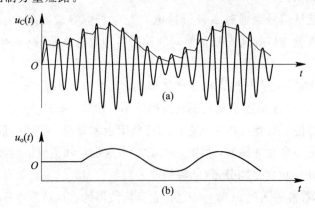

图 6-39　输入为 AM 信号时检波器的输出波形图

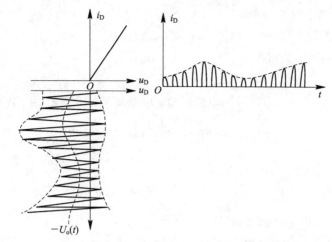

图 6-40　输入为 AM 信号时，检波器二极管的电压及电流波形

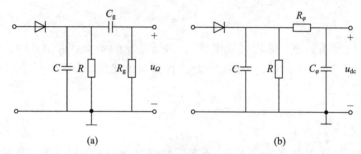

(a)　　　　　　　　　　　(b)

图 6-41　包络检波器的输出电路

从检波过程还可以看出，RC 的数值对检波器输出的性能有很大影响。如果 R 值小(或 C 小)，则放电快，高频波纹加大，平均电压下降；RC 数值大则作用相反。当检波器电路一定时，它跟随输入电压的能力取决于输入电压幅度变化的速度。当幅度变化快，例如调制频率高或调幅度 m 大时，电容器必须较快地放电，以使电容器电压能跟上峰值包络而下降，此时，如果 RC 太大，就会造成失真。

2. 性能分析

检波器的性能指标主要有非线性失真、输入阻抗及传输系数。这里主要讨论后两项，在后面专门分析失真问题。

(1) 传输系数 K_d。

检波器传输系数 K_d 或称为检波系数、检波效率，是用来描述检波器对输入已调信号的解调能力或效率的一个物理量。若输入载波电压振幅为 U_m，输出直流电压为 U_o，则 K_d 定义为

$$K_d = \frac{U_o}{U_m} \tag{6-36}$$

对振幅调制信号，其定义为检波器输出低频电压振幅与输入高频已调波包络振幅之比：

$$K_d = \frac{U_\Omega}{mU_c} \tag{6-37}$$

由于输入大信号，检波器工作在大信号状态，二极管的伏安特性可用折线近似。在考虑输入为等幅波，采用理想的高频滤波，并以通过原点的折线表示二极管特性(忽略二极管

143

的导通电压 V_P ），则由图 6-36 有

$$i_D = \begin{cases} g_D, & u_D \geqslant 0 \\ 0, & u_D < 0 \end{cases} \qquad (6-38)$$

$$i_{Dmax} = g_D(U_m - U_o) = g_D U_m(1 - \cos\theta) \qquad (6-39)$$

式中，$u_D = u_i - u_o$，$g_D = 1/r_D$，θ 为电流通角，i_D 是周期性余弦脉冲，其平均分量 i_o 为

$$i_o = i_{Dmax}\alpha_0(\theta) = \frac{g_D U_m}{\pi}(\sin\theta - \theta\cos\theta) \qquad (6-40)$$

基频分量为

$$I_1 = i_{Dmax}\alpha_1(\theta) = \frac{g_D U_m}{\pi}(\theta - \sin\theta\cos\theta) \qquad (6-41)$$

式中，$\alpha_0(\theta)$、$\alpha_1(\theta)$ 为电流分解系数。

由式（6-36）和图 6-38 可得

$$K_d = \frac{U_o}{U_m} = \cos\theta \qquad (6-42)$$

由此可见，检波系数 K_d 是检波器电流 i_D 的通角 θ 的函数，求出 θ 后，就可得 K_d。当 $g_D R$ 很大时，如 $g_D R \geqslant 50$ 时（一般情况下此条件是可满足的），可得

$$\theta = \sqrt[3]{\frac{3\pi}{g_D R}} \qquad (6-43)$$

由以上的分析可以看出：

① 当电路一定（管子与 R 一定）时，在大信号检波器中 θ 是恒定的，它与输入信号大小无关。其原因是由于负载电阻 R 的反作用，使电路具有自动调节作用而维持 θ 不变。例如，当输入电压增加，引起 θ 增大，导致 I_0、U_o 增大，负载电压加大，加到二极管上的反偏电压增大，致使 θ 下降。

因 θ 一定，$K_d = \cos\theta$，检波效率与输入信号大小无关。所以，检波器输出、输入间是线性关系——线性检波。当输入 AM 信号时，输出电压：

$$u_o = K_d U_m(1 + m\cos\Omega t) \qquad (6-44)$$

② θ 越小，K_d 越大，并趋近于 1。而 θ 随 $g_D R$ 增大而减小，因此，K_d 随 $g_D R$ 增加而增大，图 6-42 就是这一关系曲线。由图可知，当 $g_D R > 50$ 时，K_d 变化不大，且 $K_d > 0.9$。

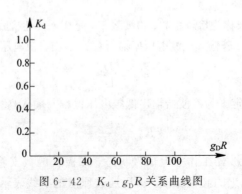

图 6-42　$K_d - g_D R$ 关系曲线图

（2）输入电阻 R_i。

检波器的输入阻抗包括输入电阻 R_i 及输入电容 C_i，如图 6 - 43 所示。输入电阻是输入载波电压的振幅 U_m 与检波器电流的基频分量振幅 I_1 之比值，即

$$R_i \approx \frac{U_m}{I_1} \qquad (6-45)$$

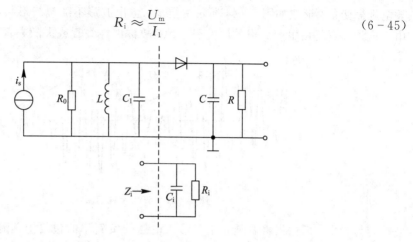

图 6 - 43　检波器的输入阻抗

检波器输入电容包括检波二极管结电容 C_j 和二极管引线对地分布电容 C_f，$C_i \approx C_j + C_f$。C_i 可以被看作输入回路的一部分。

输入电阻是检波器前级的负载，它直接并入输入回路，影响着回路的有效 Q 值及回路阻抗。由式（6 - 41）可知，当 $g_D R \geqslant 50$ 时，θ 很小，可得

$$R_i \approx \frac{R}{2} \qquad (6-46)$$

由此可见，串联二极管峰值包络检波器的输入电阻与二极管检波器负载电阻 R 有关。当 θ 较小时，近似为 R 的一半。R 越大，R_i 越大，对前级的影响就越小。

式（6 - 46）这个结论还可以用能量守恒原理来解释。由于 θ 很小，消耗在 r_D 上的功率很小，可以忽略，所以检波器输入的高频功率 $U_o^2/(2R_i)$ 全部转换为输出的平均功率 U_o^2/R，即

$$\frac{U_m^2}{2R_i} \approx \frac{U_c^2}{R}$$

则

$$R_i \approx \frac{R}{2}$$

这里 $K_d \approx 1$。

3. 检波器的失真

在二极管峰值包络检波器中，存在着两种特有的失真——惰性失真和底部切削失真。下面来分析这两种失真形成的原因和不产生失真的条件。

（1）惰性失真。

在二极管截止期间，电容 C 两端电压下降的速度取决于 RC 的时常数。如 RC 数值很

大,则下降速度很慢,将会使得输入电压的下一个正峰值来到时仍小于 u_C,也就是说,输入振幅调制信号包络下降速度大于电容器两端电压下降的速度,因而造成二极管负偏压大于信号电压,致使二极管在其后的若干高频周期内不导通。因此,检波器输出电压就按 RC 放电规律变化,形成如图 6-44 所示的情况,输出波形不随包络形状而变化,产生了失真。由于这种失真是由电容放电的惰性引起的,故称惰性失真或失随失真。

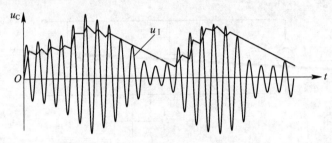

图 6-44　惰性失真的波形

容易看出,惰性失真总是起始于输入电压的负斜率的包络上,调幅度越大,调制频率越高,惰性失真就越易出现,因为此时包络斜率的绝对值增大。

为了避免产生惰性失真,必须在任何一个高频周期内,使电容 C 通过 R 放电的速度大于或等于包络的下降速度。如果输入信号为单音频调制的振幅调制信号,不失真条件为

$$RC \leqslant \frac{\sqrt{1 - m^2}}{\Omega\, m} \tag{6-47}$$

由此可见,m、Ω 越大,包络下降速度就越快,要求的 RC 就越小。在设计中,应用最大调制度及最高调制频率检验有无惰性失真,其检验公式为

$$RC \leqslant \frac{\sqrt{1 - m_{\max}^2}}{\Omega_{\max} m_{\max}} \tag{6-48}$$

（2）底部切削失真。

底部切削失真又称为负峰切削失真。产生这种失真后,输出电压的波形如图 6-45(c) 所示。这种失真是因检波器的交直流负载不同引起的。

为了取出低频调制信号,检波器电路如图 6-45(a)。电容 C_g 应对低频呈现短路,其电容值一般为 $(5\sim10)\mu F$;R_g 是所接负载。当检波器接有 C_g、R_g 后,检波器的直流负载 $R_=$ 仍等于 R,而低频交流负载 $R_\approx$ 等于 R 与 R_g 的并联,即 $R_\approx = RR_g/(R + R_g)$。因 $R \neq R_\approx$,即检波器的交流与直流负载不相同,将引起底部失真。分析表明,不产生底部失真的条件为

$$m \leqslant \frac{R_g}{R + R_g} = \frac{R_\approx}{R_=} \tag{6-49}$$

这一结果表明,为防止底部切削失真,检波器交流负载与直流负载之比应大于调幅波的调制度 m。因此必须限制交、直流负载的差别。

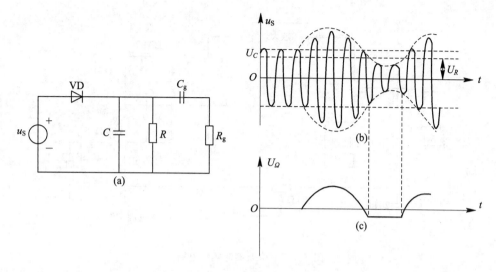

图 6 - 45 底部切削失真

在工程上，减小检波器交、直流负载的差别有两种常用的措施，一是在检波器与低放级之间插入高输入阻抗的射极跟随器；二是将 R 分成 R_1 和 R_2，$R = R_1 + R_2$。此时，$R_= = R_1 + R_2$，$R_\approx = R_1 + R_2 // R_g$，如图 6 - 46。

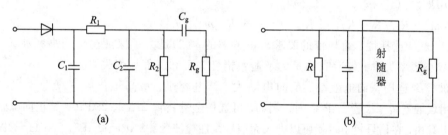

图 6 - 46 减小底部切削失真的电路

需要指出的是：由上面的分析可以看出，包络检波器的惰性失真和低部切削失真是由于元器件(电阻和电容)选择不当引起的，但电阻和电容是线性器件，不会产生非线性失真。产生非线性失真的根本原因还是非线性器件——二极管。

4. 实际电路及元件选择

在图 6 - 47 中，检波器部分是峰值包络检波器常用的典型电路。它与图 6 - 46(a)是相同的，采用分段直流负载。R_2 电位器用以改变输出电压大小，称为音量控制。通常使 $C_1 = C_2$，R_3、R_4、R_2 及 -6 V 电源构成外加正向偏置电路，给二极管提供正向偏置电流，其大小可通过 R_4 调整。正向偏置的引入是为了抵消二极管导通电压 V_P，使得在输入信号电压较小时，检波器也可以工作。

R_4、C_3 组成低通滤波器。C_3 为 20 μF 的大电容，其上只有直流电压，这个直流电压的大小与输入信号载波振幅成正比，并加到前面放大级的基极作为偏压，以便自动控制该级增益。如输入信号强，C_3 上直流电压大，加到放大管偏压大，增益下降，使检波器输出电压下降。

147

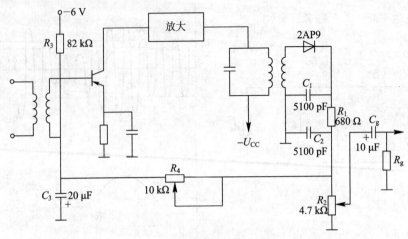

图 6-47　检波器的实际电路

根据上面诸问题的分析,检波器设计及元件参数选择的原则如下:

(1) 回路有载 Q_L 值要大, $Q_L = \omega_0 C_0 (R_0 \ /\!/ \ (R/2)) \gg 1$;

(2) $\tau/T_c = RC/T_c \gg 1$, $T_c = 1/f_c$ 为载波周期;

(3) $\Omega_m < 1/(2R_0 C_0)$, $\Omega_m < 1/(RC)$;

(4) $RC < (1 - m_{max}^2)^{1/2}/\Omega_{max} m_{max}$;

(5) $m \leqslant R_g/(R + R_g)$ 或 $R \leqslant (1-m)R_g/m$。

其中,(1)是从选择性、通频带的要求出发考虑的;(2)是为了保证输出的高频波纹小;(3)是为了减小频率失真;(4)和(5)是为了避免惰性失真和底部切削失真。

检波管要选用正向电阻小、反向电阻大、结电容小、最高工作频率 f_{max} 高的二极管。一般多用点触型锗二极管 2AP 系列。例如,可选用金键锗管 2AP9、2AP10,其正向电阻小,正向电流上升快,在信号较小时就可以进入大信号线性检波区。2AP1~2AP8,2AP11~2AP27 为钨键管,它们的 f_{max} 比金键管高一些。2AP 系列管的结电容大约在 1 pF 以下。

电阻 R 的选择主要考虑输入电阻及失真问题,同时要考虑对 K_d 的影响。应使 $R \gg r_D$, $R_1 + R_2 \geqslant 2R_i$, R_1/R_2 的比值一般选在 $0.1 \sim 0.2$ 范围, R_1 值太大将导致 R_1 上压降大,使 K_d 下降。广播收音机及通信接收机检波器中,R 的数值通常选在几千欧姆(如 5 kΩ)。

电容 C 不能太大,以防止惰性失真;C 太小又会使高频波纹大,应使 $RC \geqslant T_c$。由于实际电路中 R_1 值较小,所以可近似认为 $C = C_1 + C_2$,通常取 $C_1 = C_2$。广播收音机中,C 一般取 $0.01\ \mu F$。

三、同步检波

前已指出,同步检波分为乘积型和叠加型两种方式,这两种检波方式都需要接收端恢复载波支持,恢复载波性能的好坏直接关系到接收机解调性能的优劣。下面分别介绍这两种检波方法。

1. 乘积型

乘积型同步检波是直接把本地恢复载波与接收信号相乘,用低通滤波器将低频信号提取出来。在这种检波器中，要求恢复载波与发送端的载波同频同相。如果其频率或相位有一定的偏差，将会使恢复出来的调制信号产生失真。

设输入信号为双边带信号，即 $u_s = U_s \cos\Omega t \cos\omega_c t$，本地恢复载波 $u_r = U_r \cos(\omega_r t + \varphi)$，这两个信号相乘：

$$u_s u_r = U_s \cos\Omega t \cos\omega_c t \cos(\omega_r t + \varphi)t$$

$$= \frac{1}{2}U_s U_r \cos\Omega t \{\cos[(\omega_r - \omega_c)t + \varphi] + \cos[(\omega_r + \omega_c)t + \varphi]\} \quad (6-50)$$

经低通滤波器输出，且考虑 $\omega_r - \omega_c = \Delta\omega_c$ 在低通滤波器频带内，有

$$u_o = U_o \cos(\Delta\omega_c t + \varphi)\cos\Omega t \quad (6-51)$$

由上式可以看出，当恢复载波与发射载波同频同相时，即 $\omega_r = \omega_c$，$\varphi = 0$，则：

$$u_o = U_o \cos\Omega t \quad (6-52)$$

无失真地将调制信号恢复出来。若恢复载波与发射载频有一定的频差，即 $\omega_r = \omega_c + \Delta\omega_c$，则：

$$u_o = U_o \cos\Delta\omega_c t \cos\Omega t \quad (6-53)$$

引起振幅失真。若有一定的相差，则：

$$u_o = U_o \cos\varphi \cos\Omega t \quad (6-54)$$

相当于引入一个振幅的衰减因子 $\cos\varphi$，当 $\varphi = \pi/2$ 时，$u_o = 0$。当 φ 是一个随时间变化的变量时，即 $\varphi = \varphi(t)$ 时，恢复出的解调信号将产生振幅失真。

类似的分析也可以用于 AM 波和 SSB 波。这种解调方式关键在于获得两个信号的乘积，因此，第五章介绍的频谱线性搬移电路均可用于乘积型同步检波。图 6-48 为几种乘积型解调器的实际线路。

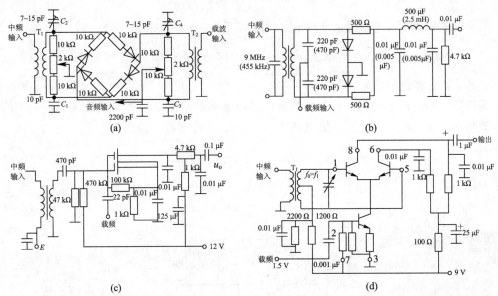

图 6-48 几种乘积型解调器实际线路

2. 叠加型

叠加型同步检波是将双边带或单边带信号插入恢复载波，使之成为或近似为振幅调制

信号，再利用包络检波器将调制信号恢复出来。对双边带信号而言，只要加入的恢复载波电压在数值上满足一定的关系，就可得到一个不失真的振幅调制波。图 6-49 就是一叠加型同步检波器原理电路。下面分析单边带信号的叠加型同步检波。

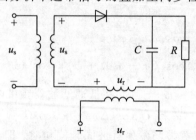

图 6-49　叠加型同步检波器原理电路

设单频调制的单边带信号(上边带)为

$$u_s = U_s\cos(\omega_c + \Omega)t = U_s\cos\Omega t\cos\omega_c t - U_s\sin\Omega t\sin\omega_c t$$

恢复载波为

$$u_r = U_r\cos\omega_r t = U_r\cos\omega_c t$$

则

$$\begin{aligned}u_s + u_r &= (U_s\cos\Omega t + U_r)\cos\omega_c t - U_s\sin\Omega t\sin\omega_c t\\ &= U_m(t)\cos[\omega_c t + \varphi(t)]\end{aligned} \tag{6-55}$$

式中

$$U_m(t) = \sqrt{(U_r + U_s\cos\Omega t)^2 + U_s^2\sin^2\Omega t} \tag{6-56}$$

$$\varphi(t) = \arctan\frac{U_s\sin\Omega t}{U_r + U_s\cos\Omega t} \tag{6-57}$$

后面接包络检波器，包络检波器对相位不敏感，只关心包络的变化。当 $U_r \gg U_s$ 时，输出电压：

$$u_o = K_d U_m(t) = K_d U_r\left(1 + \frac{U_s}{U_r}\cos\Omega t\right) \tag{6-58}$$

经隔直后，就可将调制信号恢复出来。

采用图 6-50 所示的同步检波电路可以减小解调器输出电压的非线性失真。它由两个检波器构成平衡电路，上检波器输出如式(6-58)，下检波器的输出为

$$u_{o2} = K_d U_r\left(1 - \frac{U_s}{U_r}\cos\Omega t\right) \tag{6-59}$$

则总的输出为

$$u_o = u_{o1} - u_{o2} = 2K_d U_s\cos\Omega t \tag{6-60}$$

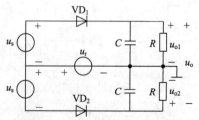

图 6-50　平衡同步检波电路

由以上分析可知，实现同步检波的关键是要产生出一个与载波信号同频同相的恢复载波。

对于振幅调制波来说，同步信号可直接从信号中提取。振幅调制波通过限幅器就能去除其包络变化，得到等幅载波信号，这就是所需同频同相的恢复载波。而对双边带信号，将其取平方，从中取出角频率为 $2\omega_c$ 的分量，再经二分频器就可得到角频率为 ω_c 的恢复载波。对于单边带信号，恢复载波无法从信号中直接提取。在这种情况下，为了产生恢复载波，往往在发射机发射单边带信号的同时，附带发射一个载波信号，称为导频信号，它的功率远低于单边带信号的功率。接收端就可用高选择性的窄带滤波器从输入信号中取出该导频信号，导频信号经放大后就可作为恢复载波信号。如果发射机不附带发射导频信号，接收机就只能采用高稳定度晶体振荡器产生指定频率的恢复载波，显然在这种情况下，要使恢复载波与载波信号严格同步是不可能的，而只能要求频率和相位的不同步量限制在允许的范围内。

例 6-3 图 6-51 为斩波放大器模型，试画出 A、B、C、D 各点的电压波形。

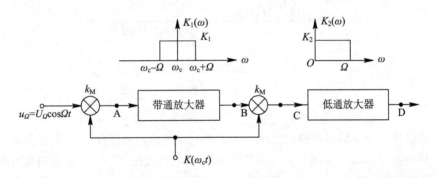

图 6-51 斩波放大器模型

题意分析：斩波电路是用开关函数 $K(\omega_c t)$ 对调制信号 u_Ω 斩波，当 $K(\omega_c t) = 1$ 时，斩波电路的输出为调制信号 u_Ω；当 $K(\omega_c t) = 0$ 时，电路的输出为 0；将 $K(\omega_c t)$ 与 u_Ω 相乘，其作用与二极管平衡调制器相同。因此，A 点的波形为 $K(\omega_c t)u_\Omega$，与二极管平衡调制器输出电流（未滤波）是相同的。A 点波形经带通放大器滤波放大，由滤波器特性可知，只有 $\omega_c - \Omega \sim \omega_c + \Omega$ 的频率分量能够通过滤波器，因此，B 点应是一 DSB 信号。放大器的输出 DSB 信号再与 $K(\omega_c t)$ 相乘，其过程可以认为是同步检波，通过低通滤波器后，D 点应是恢复出来的调制信号。由此可见，图 6-51 所示的斩波放大器电路，可以认为是一调制一解调电路。

解 首先求出各点的电压表达式，有

$$u_A = k_M K(\omega_c t) u_\Omega$$

$$= k_M U_\Omega \cos\Omega t \left(\frac{1}{2} + \frac{2}{\pi}\cos\omega_c t - \frac{2}{3\pi}\cos3\omega_c t + \cdots \right)$$

u_A 中包含有 F、$(2n-1)f_c \pm F$，$n = 1, 2, \cdots$，分量，能通过滤波器的分量只有 $f_c \pm F$，故：

$$u_B = K_1 k_M \frac{2}{\pi} U_\Omega \cos\Omega t \cos\omega_c t$$

$$u_C = k_M u_B K(\omega_c t)$$
$$= \frac{2}{\pi} K_1 k_M^2 U_\Omega \cos\Omega t \cos\omega_c t \left(\frac{1}{2} + \frac{2}{\pi}\cos\omega_c t - \frac{2}{3\pi}\cos3\omega_c t + \cdots \right)$$

u_c 中包含 $f_c \pm F$, $2nf_c \pm F$, $n = 0, 1, 2, \cdots$, 低通滤波器的截止频为 F, 故只有 $0 \sim F$ 的频率能通过滤波器, 故:

$$u_D = \frac{2}{\pi^2} K_1 K_2 k_M^2 \cos\Omega t = U_D\cos\Omega t$$

u_A、u_B、u_C 和 u_D 的波形如图 6-52 所示。

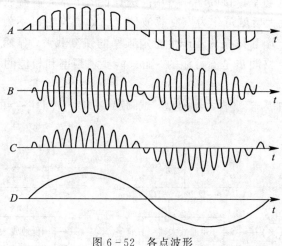

图 6-52 各点波形

本题可以认为是一简单的通信系统,包含调制与解调两大部分。调制是用调制信号 u_Ω 调制单向开关函数 $K(\omega_c t)$, 即用开关函数 $K(\omega_c t)$ 作为载波。由 $K(\omega_c t)$ 的傅里叶级数可以看出,它包含有载波频率 ω_c 及其谐波分量,通过滤波器滤波就可以得到 DSB 信号。由此可见,调制时,载波可以用正弦波,也可用其他的周期性信号,如方波、三角波、锯齿波等,通过滤波后,就可得到 DSB 信号,完成调制功能。

第三节 混 频

一、混频的概述

混频,又称变频,也是一种频谱的线性搬移过程,它是使信号自某一个频率变换成另一个频率。完成这种功能的电路称为混频器(或变频器)。

1. 混频器的功能

混频器是频谱线性搬移电路,是一个六端网络。它有两个输入电压—— 输入信号 u_S 和本地振荡信号 u_L, 其工作频率分别为 f_c 和 f_L; 输出信号为 u_I, 称为中频信号,其频率是 f_c 和 f_L 的差频或和频,称为中频 f_I, $f_I = f_L \pm f_c$(同时也可采用谐波的差频或和频)。由此可见,混频器在频域上起着减(加)法器的作用。

在超外差接收机中，混频器将已调信号（其载频可在波段中变化，如 HF 波段 2～30 MHz，VHF 波段 30～90 MHz 等）变为频率固定的中频信号。混频器的输入信号 u_S、本振 u_L 都是高频信号，中频信号也是已调波，除了中心频率与输入信号不同外，由于是频谱的线性搬移，其频谱结构与输入信号 u_S 的频谱结构完全相同。表现在波形上：中频输出信号与输入信号的包络形状相同，只是填充频率不同（内部波形疏密程度不同）。图 6-53表示了这一变换过程。这也就是说，理想的混频器（只有和频或差频的混频）能将输入已调信号不失真地变换为中频信号。

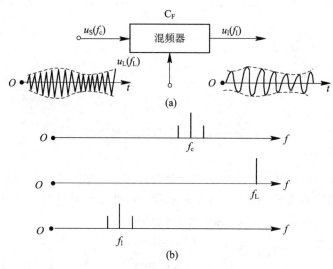

图 6-53　混频器的功能示意图

中频 f_I 与 f_c、f_L 的关系有几种情况：当混频器输出取差频时，有 $f_I = f_L - f_c$ 或 $f_I = f_c - f_L$；取和频时有 $f_I = f_L + f_c$。当 $f_I < f_c$ 时，称为向下变频，输出低中频；当 $f_I > f_c$ 时，称为向上变频，输出高中频。虽然高中频比此时输入的高频信号的频率还要高，仍将其称为中频。根据信号频率范围的不同，常用的中频数值为：465(455)、500 kHz；1、1.5、4.3、5、10.7、21.4、30、70、140 MHz 等。如调幅收音机的中频为 465(455)kHz；调频收音机的中频为 10.7 MHz，微波接收机、卫星接收机的中频为 70 MHz 或 140 MHz，等等。

混频器是频谱搬移电路，在频域中起加法器和减法器的作用。振幅调制与解调也是频谱搬移电路，也是在频域上起加法器和减法器的作用，同属频谱的线性搬移。由于频谱搬移位置的不同，其功能就完全不同。这三种电路都是六端网络，两个输入、一个输出，可用同样形式的电路完成不同的搬移功能。从实现电路看，输入、输出信号不同，因而输入、输出回路各异。调制电路的输入信号是调制信号 u_Ω、载波 u_C，输出为载波参数受调的已调波；解调电路的输入信号是已调信号 u_s、本地恢复载波 u_r（同步检测），输出为恢复的调制信号 u_Ω；而混频器的输入信号是已调信号 u_s，本地振荡信号 u_L，输出是中频信号 u_1，这三个信号都是高频信号。从频谱搬移看，调制是将低频信号 u_Ω 线性地搬移到载频的位置（搬移过程中允许只取一部分）；解调是将已调信号的频谱从载频（或中频）线性搬移到低频端；

而混频是将位于载频的已调信号频谱线性搬移到中频 f_1 处。这三种频谱的线性搬移过程如图 6 - 54 所示。

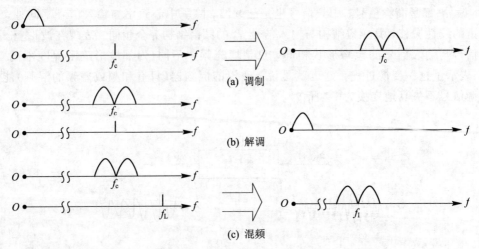

(a) 调制

(b) 解调

(c) 混频

图 6 - 54 三种频谱线性搬移功能

2. 混频器的工作原理

混频是频谱的线性搬移过程。由前面的分析已知,完成频谱的线性搬移功能的关键是要获得两个输入信号的乘积,能找到这个乘积项,就可完成所需的线性搬移功能。设输入到混频器中的输入已调信号 u_S 和本振电压 u_L 分别为

$$u_S = U_S \cos\Omega t \cos\omega_c t$$

$$u_L = U_L \cos\omega_L t$$

这两个信号的乘积为

$$u_S u_L = U_S U_L \cos\Omega t \cos\omega_c t \cos\omega_L t$$

$$= \frac{1}{2} U_S U_L \cos\Omega t [\cos(\omega_L + \omega_c)t + \cos(\omega_L - \omega_c)t] \tag{6-61}$$

若中频 $f_I = f_L - f_c$,上式经带通滤波器取出所需边带,可得中频电压为

$$u_1 = U_1 \cos\Omega t \cos\omega_I t \tag{6-62}$$

由此可得完成混频功能的原理框图,如图 6 - 55(a)所示。也可用非线性器件来完成,如图 6 - 55(b)所示。

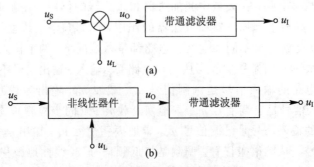

(a)

(b)

图 6 - 55 混频器的组成框图

　　下面从频域看混频过程。设 u_S、u_L 对应的频谱为 $F_S(\omega)$、$F_L(\omega)$，它们是 u_S、u_L 的傅立叶变换。由信号分析可知，时域的乘积对应于频域的卷积，输出频谱 $F_o(\omega)$ 可用 $F_S(\omega)$ 与 $F_L(\omega)$ 的卷积得到。本振为单一频率信号，其频谱为

$$F_L(\omega) = \pi[\delta(\omega - \omega_c) + \delta(\omega + \omega_c)]$$

　　输入信号为已调波，其频谱为 $F_S(\omega)$，则：

$$F_o(\omega) = \frac{1}{2\pi}F_S(\omega) * F_L(\omega) = \frac{1}{2}F_S(\omega) * [\delta(\omega - \omega_c) + \delta(\omega + \omega_c)]$$

$$= \frac{1}{2}[F_S(\omega - \omega_c) + F_S(\omega + \omega_c)] \tag{6-63}$$

　　图 6-56 表示了 $F_S(\omega)$、$F_L(\omega)$ 和 $F_o(\omega)$ 的关系。若输入信号也是等幅波，则 $F_o(\omega)$ 将是只有 $\pm(\omega_L - \omega_c)$ 和 $\pm(\omega_L + \omega_c)$ 分量。式(6-63)中 $F_S(\omega)$ 和 $F_o(\omega)$ 都是双边(正、负频率)的复数频谱，因而 $F_S(\omega)$ 和 $F_o(\omega)$ 不但保持幅度间的比例关系，而且 $F_o(\omega)$ 的相位中也包括有 $F_S(\omega)$ 的相位。用带通滤波器取出所需分量，就完成了混频功能。

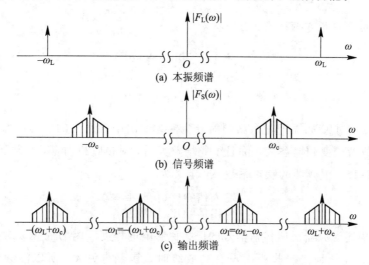

(a) 本振频谱

(b) 信号频谱

(c) 输出频谱

图 6-56　混频过程中的频谱变换

　　混频器有两大类，即混频与变频。由单独的振荡器提供本振电压的混频电路称为混频器。为了简化电路，振荡和混频功能由一个非线性器件(用同一晶体管)完成的混频电路称为变频器。有时也将振荡器和混频器两部分合起来称为变频器。变频器是四端网络，混频器是六端网络。在实际应用中，通常将"混频"与"变频"两词混用，不再加以区分。

　　混频技术的应用十分广泛，混频器是超外差接收机中的关键部件。直放式接收机是高频小信号检波(平方律检波)，工作频率变化范围大时，工作频率对高频通道的影响比较大(频率越高，放大量越低，反之频率越低，增益越高)，而且对检波性能的影响也较大，灵敏度较低。采用超外差技术后，将接收信号混频到一固定中频，放大量基本不受接收频率的影响，这样，频段内信号的放大一致性较好，灵敏度可以做得很高，选择性也较好。因为放大功能主要放在中放，可以用良好的滤波电路。采用超外差接收后，调整方便，放大量、选

155

择性主要由中频部分决定，且中频较高频信号的频率低，性能指标容易得到满足。混频器在一些发射设备（如单边带通信机）中也是必不可少的。在频分多址（FDMA）信号的合成、微波接力通信、卫星通信等系统中也有其重要地位。此外，混频器也是许多电子设备、测量仪器（如频率合成器、频谱分析仪等）的重要组成部分。

3. 混频器的主要性能指标

（1）变频增益。混频器的输出信号强度与输入信号强度的比值称为变频增益。变频增益可用变频电压增益和变频功率增益来表示。变频电压增益定义为变频器中频输出电压振幅 U_I 与高频输入信号电压振幅 U_S 之比，即

$$K_\mathrm{vc} = \frac{U_\mathrm{I}}{U_\mathrm{S}} \qquad (6-64)$$

同样可定义变频功率增益为输出中频信号功率 P_I 与输入高频信号功率 P_S 之比，即

$$K_\mathrm{Pc} = \frac{P_\mathrm{I}}{P_\mathrm{S}} \qquad (6-65)$$

通常用分贝数表示变频增益，有

$$K_\mathrm{vc} = 20\lg \frac{U_\mathrm{I}}{U_\mathrm{S}} \text{ (dB)} \qquad (6-66)$$

$$K_\mathrm{Pc} = 10\lg \frac{P_\mathrm{I}}{P_\mathrm{S}} \text{ (dB)} \qquad (6-67)$$

变频增益表征了变频器把输入高频信号变换为输出中频信号的能力。增益越大，变换的能力越强，故希望变频增益大。而且变频增益大后，对接收机而言，有利于提高灵敏度。

（2）噪声系数。混频器的噪声系数 N_F 定义为

$$N_\mathrm{F} = \frac{\text{输入信噪比（信号频率）}}{\text{输出信噪比（中频频率）}} \qquad (6-68)$$

噪声系数描述混频器对所传输信号的信噪比影响的程度。因为混频级对接收机整机噪声系数影响大，特别是在接收机中没有高放级时，其影响更大，所以混频器的 N_F 越小越好。

（3）失真与干扰。变频器的失真有频率失真和非线性失真。除此之外，还会产生各种非线性干扰，如组合频率、交叉调制和互相调制、阻塞和倒易混频等干扰。所以，对混频器不仅要求频率特性好，而且还要求变频器工作在非线性不过于严重的区域，使之既能完成频率变换，又能抑制各种干扰。

（4）变频压缩（抑制）。在混频器中，输出与输入信号幅度应成线性关系。实际上，由于非线性器件的限制，当输入信号增加到一定程度时，中频输出信号的幅度与输入不再成线性关系，如图 6-57 所示。图中，虚线为理想混频时的线性关系曲线，实线为实际曲线。这一现象称为变频压缩。通常可以使实际输出电平低于其理想电平一定值（如 3 dB 或 1 dB）的输入电平的大小来表示它的压缩性能的好坏。此电平称为混频器的 3 dB（或 1 dB）压缩电平。此电平越高，性能越好。

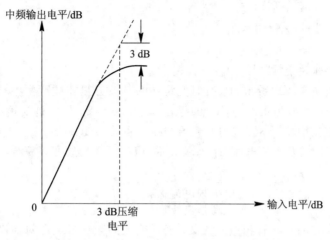

图 6-57 混频器输入、输出电平的关系曲线

(5)选择性。混频器的中频输出应该只有所要接收的有用信号(反映为中频,即 $f_1 = f_L - f_c$),而不应该有其他不需要的干扰信号。但在混频器的输出中,由于各种原因,总会混杂很多与中频频率接近的干扰信号。为了抑制不需要的干扰,就要求中频输出回路有良好的选择性,即回路应有较理想的谐振曲线(矩形系数接近于1)。

此外,一个性能良好的混频器,还应要求动态范围较大,可以在输入信号的较大电平范围内正常工作;隔离度要好,以减小混频器各端口(信号端口、本振端口和中频输出端口)之间的相互泄漏;稳定度要高,主要是本振的频率稳定度要高,以防止中频输出超出中频总通频带范围。

二、混频电路

1. 晶体三极管混频器

晶体三极管混频器原理电路如图 6-58 所示。由第五章晶体三极管频谱线性搬移电路的分析可知,此时的输入信号 $u_i = u_S$,为一高频已调信号,时变偏置电压 $U_{BB}(t) = U_{BB} + u_2 = U_{BB} + u_L$,且有 $U_S \ll U_L$,输出回路对中频 $f_1 = f_L - f_c$ 谐振,由此可得集电极电流 i_c 为

$$i_c \approx I_{c0}(t) + g_m(t)u_S$$
$$= I_{c0}(t) + (g_{m0} + g_{m1}\cos\omega_L t + g_{m2}\cos2\omega_L t + \cdots)u_S \tag{6-69}$$

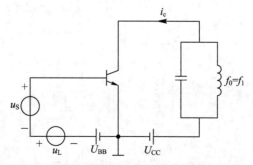

图 6-58 晶体三极管混频器原理电路

经集电极谐振回路滤波后,得到中频电流 i_1:

$$i_{\mathrm{I}} = \frac{1}{2}g_{\mathrm{m1}}U_{\mathrm{S}}\cos(\omega_{\mathrm{L}} - \omega_{\mathrm{c}})t = \frac{1}{2}g_{\mathrm{m1}}U_{\mathrm{S}}\cos\omega_{\mathrm{I}}t$$

$$= g_{\mathrm{c}}U_{\mathrm{S}}\cos\omega_{\mathrm{I}}t = I_{\mathrm{I}}\cos\omega_{\mathrm{I}}t \qquad (6-70)$$

式中，$g_{\mathrm{c}} = g_{\mathrm{m1}}/2$ 称为变频跨导。

从以上的分析结果可以看出：只有时变跨导的基波分量才能产生中频（和频或差频）分量，而其他分量会产生本振谐波与信号的组合频率。变频跨导 g_{c} 是变频器的重要参数，它不仅直接决定着变频增益，还影响到变频器的噪声系数。变频跨导 $g_{\mathrm{c}} = g_{\mathrm{m1}}/2$，$g_{\mathrm{m1}}$ 只与晶体管特性、直流工作点及本振电压 U_{L} 有关，而与 U_{S} 无关，故变频跨导 g_{c} 亦有上述性质。由式(6-70)，有

$$g_{\mathrm{c}} = \frac{\text{输出中频电流振幅}}{\text{输入高频电压振幅}} = \frac{I_{\mathrm{I}}}{U_{\mathrm{S}}} = \frac{1}{2}g_{\mathrm{m1}} \qquad (6-71)$$

它与普通放大器的跨导有相似的含义，表示输入高频信号电压对输出中频电流的控制能力。在数值上，它是时变跨导基波分量振幅 g_{m1} 的一半。

混频器的实际电路中，除了有本振电压注入外，混频器与小信号调谐放大器的电路形式很相似。本振电压加到混频器的方式，一般有射极注入和基极注入两种。选择本振注入电路要注意两点；第一，要尽量避免 u_{S} 与 u_{L} 的相互影响及两个频率回路的影响（比如 u_{S} 对 u_{L} 的牵引效应及 f_{S} 回路对 f_{L} 的影响）；第二，不要妨碍中频电流的流通。

图 6-59(a) 是基极串馈式电路，信号电压 u_{S} 与本振电压 u_{L} 直接串联加在基极，是同极注入方式。图 6-59(b) 是基极并馈方式的同极注入。基极同极注入时，u_{S} 与 u_{L} 及两回路耦合较紧，调谐信号回路对本振频率 f_{L} 有影响；当 u_{S} 较大时，f_{L} 要受 u_{S} 的影响（频率牵引效应）。此外，当前级是天线回路时，本振信号会产生反向辐射。在并馈电路中可适当选择耦合电容 C_{L} 值以减小上述影响。图 6-59(c) 是本振射极注入，对本振信号 u_{L} 来说，晶体管共基组态，输入电阻小，要求本振注入功率较大。

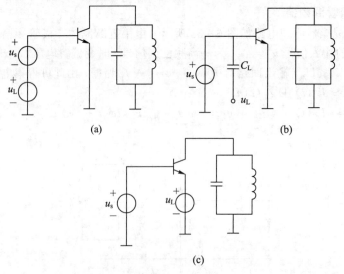

图 6-59　混频器本振注入方式

图 6-60(a) 是典型的收音机变频器电路。输入信号与本振信号分别加到基极与射极。

L_3 与 L_4 组成变压器反馈振荡器。L_3 对中频阻抗很小，不影响中频输出电压。输出中频回路对本振频率来说阻抗也很小，不致影响振荡器的工作。虚线表示电容同轴调谐。

图 6 - 60(b) 是用于调频信号的变频电路，R_1、R_2 是偏置电阻，C_4 是保持基极为高频地电位的电容。信号通过 C_1 注入射极，所以对信号而言是共基放大器。集电极有两个串联的回路，其中 L_2、C_6、C_7、C_8、C_2 和 C_5 组成本振回路。T_1 的初级电感和 C_9 调谐于 10.7 MHz，该回路对于本振频率近似为短路。这样 L_2 上端相当于接集电极，下端接于基极。C_2 一端接射极，另一端通过大电容 C_3 接基极。射极与集电极间接 C_5，本振为共基电容反馈振荡器。电阻 R_5 起稳定幅度及改善波形的作用。L_1、C_3 为中频陷波电路。输出回路中的二极管 V_D 起过载阻尼作用，当信号特别大时，它趋于导通，其阻值减小，回路有效 Q 值降低，使本振增益下降，防止中频过载，二极管 2CK86 主要起稳定基极电压的作用。在调频收音机中，本振频率较高(100 MHz 以上)，因此要求振荡管的截止频率高。由于共基电路比共发电路截止频率高得多，对晶体管的要求可以降低，所以一般采用共基混频电路。

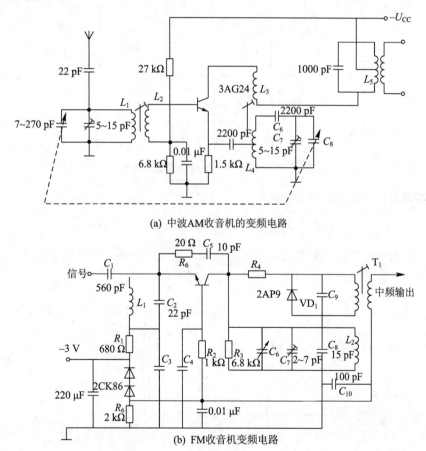

(a) 中波AM收音机的变频电路

(b) FM收音机变频电路

图 6 - 60 收音机用典型变频器线路

2. 二极管混频电路

在高质量通信设备中以及工作频率较高时，常使用二极管平衡混频器或环形混频器。

其优点是噪声低、电路简单、组合分量少。图 6 - 61 是二极管平衡混频器的原理电路。输入信号 u_s 为已调信号本振电压 u_L，有 $U_L \gg U_s$，大信号工作，由第五章可得输出电流 i_o 为

$$i_o = 2g_D K(\omega_L t)u_S$$
$$= 2g_D\left(\frac{1}{2} + \frac{2}{\pi}\cos\omega_L t - \frac{2}{3\pi}\cos3\omega_L t + \cdots\right)U_S\cos\omega_c t \qquad (6-72)$$

输出端接中频滤波器，则输出中频电压 u_I 为

$$u_I = R_L i_I = \frac{2}{\pi}R_L g_D U_S\cos(\omega_L - \omega_S)t = U_I\cos\omega_I t \qquad (6-73)$$

图 6 - 62 为二极管环形混频器，其输出电流 i_o 为

$$i_o = 2g_D K'(\omega_L t)u_S$$
$$= 2g_D\left(\frac{4}{\pi}\cos\omega_L t - \frac{4}{3\pi}\cos3\omega_L t + \cdots\right)U_S\cos\omega_c t \qquad (6-74)$$

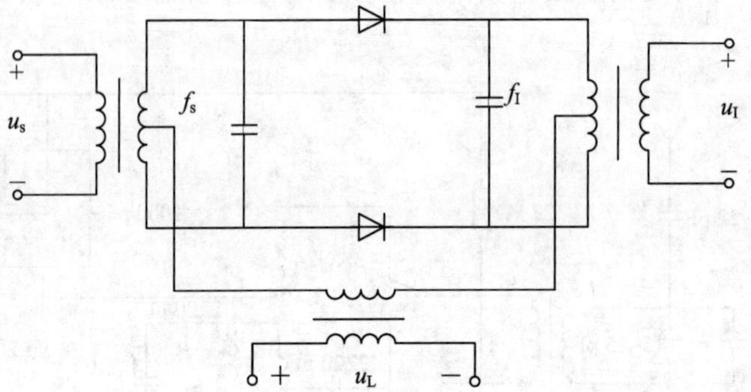

图 6 - 61　二极管平衡混频器原理电路

经中频滤波后，得输出中频电压：

$$u_I = \frac{4}{\pi}R_L g_D U_S\cos(\omega_L - \omega_c)t = U_I\cos\omega_I t \qquad (6-75)$$

图 6 - 62 所示环形混频器的输出是平衡混频器输出的两倍，且减少了电流频谱中的组合分量，这样就会减少混频器中所特有的组合频率干扰。

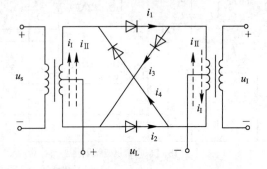

图 6 - 62　环型混频器的原理电路

与其他(晶体管和场效应管)混频器比较，二极管混频器虽然没有变频增益，但由于具有动态范围大、线性好(尤其是开关环形混频器)及使用频率高等优点，仍得到广泛的应用。

特别是在微波频率范围，晶体管混频器的变频增益下降，噪声系数增加，若采用二极管混频器，混频后再进行放大，可以减小整机的噪声系数。用第五章所介绍的双平衡混频器组件构成混频电路，可以以较高的性能完成混频功能。图 6-63 为由双平衡混频器和分配器构成的正交混频器。加到两个环形混频器的本振电压 u_L 是同相的，而输入信号 u_s 则移相 90°后分别输入两环形混频器。结果两混频器输出的中频 u_{I1} 和 u_{I2} 振幅相等，相位正交。正交混频器还可用于解调 QPSK（正交相移键控）信号。QPSK 输入加至射频端，恢复载波加至本振端，解调数据可从中频端输出。

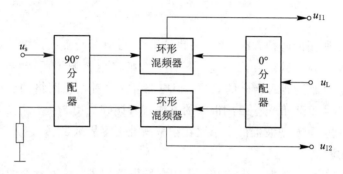

图 6-63　正交混频器

例 6-4　图 6-64 为单边带（上边带）发射机方框图。调制信号为（300～3000）Hz 的音频信号，其频谱分布如图所示。试画出图中各方框图输出的频谱图。

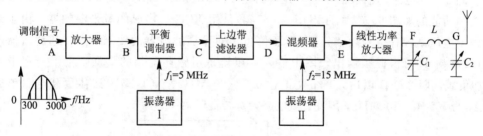

图 6-64　单边带发射机

解　单边带信号的产生有两种形式，滤波法和移相法，本题中的单边带的产生采用的是滤波法。滤波法是先产生 DSB 信号，再用滤波器滤除一个边带后得到 SSB 信号。图中所示的发射机是先用滤波法产生 SSB 信号，再用混频的方法将信号搬移到射频。调制信号送入放大器，放大器应是线性放大器，只对信号进行电压放大，频谱结构不变。DSB 调制采用平衡调制，产生 DSB 信号，载频为 5 MHz。通过上边带信号与频率为 15 MHz 的本振混频，得到频率分别为 10 MHz 和 20 MHz 的 SSB 信号，经线性功率放大器放大后，就可得到发送信号。

由图可见此单边带发射机先用平衡调制器产生 DSB 信号，再用滤波器取出上边带。滤除下边带，得到上边带信号。再经混频将此上边带信号搬移到射频上，经线性功放放大后送到天线将此 SSB 信号辐射出去。其各点频谱如图 6-65 所示。

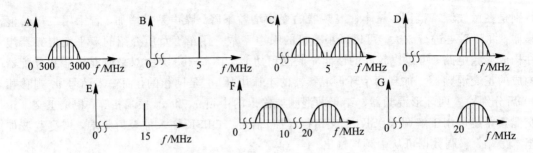

图 6-65 各点频谱图

SSB 信号产生所用的两种方法(滤波法和移相法)各有其特点。滤波法电路简单但对滤波器提出了较高的要求,其下降沿一定要陡峭,否则将会影响到所产生的 SSB 信号的质量;而移相法没有对滤波器的严格的要求,但电路复杂,对移相网络的要求也比较高。本题中在频率低端产生 SSB 信号,再用混频的方法将其搬移到射频上,主要是因为在频率低端产生 SSB 信号时,其对滤波器的要求比在频率高端更容易满足。

3. 其他混频电路

除了以上介绍的晶体管混频电路和二极管混频电路以外,第五章介绍的频谱线性搬移电路均可完成混频功能。图 6-66 是一差分对混频器。差分对电路的分析已在第五章给出,读者可按第五章的分析方法进行分析。它可以用分立元件组成,也可以用模拟乘法器组成。图 6-66 电路的输入信号频率允许高达 120 MHz,变频增益约 30 dB,用模拟乘法器完成混频功能的如图 6-67 所示。图 6-67(a)是用 XCC 型构成的宽带混频器。由于乘法器的输出电压不含有信号频率分量,从而降低了对带通滤波器的要求。用带通滤波器取出差频(或和频)即可得混频输出。图中输入变压器是用磁环绕制的平衡—不平衡宽带变压器,加负载电阻 200 Ω 以后,其带宽可达 0.5～30 MHz。XCC 型乘法器负载电阻单边为 300 Ω,带宽为 0～30 MHz,因此,该电路为宽带混频器。

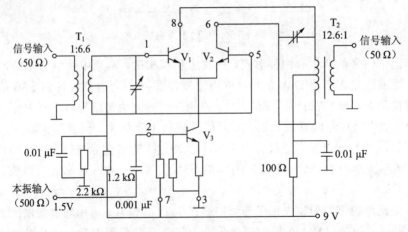

图 6-66 差分对混频器线路

图 6-67(b)是用 MC1596G 构成的混频器,具有宽频带输入,其输出调谐在 9 MHz,

回路带宽为 450 kHz，本振注入电平为 100 mV，信号最大电平约 15 mV。对于 30 MHz 信号输入和 39 MHz 本振输入，混频器的变频增益为 13 dB。当输出信噪比为 10 dB 时，输入信号灵敏度约为 7.5 μV。

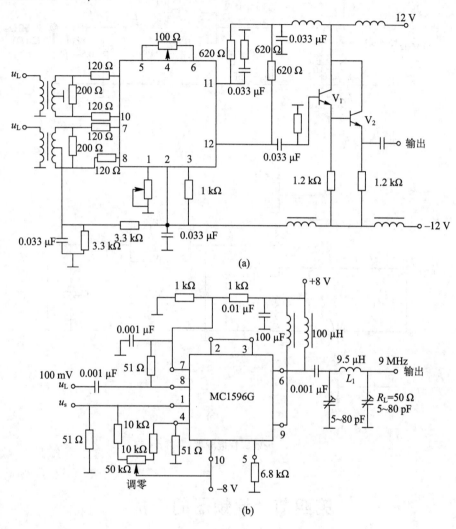

图 6-67　用模拟乘法器构成混频器

场效应管工作频率高，其特性近似于平方律，动态范围大，非线性失真小，噪声系数低，单向传输性能好。因此，用场效应管构成混频器，其性能好于晶体三极管混频器。图 6-68 是场效应管混频器的实际线路，其工作频率为 200 MHz。图 6-68(a)中输入信号与本振信号是同栅注入；图 6-68(b)中本振从源极注入。漏极电路中的 L_3、C_5 并联回路对本振频率谐振，抑制本振信号输出。为了得到大的变频增益，在输入端和输出端都设置有阻抗匹配电路，使信号源和负载的 50 Ω 电阻与场效应管的输入、输出阻抗匹配。匹配电路由电感、电容构成的 L、Π、T 型网络担任。不过，由于场效应管输出阻抗高，实际上难以实现完全匹配。

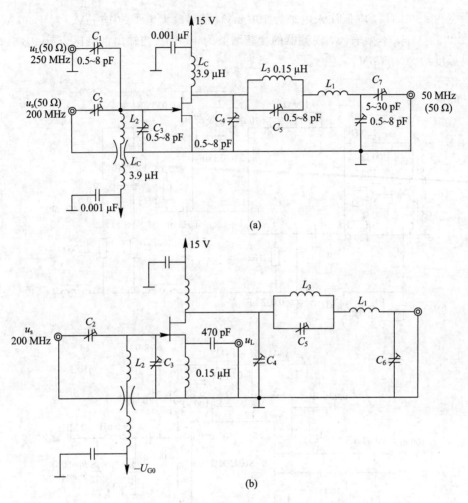

图 6-68 场效应管混频器的实际线路

第四节 混频器的干扰

混频器用于超外差接收机中，使接收机的性能得到改善，但同时混频器又会给接收机带来某些类型的干扰问题。我们希望混频器的输出端只有输入信号与本振信号混频得出的中频分量 $f_L - f_c$ 或 $f_c - f_L$，这种混频途径称为主通道。但实际上，还有许多其他频率的信号也会经过混频器的非线性作用而产生另一些中频分量输出，即所谓假响应或寄生通道。这些信号形成的方式有：直接从接收天线进入（特别是混频前没有高放时），由高放非线性产生，由混频器本身产生，由本振的谐波产生等。

除了有用信号外的所有信号统称为干扰。在实际中，能否形成干扰要看以下两个条件：一是是否满足一定的频率关系；二是满足一定频率关系的分量的幅值是否较大。

混频器存在下列干扰：信号与本振的自身组合干扰(也叫干扰哨声)；外来干扰与本振的组合干扰(也叫副波道干扰、寄生通道干扰)；外来干扰互相作用形成的互调干扰；外来干扰与信号形成的交叉调制干扰(交调干扰)等等。下面分别介绍这些干扰的形成和抑制的方法。

一、信号与本振的自身组合干扰

由第五章的非线性电路的分析方法知，当两个频率的信号作用于非线性器件时，会产生这两个频率的各种组合分量。对混频器而言，作用于非线性器件的两个信号为输入信号 $u_s(f_c)$ 和本振电压 $u_L(f_L)$，则非线性器件产生的组合频率分量为

$$f_\Sigma = \pm pf_L \pm qf \qquad (6-76)$$

式中，p、q 为正整数或零。当有用中频为差频时，即 $f_I = f_L - f_c$ 或 $f_I = f_c - f_L$，只存在 $pf_L - qf_c = f_I$ 或 $qf_c - pf_L = f_I$ 两种情况可能会形成干扰，即

$$pf_L - qf_c \approx \pm f_I \qquad (6-77)$$

这样，能产生中频组合分量的信号频率、本振频率与中频频率之间存在着下列关系：

$$f_c = \frac{p}{q}f_L \pm \frac{1}{q}f_I \qquad (6-78)$$

当取 $f_L - f_c = f_I$ 时，上式变为

$$\frac{f_c}{f_I} = \frac{p \pm 1}{q - p} \qquad (6-79)$$

当信号频率与中频频率满足式(6-79)的关系，或者说变频比 f_c/f_I 一定，并能找到对应的整数 p、q 时，就会形成干扰。事实上，当 f_c、f_I 确定后，总会找到满足以上两式的 p、q 整数值，也就是说有确定的干扰点。但是，若对应的 p、q 值大，即 $p+q$ 很大，则意味着是高阶产物，其分量幅度小，实际影响小。若 p、q 值小，即阶数小，则干扰影响大，应设法减小这类干扰。一部接收机，当中频频率确定后，则在其工作频率范围内，由信号及本振产生的上述组合干扰点是确定的。用不同的 p、q 值，按式(6-79)算出相应的变频比 f_c/f_I，列在表6-1中。

表6-1 f_c/f_I 与 p、q 的关系表

编号	1	2	3	4	5	6	7	8	9	10	11	12	13	14	15	16	17	18	19	20
p	0	1	1	2	1	2	1	2	1	3	4	1	2	3	4	1	3	1	3	2
q	1	2	3	3	4	4	5	5	6	6	6	7	7	7	7	8	8	8	8	8
f_c/f_I	1	2	1	3	2/3	3/2	4	1/2	1	2	5	2/5	3/4	4/3	5/2	1/3	3/5	1	2/7	1/2

例6-5 调幅广播接收机的中频为465 kHz。某电台发射频率 $f_c=931$ kHz。当接收该台广播时，接收机的本振频率 $f_L=f_c+f_I=1396$ kHz。显然 $f_I=f_L-f_c$，这是正常的变频过程(主通道)。但是，由于器件的非线性，在混频器中同时还存在着信号和本振的各次谐波相互作用。变频比 $f_c/f_I=931/465\approx2$，查表6-1，对应编号2和编号10的干扰。对2号干扰，$p=1$，$q=2$，是3阶干扰，由式(6-79)，可得 $2f_c-f_L=2\times931-1396=1862-1396=466$ kHz，这个组合分量与中频差1 kHz，经检波后将出现1 kHz的哨声。这也是将自身组合干扰称为干扰哨声的原因。对于10号干扰，$p=3$，$q=5$ 是8阶干扰，其

165

形成干扰的频率关系为 $5f_c - 3f_L = 5 \times 931 - 3 \times 1396 = 467 \text{ kHz} \approx 465 \text{ kHz}$，可以通过中频通道形成干扰。

干扰哨声是信号本身(或其谐波)与本振的各次谐波组合形成的，与外来干扰无关，所以不能靠提高前端电路的选择性来抑制。减小这种干扰影响的办法是减少干扰点的数目并降低干扰的阶数。其抑制方法如下：

(1) 正确选择中频数值。当 f_1 固定后，在一个频段内的干扰点就确定了，合理选择中频频率，可大大减少组合频率干扰的点数，并将阶数较低的干扰排除。例如，某短波接收机，波段范围为 $2 \sim 30 \text{ MHz}$。如 $f_1 = 1.5 \text{ MHz}$，则变频比 $f_c/f_1 = 1.33 \sim 20$，由表 6-1 可查出组合干扰点为 2、4、6、7、10、11、14 和 15 号，最严重的是 2 号(3 阶干扰)，受干扰的频率 $f_c = 2f_1 = 3 \text{ MHz}$。若 $f_1 = 0.5 \text{ MHz}$，$f_c/f_1 = 4 \sim 60$，组合干扰点为 7 号和 11 号，最严重的是 7 号(7 阶干扰)，受干扰的频率 $f_c = 4f_1 = 2 \text{ MHz}$。由此可见，将中频由 1.5 MHz 改为 0.5 MHz，较强的干扰点由 8 个减小到 2 个，最强的干扰由 3 阶降为 7 阶。但中频频率降低后，对镜像干扰频率的抑制是不利的。如选用高中频，中频采用 70 MHz，$f_c/f_1 = 0.029 \sim 0.43$，满足这一范围的组合频率干扰点也是很少的(12、16 和 19 号)，最严重的是 12 号干扰(阶数 7 阶)，因此影响很小。此外，采用高中频后，基本上抑制了镜像和中频干扰。由于采用高中频具有独特的优点，目前已被广泛采用。实现高中频带来的问题是：要采用高频窄带滤波器，通常希望用矩形系数小的晶体滤波器，这在技术上会带来一些困难，当然可采用声表面波滤波器来解决这一难题，其相对带宽可做到 $0.02 \sim 70\%$，矩形系数可达 1.2。

(2) 正确选择混频器的工作状态，减少组合频率分量。应使 $g_m(t)$ 的谐波分量尽可能地减少，使电路接近乘法器。

(3) 采用合理的电路形式，如平衡电路、环形电路、乘法器等，从电路上抵消一些组合分量。

二、外来干扰与本振的组合干扰

这种干扰是指外来干扰电压与本振电压由于混频器的非线性而形成的假中频。设干扰电压为 $u_J(t) = U_J \cos\omega_J t$，频率为 f_J。接收机在接收有用信号时，某些无关电台也可能被同时收到，表现为串台，还可能夹杂着哨叫声，在这种情况下，混频器的输入、输出和本振的示意图见图 6-69。

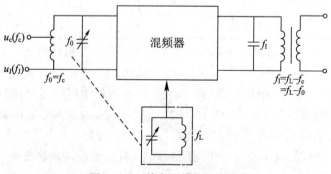

图 6-69　外来干扰的示意图

如果干扰频率 f_J 满足式(6-78)，即

$$f_J = \frac{p}{q}f_L + \frac{1}{q}f_I$$

就能形成干扰。式中，f_L 由所接收的信号频率决定，用 $f_L = f_c + f_I$ 代入上式，可得

$$f_J = \frac{p}{q}f_c + \frac{p \pm 1}{q}f_I \qquad (6-80)$$

反过来说，凡是满足此式的信号都可能形成干扰。这一类干扰主要有中频干扰、镜像干扰及其他副波道干扰。

1. 中频干扰

当干扰频率等于或接近于接收机中频时，如果接收机前端电路的选择性不够好，干扰电压一旦漏到混频器的输入端，混频器对这种干扰相当于一级(中频)放大器，放大器的跨导为 $g_m(t)$ 中的 g_{m0}，从而将干扰放大，并顺利地通过其后各级电路，就会在输出端形成干扰。因为 $f_J \approx f_I$，在式(6-80)中，$p = 0$，$q = 1$，即中频干扰是一阶干扰。不同波段对中频干扰的抑制能力不同。中波的波段低端的抑制能力最弱，因为此时接收机前端电路的工作频率距干扰频率最近。

抑制中频干扰的方法主要是提高前端电路的选择性，以降低作用在混频器输入端的干扰电压值，如加中频陷波电路，如图6-70所示。图中，L_1、C_1 对中频谐振，滤除外来的中频干扰电压。此外，要合理选择中频数值，中频要选在工作波段之外，最好采用高中频方式。

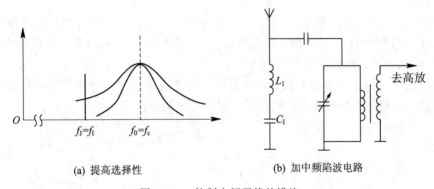

(a) 提高选择性　　　　　　(b) 加中频陷波电路

图6-70　抑制中频干扰的措施

2. 镜像干扰

设混频器中 $f_L > f_c$，当外来干扰频率 $f_J = f_L + f_I$ 时，u_J 与 u_L 共同作用在混频器输入端，也会产生差频 $f_J - f_L = f_I$，从而在接收机输出端听到干扰电台的声音。f_J、f_L 及 f_I 的关系如图6-71所示。由于 f_J 和 f_c 对称地位于 f_L 两侧，呈镜像关系，所以将 f_J 称为镜像频率，将这种干扰叫做镜像干扰。从式(6-78)看出，对于镜像干扰，$p = q = 1$，所以为二阶干扰。

例如，当接收 580 kHz 的信号时，还有一个 1510 kHz 的信号也作用在混频器的输入端。它将以镜像干扰的形式进入中放，因为 $f_J - f_L = f_L - f_c = 465$ kHz $= f_I$。因此可以同时听到两个信号的声音，并且还可能出现哨声。

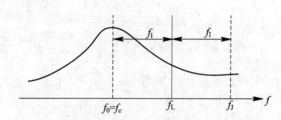

图 6-71　镜像干扰的频率关系

对于 $f_L < f_c$ 的变频电路，镜频 $f_J = f_L - f_I = f_c - 2f_I$。镜频的一般关系式为 $f_J = f_L \pm f_I$。

变频器对于 f_c 和 f_J 的变频作用完全相同（都是取差频），所以变频器对镜像干扰无任何抑制作用。抑制的方法主要是提高前端电路的选择性和提高中频频率，以降低加到混频器输入端的镜像电压值。高中频方案对抑制镜像干扰是非常有利的。

一部接收机的中频频率是固定的，所以中频干扰的频率也是固定的，而镜像频率是随着信号频率 f_c（或本振频率 f_L）的变化而变化。这是它们的不同之处。

3. 组合副波道干扰

这里，只观察 $p = q$ 时的部分干扰。在这种情况下，式(6-80)变为

$$f_J = f_L \pm \frac{1}{q}f \qquad (6-81)$$

当 $p = q = 2、3、4$ 时，f_J 分别为 $f_L \pm f_I/2$，$f_L \pm f_I/3$，$f_L \pm f_I/4$。其频率分布见图 6-72。

例如 $f_J = f_L - f_I/2$，则 $2f_L - 2f_J = 2f_L - 2(f_L - f_I/2) = f_I$。可见这是四份组合干扰。这类干扰对称分布于 f_L 两侧，其间隔为 f_I/q，其中以 $f_L - f_I/2$ 最为严重，因为它距离信号频率 f_c 最近，干扰阶数最低（四阶）。

抑制这种干扰的主要方法是提高中频数值和提高前端电路的选择性。此外，选择合适的混频电路，合理地选择混频管的工作状态都有一定的作用。

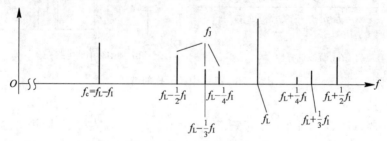

图 6-72　副波道干扰的频率分布

三、交叉调制干扰(交调干扰)

交叉调制（简称交调）干扰的形成与本振无关，它是有用信号与干扰信号一起作用于混频器时，由混频器的非线性形成的干扰。它的特点是：当接收有用信号时，可同时听到信号台和干扰台的声音，而信号频率与干扰频率间没有固定的关系。一旦有用信号消失，干

扰台的声音也随之消失。犹如干扰台的调制信号调制在信号的载频上。所以，交调干扰的含义为：一个已调的强干扰信号与有用信号(已调波或载波)同时作用于混频器，经非线性作用，可以将干扰的调制信号转移到有用信号的载频上，然后再与本振混频得到中频信号，从而形成干扰。

放大器工作于非线性状态时，同样也会产生交调干扰。只不过是由三次方项产生的，交调产物的频率为 f_c，而不是 f_1。混频器是由四阶项产生的，其中本振电压占了一阶，习惯上仍将四次方项产生的交调称为三阶交调，以和放大器的交调相一致。故三阶交调在放大器里是由三次方项产生的，在混频器里是由四次方项产生的。

抑制交调干扰的措施，一是提高前端电路的选择性，降低加到混频器的 U_j 值；二是选择合适的器件(如平方律器件)及合适的工作状态，使不需要的非线性项尽可能小，以减少组合分量。

四、互调干扰

互调干扰是指两个或多个干扰电压同时作用在混频器的输入端，经混频器的非线性产生近似为中频的组合分量，落入中放通频带之内形成的干扰。

放大器工作于非线性状态时，也会产生互调干扰，最严重的是由三次方项产生的，称之为三阶互调。而混频器的互调由四次方项产生，除掉本振的一阶，即为三阶，故也称之为三阶互调。

互调产物的大小，一方面决定于干扰的振幅，另一方面决定于器件的非线性。因此要减小互调干扰，一方面要提高前端电路的选择性，尽量减小加到混频器上的干扰电压；另一方面要选择合适的电路和工作状态，降低或消除高次方项，如用理想乘法器或平方律特性等。

本 章 小 结

振幅调制、解调和混频都属于频谱的线性搬移，从频谱上看，它们都是将输入信号的频谱搬移到频率域的另一个位置，在搬移的过程中频谱的结构不发生变化。本章分析了普通调幅信号(AM)、抑制载波双边带信号(DSB)和抑制载波单边带信号(SSB)的信号表达式、波形、频谱和功率，完成这些频谱线性搬移功能的实现电路的形式是相同的，不同点在于输入、输出回路和滤波器的不同。以 DSB 信号为例，完成调制、解调预混频功能时的输入、输出信号及频率、相应的回路，以及输出滤波器特性如表 6 - 2 所示。

本章还介绍了混频器的组合干扰，包括由信号与本振频率组合形成的组合干扰(干扰哨声)、由干扰频率与本振频率形成的组合干扰(副波道干扰、寄生通道干扰)、由有用信号与干扰信号组合形成的交差调制干扰(交调干扰)和由多个干扰形成的组合干扰互调干扰，以及针对不同干扰采用不同的抑制干扰的方法。

表 6 - 2 振幅调制、解调与混频的比较

功能	输入1			输入2			输出			滤波器		
	信号	频率	回路	信号	频率	回路	信号	频率	回路	类型	$f_\circ$	B
调制	u_Ω	F	低频	u_c	f_c	高频	u_{DSB}	$f_c \pm F$	高频	带通	f_c	$\geqslant 2F$
解调	u_{DSB}	$f_c \pm F$	高频	u_r	$f_r = f_c$	高频	u_Ω	F	低频	低通		$\geqslant F$
混频	u_{DSB}	$f_c \pm F$	高频	u_L	f_L	高频	u_I	$f_I \pm F$	高频	带通	f_I	$\geqslant 2F$

思考题与练习题

6-1 已知载波电压为 $u_c = U_c \sin\omega_c t$，调制信号如图 p6-1，$f_c \gg 1/T_\Omega$。分别画出 $m = 0.5$ 及 $m = 1$ 两种情况下所对应的 AM 波波形以及 DSB 波波形。

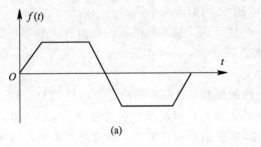

(a) (b)

图 P6 - 1

6-2 某调幅波表达式为 $u_{AM}(t) = (5 + 3\cos2\pi \times 4 \times 10^3 t)\cos2\pi \times 465 \times 10^3 t (V)$。

(1) 画出此调幅波的波形；

(2) 画出此调幅波的频谱图，并求带宽；

(3) 若负载电阻 $R_L = 100\ \Omega$，求调幅波的总功率。

6-3 已知：调幅波表达式为

$$u_{AM}(t) = 10(1 + 0.6\cos2\pi \times 3 \times 10^2 t + 0.3\cos2\pi \times 3 \times 10^3 t)\cos2\pi \times 10^6 t\ (V)$$

(1) 求调幅波中包含的频率分量与各分量的振幅值；

(2) 画出该调幅波的频谱图并求出其频带宽度 BW。

6-4 已知两个信号电压的频谱如图 6-2 所示。

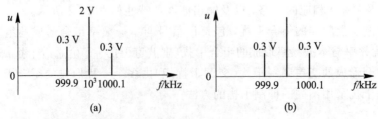

(a) (b)

图 P6 - 2

（1）写出两个信号电压的数学表达式，并指出已调波的性质；

（2）计算在单位电阻上消耗的总功率以及已调波的频带宽度。

6-5 某发射机输出级在负载 $R_L = 100\ \Omega$ 上的输出信号为 $u_o(t) = 4(1+0.5\cos\Omega t) \cdot \cos\omega_c t\ (\text{V})$。求总的输出功率 P_{av}、载波功率 P_c 和边频功率 $P_{边频}$。

6-6 在图示 P6-3 的电路中，调制信号 $u_\Omega = U_\Omega\cos\Omega t$，载波电压 $u_c = U_c\cos\omega_c t$，且 $\omega_c \gg \Omega$，$U_c \gg U_\Omega$，二极管 VD_1，VD_2 的伏安特性相同，均是以原点为出发点，斜率为 g_d 的直线。

（1）试问哪些电路能实现双边带调制？

（2）在能够实现双边带调制的电路中，试分析其输出电流的频率分量。

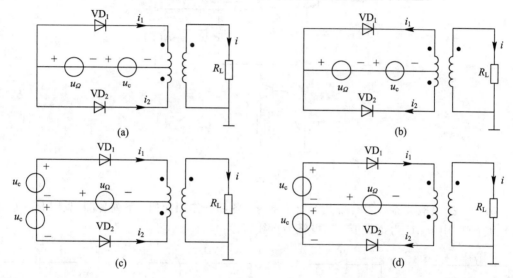

图 P6-3

6-7 在图 P6-4 所示桥式调制电路中，各二极管的特性一致，均为自原点出发、斜率为 g_D 的直线，并工作在受 u_2 控制的开关状态。若设 $R_L \gg R_D (R_D = 1/g_D)$，试分析电路分别工作在振幅调制和混频时 u_1、u_2 各为什么信号，并写出 u_o 的表示式。

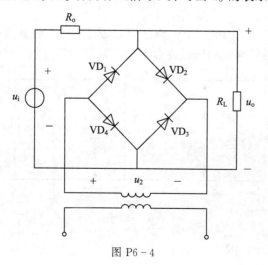

图 P6-4

6-8 差分对调制器电路如图 P6-5 所示。

(1) 若 $\omega_c = 10^7 \mathrm{rad/s}$，并联谐振回路对 ω_c 谐振，谐振电阻 $R_L = 5\ \mathrm{k\Omega}$，$E_e = E_c = 10\ \mathrm{V}$，$R_e = 5\ \mathrm{k\Omega}$，$u_c = 156\cos(\omega_c t)(\mathrm{mV})$，$u_\Omega = 5.63\cos(10^4 t)(\mathrm{V})$。试求 $u_o(t)$。

(2) 此电路能否得到双边带信号，为什么？

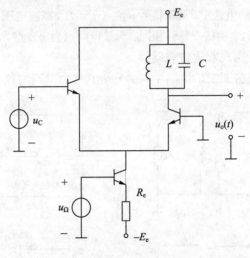

图 P6-5

6-9 振幅检波器必须有哪几个组成部分？各部分作用如何？下列各图（见图 P6-6）能否检波？（图中 R、C 为正常值，二极管为折线特性。）

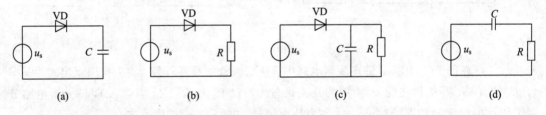

(a)　　　　　　(b)　　　　　　(c)　　　　　　(d)

图 P6-6

6-10 检波器电路如图 P6-7。u_s 为已调波（大信号）。根据图示极性，画出 RC 两端、C_g 两端、R_g 两端、二极管两端的电压波形。

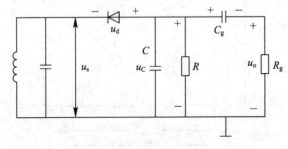

图 P6-7

6-11 检波电路如图 P6-8，其中 $u_s = 0.8(1+0.5\cos\Omega t)\cos(\omega_c t)(\mathrm{V})$，$F = 5\ \mathrm{kHz}$，

$f_c = 465$ kHz，$r_D = 125\ \Omega$。试计算输入电阻 R_i、传输系数 K_d，并检验有无惰性、失真及底部切割失真。

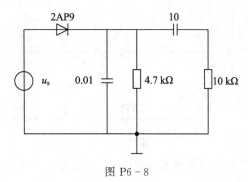

图 P6 - 8

6 - 12　在大信号包络检波电路中，已知：$u_{AM}(t) = 10(1 + 0.6\cos 2\pi \times 10^3 t)\cos 2\pi \times 10^6 t$ (V)，图 P6 - 9 中 $R_L = 4.7$ kΩ，$C_L = 0.01\ \mu$F，检波效率 $\eta_d = \eta_a = 0.85$。

求：

(1) 检波器输入电阻 R_i；

(2) 检波后在负载电阻 R_L 上得到的直流电压 U_D 和低频电压振幅值 U_m；

(3) 当接上低频放大器后，若 $R'_L = 4$ kΩ，该电路会不会产生负峰切割失真？

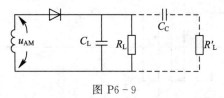

图 P6 - 9

6 - 13　在图 P6 - 10 的检波电路中，输入信号回路为并联谐振电路，其谐振频率 $f_0 = 10^6$ Hz，回路本身谐振电阻 $R_0 = 20\ \Omega$，检波负载为 10 kΩ，$C_1 = 0.01\ \mu$F，$r_D = 100\ \Omega$。

(1) 若 $i_s = 0.5\cos 2\pi \times 10^6 t$ (mA)，求检波器输入电压 $u_s(t)$ 及检波器输出电压 $u_o(t)$ 的表示式；

(2) 若 $i_s = 0.5(1 + 0.5\cos 2\pi \times 10^3 t)\cos 2\pi \times 10^6 t$ (mA)，求 $u_o(t)$ 表示式。

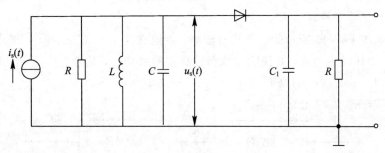

图 P6 - 10

6 - 14　图 P6 - 11 为一平衡同步检波器电路，$u_s = U_s\cos(\omega_c + \Omega)t$，$u_r = U_r\cos\omega_r t$，$U_r \gg U_s$，求输出电压 u_o。

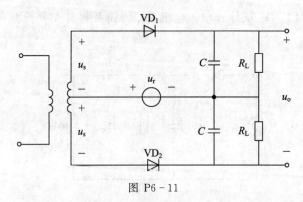

图 P6-11

6-15 图 P6-12(a)为调制与解调方框图。调制信号及载波信号如图 P6-12(b)所示。试写出 u_1、u_2、u_3、u_4 的表示式,并分别画出它们的波形与频谱图(设 $\omega_c \gg \Omega$)。

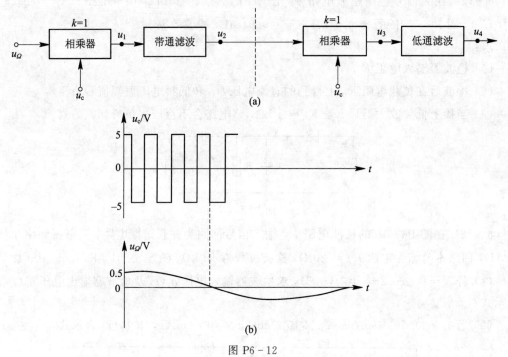

图 P6-12

6-16 如图 P6-13 所示的一乘积检波器,本地载波 $u_r = U_r \cos \omega_c t$。试求:在下列两种情况下输出电压的表达式,并说明完成何种频谱搬移功能,是否有失真。

(1) $u_s = U_s \cos(\omega_c t) \cos(\Omega t)$

(2) $u_s = U_s \cos(\omega_c + \Omega) t$

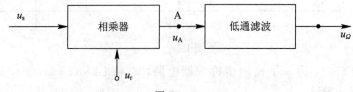

图 P6-13

6-17 已知混频器晶体三极管转移特性为

$$i_c = a_0 + a_2 u^2 + a_3 u^3$$

式中，$u = U_s \cos\omega_s t + U_L \cos\omega_L t$，$U_L \gg U_s$。求混频器对于 $(\omega_L - \omega_s)$ 及 $(2\omega_L - \omega_s)$ 的变频跨导。

6-18 设一非线性器件的静态伏安特性如图 P6-14 所示，其中斜率为 a，设本振电压的振幅 $U_L = E_0$。求当本振电压在下列四种情况下的变频跨导 g_D：

(1) 偏压为 E_0；

(2) 偏压为 $E_0/2$；

(3) 偏压为零；

(4) 偏压为 $-E_0/2$。

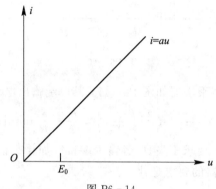

图 P6-14

6-19 图 P6-15 为场效应管混频器。已知场效应管静态转移特性为 $i_d = I_{DSS}(1 - u_{gs}/V_P)^2$，式中，$I_{DSS} = 3$ mA，$V_P = -3$ V。输出回路谐振于 465 kHz，回路空载品质因数 $Q_0 = 100$，$R_L = 1$ kΩ，回路电容 $C = 600$ pF，接入系数 $n = 1/7$，电容 C_1、C_2、C_3 对高频均可视为短路。现调整本振电压和自给偏置电阻 R_s，保证场效应管工作在平方律特性区内，试求：

(1) 为获得最大变频跨导所需的 U_L；

(2) 最大变频跨导 g_c 和相应的混频电压增益。

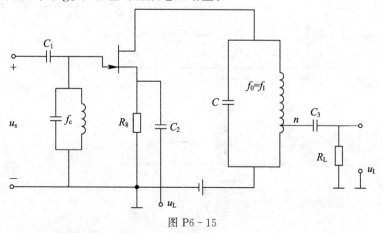

图 P6-15

6-20 在图 P6-16 所示的晶体三极管混频器原理电路中，本振电压 $u_L = U_L \cos\omega_L t$，在满足线性时不变条件下，试分别求出下列两种情况下的变频跨导 g_c：

(1) 晶体三极管的转移特性为：$i_c = f(u_{be}) = a_0 + a_1 u_{be} + a_2 u_{be}^2 + a_3 u_{be}^3 + a_4 u_{be}^4$；

(2) 晶体三极管的转移特性为 $i_c = f(u_{be}) = \alpha I_s e^{\frac{u_{be}}{U_T}}$。

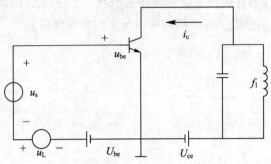

图 P6 - 16

6 - 21　一双差分对模拟乘法器如图 P6 - 17，其单端输出电流为

$$i_1 = \frac{I_0}{2} + \frac{i_5 - i_6}{2}\tanh\left(\frac{u_1}{2V_T}\right) \approx \frac{I_0}{2} - \frac{u_2}{R_e}\tanh\left(\frac{u_1}{2V_T}\right)$$

试分析为实现下列功能（要求不失真）各输入端口应加什么信号电压？输出端电流包含哪些频率分量？对输出滤波器的要求是什么？

(1) 双边带调制；

(2) 振幅已调波解调；

(3) 混频。

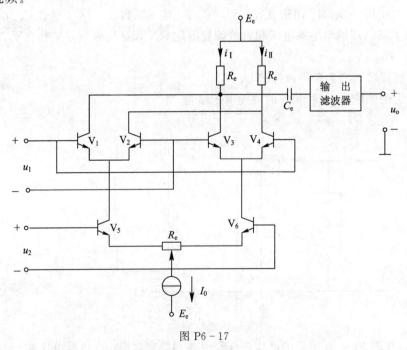

图 P6 - 17

6-22 图 P6-18 所示为二极管平衡电路,用此电路能否完成振幅调制(AM、DSB、SSB)、振幅解调、倍频、混频功能?若能,写出 u_1、u_2 应加什么信号,输出滤波器应为什么类型的滤波器,中心频率 f_0、带宽 B 如何计算?

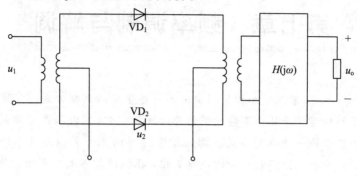

图 P6-18

6-23 超外差接收机中频 $f_1 = 500$ kHz,本振频率 $f_L < f_s$,在收听 $f_s = 1.501$ MHz 的信号时,听到哨叫声,其原因是什么?试进行具体分析(设此时无其他外来干扰)。

6-24 试分析与解释下列现象:

(1) 在某地,收音机接收到 1090 kHz 信号时,可以收到 1323 kHz 的信号;

(2) 收音机接收 1080 kHz 信号时,可以听到 540 kHz 信号;

(3) 收音机接收 930 kHz 信号时,可同时收到 690 kHz 和 810 kHz 信号,但不能单独收到其中的一个台(例如另一电台停播)。

6-25 某超外差接收机工作频段为 0.55~25 MHz,中频 $f_I = 455$ kHz,本振 $f_L > f_s$。试问波段内哪些频率上可能出现较大的组合干扰(6 阶以下)。

6-26 某发射机发出某一频率的信号。现打开接收机在全波段寻找(设无任何其他信号),发现在接收机度盘的三个频率(6.5 MHz、7.25 MHz、7.5 MHz)上均能听到对方的信号,其中以 7.5 MHz 的信号最强。问接收机是如何收到的?设接收机 $f_I = 0.5$ MHz,$f_L > f_s$。

6-27 设变频器的输入端除有用信号($f_s = 20$ MHz)外,还作用着两个频率分别为 $f_{J1} = 19.6$ MHz 和 $f_{J2} = 19.2$ MHz 的电压。已知中频 $f_I = 3$ MHz,$f_L > f_s$,问是否会产生干扰?干扰的性质如何?

第七章 频率调制与解调

在无线电通信中，频率调制和相位调制是又一类重要的调制方式。频率调制又称调频（FM），它是使高频振荡信号的频率按调制信号的规律变化（瞬时频率与调制信号成线性关系），而振幅保持恒定的一种调制方式。调频信号的解调称为鉴频或频率检波。相位调制又称调相（PM），它的相位按调制信号的规律变化，振幅保持不变。调相信号的解调称为鉴相或相位检波。调频和调相统称为角度调制。与前述的频谱线性搬移电路不同，角度调制属于频谱的非线性搬移，即已调信号的频谱结构不再保持原调制信号频谱的结构，且调制后的信号带宽一般情况下比原调制信号带宽大得多。因此，虽然角度调制信号的频带利用率不高，但其抗干扰和噪声的能力比幅度调制信号要好。由于角度调制是频谱的非线性搬移，因此角度调制的分析方法和模型等都与频谱线性搬移电路不同。

调频波和调相波都表现为高频载波瞬时相位随调制信号的变化而变化，只是变化的规律不同而已。由于频率与相位间存在微分与积分的关系，调频与调相之间也存在着密切的关系，即调频必调相，调相必调频。同样，鉴频和鉴相也可相互转化，即可以用鉴频的方法实现鉴相，也可以用鉴相的方法实现鉴频。一般来说，在模拟通信中，调频比调相应用广泛，而在数字通信中，调相和调频均有广泛的应用。本章重点讨论频率调制和解调。

第一节 调频信号分析

一、调频信号的表达式与波形

设调制信号为单一频率信号 $u_\Omega(t) = U_\Omega \cos\Omega t$，未调载波电压为 $u_c = U_c \cos\omega_c t$，则根据频率调制的定义，调频信号的瞬时角频率为

$$\omega(t) = \omega_c + \Delta\omega(t) = \omega_c + k_f u_\Omega(t) = \omega_c + \Delta\omega_m \cos\Omega t \tag{7-1}$$

它是在 ω_c 的基础上，增加了与 $u_\Omega(t)$ 成正比的频率偏移，式中 k_f 为比例常数。调频信号的瞬时相位 $\varphi(t)$ 是瞬时角频率 $\omega(t)$ 对时间的积分，即

$$\varphi(t) = \int_0^t \omega(\tau)\mathrm{d}\tau + \varphi_0 \tag{7-2}$$

式中，φ_0 为信号的起始角频率。为了分析方便，不妨设 $\varphi_0 = 0$，则式（7-2）变为

$$\varphi(t) = \int_0^t \omega(\tau)\mathrm{d}\tau = \omega_c t + \frac{\Delta\omega_m}{\Omega}\sin\Omega t = \omega_c t + m_f\sin\Omega t = \varphi_c + \Delta\varphi(t) \tag{7-3}$$

式中 $\frac{\Delta\omega_{\mathrm{m}}}{\Omega} = m_{\mathrm{f}}$ 为调频指数，可得 FM 波的表示式为

$$u_{\mathrm{FM}}(t) = U_{\mathrm{c}}\cos(\omega_{\mathrm{c}}t + m_{\mathrm{f}}\sin\Omega t) \tag{7-4}$$

图 7-1 画出了频率调制过程中调制信号、调频信号及相应的瞬时频率和瞬时相位波形。调频波的波形如图 7-1(d)，当 u_Ω 最大时，$\omega(t)$ 也最高，波形密集；当 u_Ω 为负峰时，频率最低，波形最疏。因此调频波是波形疏密变化的等幅波。

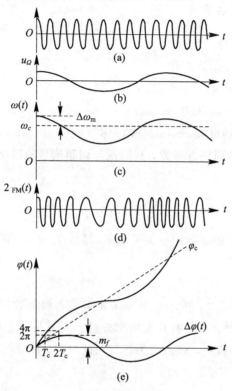

图 7-1 调频波波形

在调频波表示式中，有三个参数——ω_{c}、$\Delta\omega_{\mathrm{m}}$ 和 Ω。ω_{c} 为载波角频率，它是没有受调时的载波频率。Ω 是调制信号角频率，$\Delta\omega_{\mathrm{m}}$ 是相对于载频的最大角频偏（峰值角频偏），与之对应的 $\Delta f_{\mathrm{m}} = \Delta\omega_{\mathrm{m}}/2\pi$ 称为最大频偏，同时它也反映了瞬时频率摆动的幅度，即瞬时频率变化范围为 $f_{\mathrm{c}} - \Delta f_{\mathrm{m}} \sim f_{\mathrm{c}} + \Delta f_{\mathrm{m}}$，最大变化值为 $2\Delta f_{\mathrm{m}}$。一般情况下，$\Omega \ll \omega_{\mathrm{c}}$，$\Delta\omega_{\mathrm{m}} \ll \omega_{\mathrm{c}}$。

由式(7-1)可见，$\Delta\omega_{\mathrm{m}} = k_{\mathrm{f}}U_\Omega$，$k_{\mathrm{f}}$ 是比例常数，表示 U_Ω 对最大角频偏的控制能力，它是单位调制电压产生的频率偏移量，是产生 FM 信号电路的一个参数（由调制电路决定），也称为调频灵敏度，有时也用 S_{FM} 来表示。

$m_{\mathrm{f}} = \Delta\omega_{\mathrm{m}}/\Omega = \Delta f_{\mathrm{M}}/F$ 称为调频波的调制指数，是调频信号的一个重要参数，它是一个无因次量。由公式(7-4)可知，它是调频波与未调载波的最大相位差 $\Delta\varphi_{\mathrm{m}}$，如图 7-1(e) 所示。$m_{\mathrm{f}}$ 与 U_Ω 成正比（因此也称为调制深度），与 Ω 成反比。在调频系统中，m_{f} 不仅可以大于 1，而且通常远远大于 1。图 7-2 表示了 Δf_{m}、m_{f} 与调制频率 F 的关系。

总之，调频是将消息寄载在频率上而不是在幅度上。也可以说在调频信号中消息是蕴藏于单位时间内波形数目或者说零交叉点数目中。由于各种干扰作用主要表现在振幅上，而在调频系统中，可以通过限幅器来消除这种干扰。因此 FM 波抗干扰能力较强。

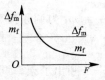

图 7-2　调频波 Δf_m、m_f 与 F 的关系

二、调频信号的频谱和功率

1. 调频信号的频谱特性

将式(7-4)展开成正交形式，有

$$u_{FM} = U_c \cos(\omega_c t + m_f \sin\Omega t)$$
$$= U_c \cos(m_f \sin\Omega t)\cos\omega_c t - U_c \sin(m_f \sin\Omega t)\sin\omega_c t \qquad (7-5)$$

式中，同相分量（$\cos\omega_c t$）的振幅 $\cos(m_f \sin\Omega t)$ 和正交分量（$\sin\omega_c t$）的振幅 $\sin(m_f \sin\Omega t)$ 均是 $\sin\Omega t$ 的函数，因而也是周期性函数，其周期与调制信号的周期相同，因此可以展开为傅立叶级数，可得

$$u_{FM} = U_c \sum_{n=-\infty}^{\infty} J_n(m_f)\cos(\omega_c + n\Omega)t \qquad (7-6)$$

式中，$J_n(m_f)$ 是宗数为 m_f 的 n 阶第一类贝塞尔函数，它随 m_f 变化的曲线如图 7-3 所示，并具有以下特性：

$$J_{-n}(x) = (-1)^n J_n(x) \qquad (7-7)$$

在图 7-3 中，除了 $J_0(m_f)$ 外，在 $m_f = 0$ 的其他各阶函数值都为零。这意味着，当没有角度调制时，除了载波外，不含有其他频率分量。所有贝塞尔函数都是正负交替变化的非周期函数，在 m_f 的某些值上，函数值为零。与此对应，在某些确定的 $\Delta\varphi_m$ 值，对应的频率分量为零。

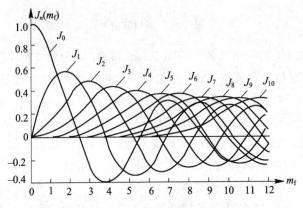

图 7-3　第一类贝塞尔函数曲线

由上式可知，单一频率余弦信号作为调制信号时，其调频信号是由许多频率分量组成的，而不是像振幅调制那样，单一频率正弦信号作为调制信号时只产生两个边频（AM、

DSB)或一个边频(SSB)。因此调频和调相属于频谱的非线性变换。

式(7-6)表明，调频信号是由载波 ω_c 与无数边频 $\omega_c \pm n\Omega$ 组成。若不考虑每一边频的相位，则这些边频对称地分布在载频两边，其幅度由调制指数 m_f 决定。这些边频的相位由其位置(边频次数 n)和 $J_n(m_f)$ 确定。m_f 变化，调频信号的频谱也随之发生变化(各频率分量的幅值相对变化)，这是调频信号的一大特点。由前述调频指数的定义知，$m_f = \Delta\omega_m/\Omega = \Delta f_m/F$，它既决定于调频信号的最大频偏 Δf_m(它与调制电压 U_Ω 成正比)，又决定于调制频率 F。

图 7-4 是不同 m_f 时调频信号的振幅谱，它分别对应于两种情况。图 7-4(a)是改变 Δf_m 而保持 F 不变时的频谱，图 7-4(b)是保持 Δf_m 不变而改变 F 时的频谱。

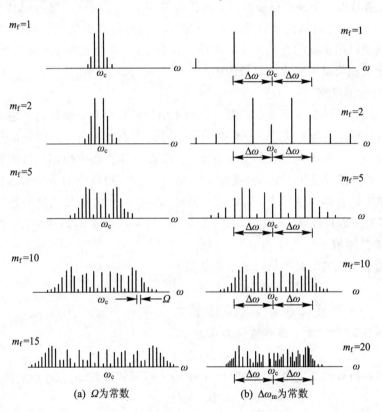

(a) Ω 为常数　　　　　　(b) $\Delta\omega_m$ 为常数

图 7-4 单频调制时 FM 波的频谱图

对比图 7-4(a)与图 7-4(b)，当 m_f 相同时，其频谱的包络形状是相同的。由图 7-3 的函数曲线可以看出，当 m_f 一定时，并不是 n 越大，$J_n(m_f)$ 值越小，因此一般说来，并不是边频次数越高，($\pm n\Omega$) 分量幅度越小。这从图 7-4 上可以证实。只是在 m_f 较小(m_f 约小于1)时边频分量随 n 增大而减小。对于 m_f 大于1的情况，有些边频分量幅度会增大，只有更远的边频幅度才又减小，这是由贝塞尔函数总的衰减趋势决定的。当 $n > m_f$，有 $|J_{n+1}(m_f)| < |J_n(m_f)|$，因此图上将幅度很小的高次边频忽略了。图 7-4(a)中，m_f 是靠增加频偏 Δf_m 实现的，因此可以看出，随着 Δf_m 增大，调频波中有影响的边频分量数目要

增多，频谱要展宽。而在图 7-4(b) 中，它是靠减小调制频率而加大 m_f。虽然有影响的边频分量数目也增加，但频谱并不展宽。了解这一频谱结构特点，对确定调频信号的带宽是很有用的。当调频波的调制指数 m_f 较小，如 $m_f < 0.5$ 时，由式 (7-4) 有

$$u_{FM} = U_c \cos(\omega_c t + m_f \sin\Omega t)$$

$$= U_c \cos(m_f \sin\Omega t)\cos\omega_c t - U_c \sin(m_f \sin\Omega t)\sin\omega_c t$$

$$\approx U_c \cos\omega_c t - U_c m_f \sin\Omega t \sin\omega_c t$$

$$= U_c \cos\omega_c t - \frac{1}{2}m_f \cos(\omega_c - \Omega) + \frac{1}{2}m_f \cos(\omega_c + \Omega) \tag{7-8}$$

式 (7-8) 中用到了当 $|x| < 0.5$ 时，$\cos x \approx 1$，$\sin x \approx 0$。由此可以看出，当调频指数较小时，调频信号由三个频率分量构成，包括载波频率 f_c、载波频率与调制信号频率的和频与差频 $f_c \pm F$，它与调幅信号的频率分量相同，不同的是其相位，此时称这种调频为窄带调频。窄带调频可用调幅的方法产生，将载波相移 $90°$，再与相移 $90°$ 的调制信号相乘后，用载波减去此乘积项就可完成此窄带调频。

2. 调频信号的带宽

带宽是调频信号的又一重要的参数。从调频信号的频谱看，调频信号包含了无穷多对边带，对称的分布在载频的两边，若考虑一个信号的所有频率分量，调频信号的带宽应是无穷宽。考虑到一个无线电信号的实际情况，一般在工程实践中根据信号的特点来确定其信号的带宽，如占信号总功率 90%（或 95%、98%、99% 等）以内的信号所占据的频率范围作为信号的带宽。在调频信号中，通常采用的准则是：信号的频带宽度应包括幅度大于末调载波 1% 以上的边频分量，即 $|J_n(m_f)| \geqslant 0.01$。在某些要求不高的场合，此标准也可以定为 10% 或者其他值。

由此可得不同标准时调频信号的带宽分别为

$$B_s = 2(m_f + 1)F, \quad |J_n(m_f)| \geqslant 0.1 \tag{7-9a}$$

$$B_s = 2(m_f + \sqrt{m_f} + 1)F, \quad |J_n(m_f)| \geqslant 0.01 \tag{7-9b}$$

当调频指数 m_f 很大时，其带宽可表示为

$$B_s = 2m_f F = 2\Delta f_m \tag{7-10}$$

此时的调频信号称为宽带调频（WBFM）信号。当调频指数 m_f 很小时，如 $m_f < 0.5$ 时：

$$B_s = 2F \tag{7-11}$$

为窄带调频（NWFM），只包含一对边频。以上是两种极端的情况，一般情况下，在没有特殊说明时，可用式 (7-9a) 来表示调频信号的带宽，此式又称为卡森（Carson）公式。

由式 (7-9)、式 (7-10) 和式 (7-11) 可看出 FM 信号频谱的特点。当 m_f 为小于 1 的窄频带调频时，带宽由第一对边频分量决定，B_s 只随 F 变化，而与 Δf_m 无关。当 $m_f \gg 1$ 时，带宽 B_s 只与频偏 Δf_m 成比例，而与调制频率 F 无关。

3. 调频信号的功率

从时域来看，由信号功率的定义，有

$$P = \frac{1}{T}\int_0^T \frac{u_{FM}^2(t)}{R_L}dt = \frac{U_c^2}{R_L T}\int_0^T \cos^2(\omega_c t + m_f \sin\Omega t)dt$$

$$= \frac{U_c^2}{2R_L T} \int_0^T [1 + \cos^2(\omega_c t + m_f \sin\Omega t)] \mathrm{d}t \qquad (7-12)$$

式(7-12)中的积分是在一个周期内的积分,而对一个频率变化的正弦信号而言,其周期也是变化的,即积分上限 T 是随调制信号变化的,与被积函数的周期是相同的。由于式(7-12)的第二项为一个周期信号在一个周期内的积分,其结果为零,因此可得调频信号的功率为

$$P = \frac{U_c^2}{2R_L T} \int_0^T \mathrm{d}t = \frac{U_c^2}{2R_L} = P_c \qquad (7-13)$$

这里 P_c 为载波功率,即调频信号的功率等于未调制时的载波功率。

由此可以得出结论,调频信号的平均功率与未调载波平均功率相等。调频器相当于一个功率分配器,调制的过程就是一个功率的分配过程,即将载波功率按照一定的规律分配在调频信号的各个频率分量上。

例 7-1 频率调制信号 $u(t) = 10\cos(2\pi \times 10^6 t + 10\cos 2000\pi t)$(V),信号载频为 1 MHz,试确定:

(1)最大频偏;

(2)最大相偏;

(3)信号带宽;

(4)此信号在单位电阻上的功率。

分析:本题主要考察角调波信号的参数的概率、带宽、功率的计算等。首先要知道该信号的最大频偏或最大相偏,首先就要知道未调载波的频率和相位。

解 由信号表达式可知,该信号的瞬时相位为

$$\varphi(t) = 2\pi \times 10^6 t + 10\cos 2000\pi t = \omega_c t + \Delta\varphi_m \cos 2000\pi t = \omega_c t + \Delta\varphi(t)$$

可以看到此时未调载波的角频率为

$$\omega_c = 2\pi \times 10^6$$

瞬时相位则为

$$\omega_c t = 2\pi \times 10^6 t$$

由此可知该角度调制信号瞬时相偏:

$$\Delta\varphi(t) = 10\cos 2000\pi t$$

则瞬时频偏为

$$\Delta f(t) = \frac{1}{2\pi} \cdot \frac{\mathrm{d}\Delta\varphi(t)}{\mathrm{d}t} = -20\,000\pi \cdot \frac{1}{2\pi} \cdot \sin 2000\pi t$$

$$= -10^4 \sin 2000\pi t \ (\mathrm{Hz})$$

则有:

(1)最大频偏 $\Delta f_m = 10^4$;

(2)因为 $\Delta\varphi(t) = 10\cos 2000\pi t$,故最大相偏 $\Delta\varphi_m = 10$ rad/s;

(3)信号带宽 $B_S = 2(m_f + 1)F$,因为 $F = 1000$ Hz,而 $m_f = \frac{\Delta f_m}{F} = \frac{10^4}{1000} = 10$,所以:

$$B_S = 2(m_f + 1)F = 2 \times 11 \times 10^3 = 22 \ \mathrm{kHz}$$

(4) $P = \dfrac{U_c^2}{2R_L} = 50 \text{ W}$。

三、相位调制

1. 调相信号分析

调相就是用调制信号去控制高频载波的相位，使其随调制信号的规律线性变化。在单一频率余弦信号作为调制信号时，即 $u_\Omega(t) = U_\Omega \cos\Omega t$，有

$$\varphi(t) = \omega_c t + \Delta\varphi(t) = \omega_c t + k_p u_\Omega(t)$$
$$= \omega_c t + \Delta\varphi_m \cos\Omega t = \omega_c t + m_p \cos\Omega t \qquad (7-14)$$

从而得到调相信号为

$$u_{PM}(t) = U_c \cos(\omega_c t + m_p \cos\Omega t) \qquad (7-15)$$

式中，$\Delta\varphi_m = k_p U_\Omega = m_p$ 为最大相偏，m_p 称为调相指数。对于一确定电路，$\Delta\varphi_m \propto U_\Omega$，$\Delta\varphi(t)$ 的曲线见图 7-5(c)，它与调制信号形状相同。$k_p = \Delta\varphi_m / U_\Omega$ 为调相灵敏度，它表示单位调制电压所引起的相位偏移值，由调制电路确定。调相波的 $\varphi(t)$、$\Delta\omega(t)$ 及 $\omega(t)$ 的曲线见图 7-5。

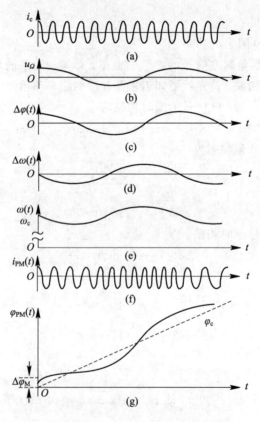

图 7-5　调相信号的波形图

调相波的瞬时频率为

$$\omega(t) = \frac{\mathrm{d}}{\mathrm{d}t}\varphi(t) = \omega_c - m_p\Omega\sin\Omega t = \omega_c - \Delta\omega_m\sin\Omega t \qquad (7-16)$$

式中，$\Delta\omega_m = m_p\Omega = k_pU_\Omega\Omega$ 为调相波的最大频偏。它不仅与调制信号的幅度成正比，而且还与调制频率成正比（这一点与 FM 不同），其示意图见图 7-6。调制频率愈高，频偏也愈大。若规定 $\Delta\omega_m$ 值，那么就需限制调制信号频率。根据瞬时频率的变化可画出调相波波形，如图 7-5(f)所示，也是等幅疏密波。它与图 7-1 中的调频波相比只是延迟了一段时间。如不知道原调制信号，则在单频调制的情况下无法从波形上分辨是调频波还是调相波。

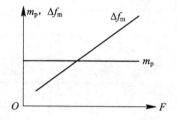

图 7-6　调相波 Δf_m、m_f 与 F 的关系

当调制信号为一般的信号时，即 $u_\Omega = f(t)$，调相信号的表达式为

$$u_{PM} = U\cos[\omega_c t + k_p f(t)] \qquad (7-17)$$

由于频率与相位之间存在着微分与积分的关系，所以调频与调相间是可以互相转化的。如果先对调制信号积分，然后再进行调相，这就可以实现调频，如图 7-7(a)所示。如果先对调制信号微分，然后用微分结果去进行调频，得出的已调波为调相波，如图 7-7(b)所示。

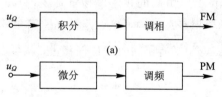

图 7-7　调频与调相的关系

至于调相波的频谱及带宽，其分析方法与调频相同。调相信号带宽为

$$B_S = 2(m_p + 1)F \qquad (7-18)$$

由于 m_p 与 F 无关，所以 B_S 正比于 F。，调制频率变化时，B_S 随之变化。如果按最高调制频率 F_{max} 值设计信道，则在调制频率低时有很大余量，系统频带利用不充分。因此在模拟通信中调相方式用得很少。

2. 调频信号与调相信号的比较

由于调频信号与调相信号同属于角度调制信号，且因为频率与相位之间的内在关系，调频信号与调相信号之间有许多相近或相似之处，比较这两种调制方式，可以更好地理解和掌握它们的特性和规律。调频信号和调相信号的比较如表 7-1 所示。

表 7-1 调频信号与调相信号的比较

项 目	调 频 波	调 相 波
载波	$u_c = U_c \cos\omega_c t$	$u_c = U_c \cos\omega_c t$
调制信号	$u_\Omega = U_\Omega \cos\Omega t$	$u_\Omega = U_\Omega \cos\Omega t$
偏移的物理量	频率	相位
调制指数（最大相偏）	$m_f = \dfrac{\Delta\omega_m}{\Omega} = \dfrac{k_f U_\Omega}{\Omega} = \Delta\varphi_m$	$m_p = \dfrac{\Delta\omega_m}{\Omega} = k_p U_\Omega = \Delta\varphi_m$
最大频偏	$\Delta\omega_m = k_p U_\Omega$	$\Delta\omega_m = k_p U_\Omega \Omega$
瞬时角频率	$\omega(t) = \omega_c + k_f u_\Omega(t)$	$\omega(t) = \omega_c + k_p \dfrac{du_\Omega(t)}{dt}$
瞬时相位	$\varphi(t) = \omega_c t + k_f \int u_\Omega(t)dt$	$\varphi(t) = \omega_c t + k_p u_\Omega(t)$
已调波电压	$u_{FM}(t) = U_c \cos(\omega_c t + m_f \sin\Omega t)$	$u_{PM}(t) = U_c \cos(\omega_c t + m_p \cos\Omega t)$
信号带宽	$B_S = 2(m_f + 1)F_{max}$ （恒定带宽）	$B_S = 2(m_p + 1)F_{max}$ （非恒定带宽）

由表 7-1 可以看出，调频信号的带宽基本上不随调制信号的频率变化，属于一种恒定带宽的调制，而调相信号的带宽随调制信号的频率变化，其频带利用率较低。因此，在模拟通信中，较多的采用调频方式。但在数字调制时，调频和调相都有很广泛的应用。

例 7-2 某调频信号的调制信号 $u_\Omega = 2\cos(2\pi \times 10^3 t) + 3\cos(3\pi \times 10^3 t)(V)$，其载波为 $u_c = 5\cos(2\pi \times 10^7 t)(V)$，调频灵敏度 $k_f = 3$ kHz/V，试写出此 FM 信号表达式并分析其频谱。

分析：本例题主要考核调频信号的概率以及调频灵敏度的物理含义。这里调频灵敏度的单位是 Hz/V，即表示单位电压引起的频率偏移量是 3 kHz。因此调频信号的瞬时频率偏移量为 $k_f u_\Omega$。则瞬时角频率偏移量为 $\Delta\omega(t) = 2\pi k_f u_\Omega$。由于频率与相位之间存在微积分的关系，因此 $\Delta\varphi(t) = \int_0^t \Delta\omega(t)dt$。有了瞬时相位偏移量，就可以写出调频信号表达式。

解 由题意可知：

$$\Delta\omega(t) = 2\pi k_f u_\Omega$$
$$= 2\pi \times 6 \times 10^3 \cos(2\pi \times 10^3 t) + 2\pi \times 9 \times 10^3 \cos(3\pi \times 10^3 t)$$
$$\Delta\varphi(t) = \int_0^t \Delta\omega(t)dt$$
$$= 6\sin(2\pi \times 10^3 t) + 6\sin(3\pi \times 10^3 t)$$
$$u_{FM} = 5\cos[2\pi \times 10^7 t + 6\sin(2\pi \times 10^3 t) + 6\sin(3\pi \times 10^3 t)] (V)$$

类似于前面调频信号的分析，可得

$$u_{FM} = 5 \sum_{n=-\infty}^{\infty} \sum_{k=-\infty}^{\infty} J_n(6) J_k(6) \cos[(2\pi \times 10^7 + 2n\pi \times 10^3 + 3k\pi \times 10^3)t]$$

由此式可知此信号的频谱分量非常丰富，不仅包含有 $2\pi \times 10^7$、$2\pi \times 10^7 \pm 2n\pi \times 10^3$、$2\pi \times 10^7 \pm 3k\pi \times 10^3$ 分量，而且包含有 $2\pi \times 10^7 \pm 2n\pi \times 10^3 \pm 3k\pi \times 10^3$ 分量。

由此可以推广到多音调频，其信号表达式为

$$u_{FM} = U_c \sum_{n=-\infty}^{\infty} \sum_{k=-\infty}^{\infty} \cdots \sum_{p=-\infty}^{\infty} J_n(m_{f1}) J_k(m_{f2}) \cdots J_p(m_{fi}) \cos(\omega_c + n\Omega_1 + k\Omega_2 + \cdots + p\Omega_i)t$$

第二节 调频方法

由前面的分析已知，频率调制和相位调制统称为角度调制，这是因为在调频的同时必然存在调相，在调相的同时必然存在调频。也就是说在角度调制时，高频载波的频率和相位均要随调制信号变化，区分这两种调制的方式是观察其频率还是相位随调制信号规律线性变化。因此在完成调频时，可直接调频，也可通过调相的方法完成调频，这就是调频的两种实现方式，即直接调频和间接调频。对于调相，也有直接调相和间接调相两种方式。

一、直接调频

直接调频是用调制信号去控制振荡源，使振荡源产生的频率随调制信号的规律线性变化。以正弦波振荡器为例，由前面振荡器的分析可知，振荡器的频率是由谐振回路元件参数决定的，$f = 1/(2\pi \sqrt{LC})$，改变谐振回路的元件的参数，振荡器产生的振荡频率就会发生变化。用调制信号去控制振荡器谐振回路的元件，如控制回路的电容 C（或电感 L）使之随调制信号变化（一般是非线性关系），即此时的电容成为一时变电容（受调制信号控制），这样振荡器产生的振荡频率就是一个随调制信号变化的振荡频率。若此时振荡器产生的振荡频率与调制信号成线性关系，就完成了调频功能。

直接调频是将振荡器和调频器合二为一，同时完成振荡频率产生和频率调制功能，因此电路比较简单，但其性能指标将受到一定的限制。这种方法的主要优点是在实现线性调频的要求下，可以获得较大的频偏，其主要缺点是频率稳定度差，在许多场合须对载频采取稳频措施或者采用晶体振荡器进行直接调频。

直接调频的振荡器一般采用正弦波振荡器，第四章中介绍的各种正弦波振荡器均可用于直接调频。直接调频电路主要包括变容二极管直接调频电路、晶体振荡器直接调频电路、电抗管直接调频电路等。目前广泛采用的是变容二极管直接调频电路，主要是因为变容二极管直接调频电路简单、性能良好。

二、间接调频

间接调频法如图 7-7(a)所示，先将调制信号积分，然后对载波进行调相，即可实现调频。这种间接调频方法也称为阿姆斯特朗（Armstrong）法。间接调频时，调制器与振荡器是分开的，因此，载波振荡器可以具有较高的频率稳定度和准确度，但实现起来相对直接调频较为复杂。

实现间接调频的关键是如何进行相位调制。通常，实现相位调制的方法有如下三种：

(1) 矢量合成法。这种方法主要针对的是窄带的调频或调相信号。对于单音调相信号：

$$u_{PM} = U\cos(\omega_c t + m_p \cos\Omega t)$$

$$= U\cos\omega_c t\cos(m_p \cos\Omega t) - U\sin(m_p \cos\Omega t)\sin\omega_c t$$

当 $m_p \leqslant \pi/12$ 时，上式近似为

$$u_{PM} \approx U\cos\omega_c t - Um_p\cos\Omega t\sin\omega_c t \tag{7-19}$$

上式表明，在调相指数较小时，调相波可由两个信号合成得到。据此式可以得到一种调相方法，如图 7-8(b)所示。

这种窄带调相(NBPM)方法与普通 AM 波的实现方法(如图 7-8(a)所示)非常相似，其主要区别仅在于载波信号的相位上。用矢量合成法实现窄带调频(NBFM)信号的方法如图 7-8(c)所示，图中虚框内的电路为一积分电路，后面是用乘法器(平衡调制器或差分对电路)及移相器来实现的窄带调相电路。

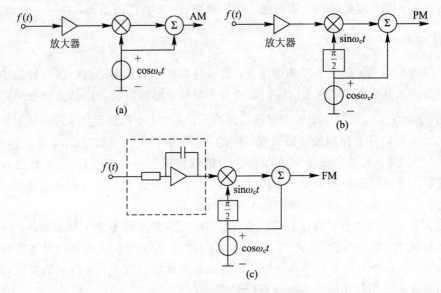

图 7-8 矢量合成法调相与调频

(2) 可变移相法。可变移相法就是利用调制信号控制移相网络或谐振回路的电抗元件或电阻元件来实现调相。应用最广泛的是变容二极管调相电路。通常情况下，用这种方法得到的调相波的最大不失真相移 m_p 受谐振回路或相移网络相频特性非线性的限制，一般都在 30°以下。为了增大 m_p，可以采用多级级联调相电路。

(3) 可变延时法。将载波信号通过一可控延时的网络，延时时间 τ 受调制信号控制，即

$$\tau = k_d u_\Omega(t) \tag{7-20}$$

则输出信号为

$$u = U\cos\omega_c(t-\tau) = U\cos[\omega_c t - k_d\omega_c u_\Omega(t)]$$

由此可知，输出信号已变成调相信号了。

除上述调频方法外，还可用锁相调频法(见第八章)和用计算机模拟调频微分方程的方法产生调频信号。

三、调频器的性能指标

调频器的调制特性称为调频特性。所谓调频，就是输出已调信号的频率（或频偏）随输入信号规律变化，因此，调频特性可以用 $f(t)$ 或 $\Delta f(t)$ 与 u_Ω 之间的关系曲线表示，称为调频特性曲线，如图 7-9 所示。

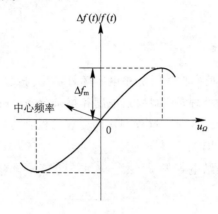

图 7-9　调频特性曲线

在无线通信中，对调频器的主要要求有调制性能和载波性能两个方面，通常用下述指标来衡量：

1）调制特性线性度

调制特性线性度要高，即图 7-9 曲线的线性度要高，以避免调制失真。调制特性线性度是调频器的重要指标，离开了线性指标，其他指标再好，也无意义。工程中常用微分线性来考察。实际上调制特性不可能做到完全线性，只能保证在一定范围内近似线性。

2）最大频偏 Δf_m

最大频偏 Δf_m 要满足要求，并且在保证线性度的条件下要尽可能地使 Δf_m 大一些，从而提高线性范围，以保证 $\Delta f(t)$ 与 u_Ω 之间在较宽范围内成线性关系。不同的调频系统对最大频偏的要求不同。通常情况下，调制线性与最大频偏相矛盾，要输出频偏大，调制线性就做不好，反之，调制线性就好。工程中，在保证较好的调制线性条件下，应尽量使最大频偏大一些。

3）调制灵敏度

调制灵敏度要高。调制特性曲线在原点处的斜率就是调频灵敏度 k_f，它表示了输入的调制信号对输出的调频信号的频率的控制能力，k_f 越大，同样的 U_Ω 值产生的 Δf_m 越大。一般地，调制灵敏度与调频器的中心工作频率（通常为载频）及变容二极管的直流偏置等因素有关。

4）中心频率

载波性能要好。调频的瞬时频率就是以载频 f_c 为中心变化的，因此，为了保证调制器的性能，防止调频信号频谱落到接收机的通带之外而产生较大的失真和邻道干扰，对载波

频率 f_c 要有严格的限定，其包括频率、准确度和稳定度。此外，载波振荡的幅度要保持恒定，寄生调幅要小。

第三节　变容二极管直接调频电路

一、变容二极管及其特性

变容二极管利用 PN 结反向偏置时势垒电容随外加反向偏压变化的机理，在制作半导体二极管的工艺上进行特殊处理，控制掺杂浓度和掺杂分布，使二极管的势垒电容灵敏地随反偏电压变化且呈现较大的变化。这样制作的变容二极管可以看作一压控电容，在调频振荡器中起着可变电容的作用。

变容二极管在反偏时的结电容为

$$C_j = \frac{C_0}{\left(1 + \dfrac{u}{u_\varphi}\right)^\gamma} \tag{7-21}$$

式中，C_0 为变容二极管在零偏置时的结电容值，u 为加到变容二极管上的电压，u_φ 为变容二极管 PN 结的势垒电位差(硅管约为 0.7 V，锗管约为 0.3 V)；γ 为变容二极管的结电容变化指数，它决定于 PN 结的杂质分布规律，并与制造工艺有关。图 7-10(a)为不同指数 γ 时的 $C_j - u$ 曲线，图 7-10(b)为一实际变容管的 $C_j - u$ 曲线。$\gamma = 1/3$ 称为缓变型，扩散型管多属此种；$\gamma = 1/2$ 为突变型，合金型管属于此类；超突变型的 γ 在 1~5 之间。

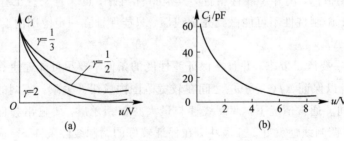

图 7-10　变容管的 $C_j - u$ 曲线

若在变容二极管上加一固定偏置电压 U_Q(负偏压，在式(7-24)中已考虑了反偏，这里是其绝对值)时，此时变容二极管的静态工作点的结电容为

$$C_j = C_Q = \frac{C_0}{\left(1 + \dfrac{U_Q}{u_\varphi}\right)^\gamma} \tag{7-22}$$

若偏压 u 为一个固定偏压 U_Q 和一调制信号 $u_\Omega(t) = U_\Omega \cos\Omega t$，即有

$$u = U_Q + u_\Omega(t) = U_Q + U_\Omega \cos\Omega t \tag{7-23}$$

此时可得

$$C_{j} = \frac{C_{0}}{\left(1 + \dfrac{U_{Q} + U_{\Omega}\cos\Omega t}{u_{\varphi}}\right)^{\gamma}} = \frac{C_{0}}{\left(1 + \dfrac{U_{Q}}{u_{\varphi}}\right)^{\gamma}} \frac{1}{\left(1 + \dfrac{U_{\Omega}}{U_{Q} + u_{\varphi}}\cos\Omega t\right)^{\gamma}}$$

$$= C_{Q}(1 + m\cos\Omega t)^{-\gamma} \qquad (7-24)$$

式中，$m = \dfrac{U_{\Omega}}{U_{Q} + u_{\varphi}} \approx \dfrac{U_{\Omega}}{U_{Q}}$，称为电容调制度，它表示结电容受调制信号调变的程度，U_{Ω} 越大，C_{j} 变化越大，调制越深。

二、变容二极管直接调频电路

在变容二极管直接调频电路中，变容二极管作为一压控电容接入到谐振回路中，由第四章正弦波振荡器已知，振荡器的振荡频率由谐振回路的谐振频率决定。因此，当变容二极管的结电容随加到变容二极管上的电压变化时，由变容二极管的结电容和其他回路元件决定的谐振回路的谐振频率也就随之变化，若此时谐振回路的谐振频率与加到变容二极管上的调制信号成线性关系，就完成了调频的功能，这也是变容二极管调频的原理。

变容二极管调频电路如图 7-11 所示，图 7-11(a)为变容二极管调频电路，图 7-11(b)为振荡回路的简化高频电路。

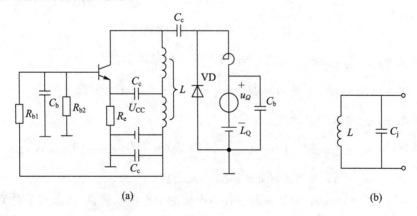

图 7-11　变容二极管直接调频电路

由此可知，若变容管上加 $u_{\Omega}(t)$，就会使得 C_{j} 随时间变化（时变电容），如图 7-11(a)所示，此时振荡频率为

$$\omega(t) = \frac{1}{\sqrt{LC_{j}}} = \frac{1}{\sqrt{LC_{Q}}}(1 + m\cos\Omega t)^{\gamma/2} = \omega_{c}(1 + m\cos\Omega t)^{\gamma/2} \qquad (7-25)$$

式中，$\omega_{c} = \dfrac{1}{\sqrt{LC_{Q}}}$ 为不加调制信号时的振荡频率，它就是振荡器的中心频率——未调载频。由此可以看出，振荡频率与调制信号的关系与变容二极管的结电容变化指数 γ 有关，一般情况下是一种非线性关系，振荡频率随时间变化的曲线如图 7-12(b)所示。

若 $\gamma = 2$，由式(7-25)可得谐振回路的谐振频率为

$$\omega(t) = \omega_{c}(1 + m\cos\Omega t) = \omega_{c} + \Delta\omega(t) \qquad (7-26)$$

其中，$\Delta\omega(t) = \dfrac{\omega_c u_\Omega(t)}{E_Q + u_\varphi} \propto u_\Omega(t)$，即瞬时频偏 $\Delta\omega(t)$ 与 $u_\Omega(t)$ 成正比例。这种调频就是线性调频，如图 7 - 12(c)所示。

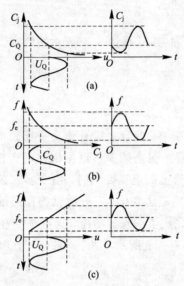

图 7 - 12　变容管线性调频原理

一般情况下，$\gamma \neq 2$，这时，式(7 - 28)可以展开成幂级数：

$$\omega(t) = \omega_c \left[1 + \frac{\gamma}{2} m\cos\Omega t + \frac{1}{2!} \cdot \frac{\gamma}{2}\left(\frac{\gamma}{2} - 1\right) m^2 \cos^2\Omega t + \cdots \right]$$

忽略高次项，上式可近似为

$$\omega(t) = \omega_c + \frac{\gamma}{8}\left(\frac{\gamma}{2} - 1\right) m^2 \omega_c + \frac{\gamma}{2} m\, \omega_c \cos\Omega t + \frac{\gamma}{8}\left(\frac{\gamma}{2} - 1\right) m^2 \omega_c \cos2\Omega t$$

$$= \omega_c + \Delta\omega_c + \Delta\omega_m \cos\Omega t + \Delta\omega_{2m}\cos2\Omega t \tag{7 - 27}$$

式中，$\Delta\omega_c = \gamma(\gamma/2 - 1)m^2\omega_c/8$ 是调制过程中产生的中心频率漂移。$\Delta\omega_c$ 与 γ 有关，当变容二极管一定后，U_Ω 越大，m 越大，$\Delta\omega_c$ 也越大。产生 $\Delta\omega_c$ 的原因在于 C_j - u 曲线不是直线，这使得在一个调制信号周期内，电容的平均值不等于静态工作点的 C_Q，从而引起中心频率的改变。$\Delta\omega_m = \gamma m\omega_c/2$ 为最大角频偏，它是调频电路的一个重要参数，通常越大越好。$\Delta\omega_{2m} = \gamma(\gamma/2 - 1)m^2\omega_c/8$ 为二次谐波最大角频偏，它也是由于 C_j - u 曲线的非线性引起，并将引入非线性失真。二次谐波失真系数可用下式求出：

$$K_{f2} = \frac{\Delta\omega_{2m}}{\Delta\omega_m} = \frac{1}{4}\left(\frac{\gamma}{2} - 1\right) m \tag{7 - 28}$$

由此可见，当 U_Ω 增大而使 m 增大时，将同时引起 $\Delta\omega_m$、$\Delta\omega_c$ 及 K_{f2} 的增大，因此 m 不能选得太大。由于非线性失真，$\gamma \neq 2$ 时的调频特性不是直线，调制特性曲线弯曲。

调频灵敏度可以通过式(7 - 27)求出。根据调频灵敏度的定义，有

$$k_f = S_f = \frac{\Delta\omega_m}{U_\Omega} = \frac{\gamma}{2}\frac{m\omega_c}{U_\Omega} = \frac{\gamma}{2}\frac{\omega_c}{U_Q + u_\varphi} \approx \frac{\gamma}{2}\frac{\omega_c}{U_Q} \tag{7 - 29}$$

上式表明，k_f 由变容二极管特性及静态工作点确定。当变容二极管一定，中心频率一定时，在不影响线性条件下，$|U_\Omega|$ 值取小些好。同时还可由式(7-29)知，在变容二极管一定，U_Q 及 U_Ω 一定时，比值 $\Delta\omega_m/\omega_c = m\gamma/2$ 也一定。即相对频偏一定，ω_c 变大，则 $\Delta\omega_m$ 增加。

由此可见：在直接调频电路中，输出频偏大，调制灵敏度高。

例 7-3 调频振荡回路由电感 L 和变容二极管组成。$L = 2\ \mu\text{H}$，变容二极管的参数为 $C_0 = 225\ \text{pF}$，$u_\varphi = 0.6\ \text{V}$，$E_Q = -6\ \text{V}$，调制信号 $u_\Omega(t) = 3\sin(10^4 t)(\text{V})$，求输出 FM 波的：

(1) 载波 f_c；

(2) 由调制信号引起的载频漂移 Δf_c；

(3) 最大频偏 Δf_m；

(4) 调频系数 k_f；

(5) 二阶失真系数 K_{f2}。

解 变容二极管等效电容为

$$C_j(t) = \frac{C_0}{\left(1 + \dfrac{u}{u_\varphi}\right)^\gamma} = \frac{C_0}{\left(1 + \dfrac{|E_Q| + u_\Omega(t)}{u_\varphi}\right)^\gamma} = \frac{225}{\left(1 + \dfrac{6 + 3\cos10^4 t}{0.6}\right)^{\frac{1}{2}}}$$

$$= \frac{67.8}{(1 + 0.5\cos10^4 t)^{\frac{1}{2}}}(\text{pF}) = \frac{C_{jQ}}{(1 + m\cos\Omega t)^\gamma}$$

则：

$$\omega(t) = \omega_c(1 + m\cos\Omega t)^{\frac{\gamma}{2}} = \omega_c + \Delta\omega_c + \Delta\omega_m\cos\Omega t + \Delta\omega_{2m}\cos2\Omega t + \cdots$$

其中：

$$\omega_c = \frac{1}{\sqrt{LC_{jQ}}} = \frac{1}{\sqrt{2 \times 10^{-6} \times 67.8 \times 10^{-12}}}$$

$$\approx 85.9 \times 10^6\ (\text{rad/s})$$

$$\Delta\omega_{2m} = \Delta\omega_c = \frac{v}{16}(C - 2)m^2\omega_c$$

$$= \frac{1}{16} \times \frac{1}{2} \times \left(\frac{1}{2} - 2\right) \times \left(\frac{1}{2}\right)^2 \times 85.9 \times 10^6$$

$$\approx -10^6\ (\text{rad/s}) \quad \Delta\omega_m = \frac{\gamma}{2}m\omega_c = \frac{1}{2} \times \frac{1}{2} \times \frac{1}{2} \times 85.9 \times 10^6$$

$$\approx 10.7 \times 10^6\ (\text{rad/s})$$

因此，有

(1) $f_c = \dfrac{\omega_c}{2\pi} = \dfrac{85.9 \times 10^6}{2\pi} \approx 13.7(\text{MHz})$

(2) $\Delta f_c = \dfrac{\Delta\omega_c}{2\pi} = \dfrac{10^6}{2\pi} \approx 159(\text{kHz})$

(3) $\Delta f_m = \dfrac{\Delta\omega_m}{2\pi} = \dfrac{10.7 \times 10^6}{2\pi} \approx 1.7(\text{MHz})$

(4) $k_f = \dfrac{\Delta f_m}{U_\Omega} = \dfrac{1.7 \times 10^6}{3} = 5.7 \times 10^5\ (\text{Hz/V})$

（5）$K_{f2} = \dfrac{\Delta\omega_{2m}}{\Delta\omega_m} = \left| \dfrac{1}{4}\left(\dfrac{\gamma}{2} - 1 \right)m \right| = \left| \dfrac{1}{4}\left(\dfrac{1}{4} - 1 \right) \times \dfrac{1}{2} \right| = 0.094$

讨论：变容二极管直接调频电路是调频电路的主要形式，其实质是频率受控的振荡器。对此电路的分析与计算，实际上就是对以变容二极管结电容为可变电容的振荡回路的分析与计算。这涉及振荡回路、接入系数、变容二极管的结电容的公式与参数等问题。

另外，在计算时，绝对的数值不一定要求非常准确，要注意相对大小及数量级，在工程中，远远大于或远远小于一般是指相对大小在 10 倍以上，这时就可以把小者忽略。

第四节　调频信号的解调

调频信号的解调就是从调频信号 $u_{FM}(t)$ 中恢复出原调制信号 $u_{\Omega}(t)$ 的过程。调频信号的解调又称为频率检波或鉴频。完成调频信号解调的电路称为频率检波器，或称为鉴频器。

从调频信号中还原调制信号的方法很多，概括起来可分为直接鉴频法和间接鉴频法两种。直接鉴频法，是根据调频信号中调制信号与已调调频信号瞬时频率之间的关系，对调频信号的频率进行检测，直接从调频信号的频率中提取原来调制信号。直接鉴频主要有脉冲计数式鉴频法、锁相环直接鉴频法等方法。间接鉴频法，是对调频信号进行不同的变换或处理从而间接地恢复出原始调制信号的方法，例如用振幅检波的方法完成频率检波，或用相位检波的方法完成频率检波等。在间接鉴频中，通过鉴幅或鉴相完成鉴频，首先要将调频信号经过波形变换，转换成相应的调幅或调相波，再通过鉴幅或鉴相将调制信号恢复出来，从而完成鉴频。

一、鉴频器的性能指标

鉴频是调频的逆过程，是将已调信号中的调制信号恢复出来。就完成的功能而言，鉴频器是一个将输入调频波的瞬时频率 f（或频偏 Δf）变换为相应的解调输出电压 u_o 的变换器，是将频率信息转换为原始的要传输的信息，如图 7-13(a)所示。就鉴频器而言，由频率信息 f（或频偏 Δf）转换为输出电压 u_o 的关系通常称为鉴频特性，也可称为转移特性或变换特性。用曲线表示为输出电压 u_o 与瞬时频率 f 或频偏 Δf 之间的关系曲线，称为鉴频特性曲线。在线性解调的理想情况下，此曲线为一直线，但实际上往往有弯曲，呈"S"形，简称"S"曲线，如图 7-13(b)所示。

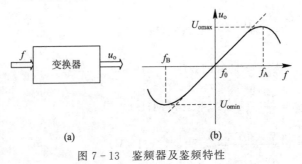

(a)　　　　　　　　　　(b)

图 7-13　鉴频器及鉴频特性

鉴频器的主要性能指标大都与鉴频特性曲线有关，主要有：

1）鉴频器中心频率 f_0

鉴频器中心频率对应于鉴频特性曲线原点处的频率。在接收机中，鉴频器位于中频放大器之后，其中心频率应与中频频率 f_{IF} 一致。在鉴频器中，通常将中频频率 f_{IF} 写作 f_c，因此也认为鉴频器中心频率为 f_c。

2）鉴频带宽 B_m

能够不失真地解调所允许的输入信号频率变化的最大范围称为鉴频器的鉴频带宽，它可以近似衡量鉴频特性线性区宽度。在图 7-13(b) 中，它指的是鉴频特性曲线左右两个极值 U_{omax} 和 U_{omin} 对应的频率间隔，因此也称峰值带宽。鉴频特性曲线一般是左右对称的，若峰值点的频偏为 $\Delta f_A = f_A - f_c = f_c - f_B$，则 $B_m = 2\Delta f_A$。对于鉴频器来讲，要求线性范围宽（$B_m > 2\Delta f_m$，或 $\Delta f_A > \Delta f_m$）。

3）线性度

为了实现线性鉴频，鉴频特性曲线在鉴频带宽内必须成线性。但在实际上，鉴频特性在两峰之间都存在一定的非线性，通常只有在 $\Delta f = 0$ 附近才有较好的线性。

4）鉴频跨导 S_D

所谓鉴频跨导，就是鉴频特性在载频处的斜率，它表示的是单位频偏所能产生的解调输出电压，它表征了鉴频器中输入调频信号的瞬时频率（或瞬时频偏）对输出电压的控制能力。鉴频跨导又叫鉴频灵敏度，用公式表示为

$$S_D = \frac{du_o}{d\omega}\bigg|_{\omega=\omega_c} = \frac{du_o}{d\Delta\omega}\bigg|_{\Delta\omega=0} \tag{7-30a}$$

或

$$S_D = \frac{du_o}{df}\bigg|_{f=f_c} = \frac{du_o}{d\Delta f}\bigg|_{\Delta f=0} \tag{7-30b}$$

鉴频跨导的单位为 V/rad/s、V/krad/s、V/Mrad/s 或 V/Hz、V/kHz、V/MHz。另一方面，鉴频跨导也可以理解为鉴频器将输入频率转换为输出电压的能力或效率，鉴频跨导越大，输入信号的频率对输出电压的控制能力就越强，可以以小的频偏得到较大的输出电压。因此，鉴频跨导又可以称为鉴频效率。

二、直接鉴频

在调频信号中，由于其瞬时频率与调制信号成线性关系，即

$$f(t) = f_c + k_f u_\Omega(t) \tag{7-31}$$

因此，调频信号的瞬时频率变化就反映了调制信号的变化规律，瞬时频率越大，反映出的调制信号电压的值越大，反之，瞬时频率越小，表明调制信号电压的值越小。直接将频率变化的信息转化为一个与频率线性变化的电压就可恢复出调制信号，这就是直接鉴频的原理。在调频信号中，从波形上看，单位时间的波形数越多，或单位时间内调频信号的零交点数越多，表明频率越高，对应的调制信号电压越大，反之亦然。因此，可以从调频信号的波形中单位时间内的波形数或零交点数直接获得调制信号电压的信息，经过一定的处理便获得原始的调制信号电压。

三、间接鉴频

间接鉴频不是直接对调频信号进行鉴频，而是用其他的方法（振幅解调或相位解调）完成鉴频。因此，间接鉴频时，首先要将调频信号进行波形变换，将其转换成调幅信号或调相信号，再用振幅解调器或相位检波器完成调幅信号或调相信号的解调。

间接鉴频器可分为两类鉴频器，即振幅鉴频器和相位鉴频器。在这两类鉴频器中，关键的是波形变换，即将调频信号转变成调幅或调相信号，转变的方法不同，可以构成不同的鉴频器。

1. 振幅鉴频法

调频波振幅恒定，故无法直接用包络检波器解调。鉴于二极管峰值包络检波器线路简单、性能好，能否把包络检波器用于调频解调器中呢？显然，若能将等幅的调频信号变成振幅也随瞬时频率变化的、既调频又调幅的 FM - AM 波，就可通过包络检波器解调此调频信号。用此原理构成的鉴频器称为振幅鉴频器。其工作原理如图 7 - 14 所示。图中的变换电路应该是具有线性频率-振幅转换特性的线性网络。

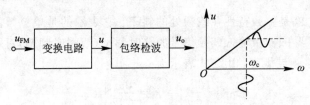

图 7 - 14　振幅鉴频器原理

图 7 - 15 就是利用单调谐电路完成鉴频的最简单电路及各点波形，回路的谐振频率高于调频信号的载频，并尽量利用幅频特性的倾斜部分。当 $f > f_c$ 时，回路两端电压大；当 $f < f_c$ 时，回路两端电压小，因而形成图 7 - 15(b)中 U_1 的波形。这种利用调谐回路幅频特性倾斜部分对调频信号解调的方法称为斜率鉴频。由于在斜率鉴频电路中，利用的是调谐回路的失（离）谐状态，因此又称失（离）谐回路法。

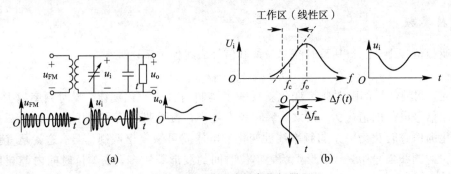

图 7 - 15　单回路斜率鉴频器

2. 相位鉴频法

由于频率和相位具有微分和积分的内在联系，在调制时，可以用调相的方法完成调频，或用调频的方法完成调相，因此在调频信号解调时，也可用鉴相的方法完成鉴频，称为相位鉴频法。相位鉴频器的组成如图 7 - 16 所示。变换电路是具有线性的频率-相位转换特性的线性相移网络，它可以将等幅的调频信号变成相位也随瞬时频率变化的、既调频又调相的 FM - PM 信号。把此 FM - PM 信号和原来输入的调频信号一起加到鉴相器（相位检波器）上，就可通过相位检波器解调此调频信号。

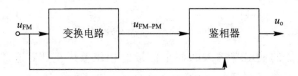

图 7 - 16　相位鉴频法的原理框图

变换电路可以用一般的线性网络来实现，要求此线性电路在调频信号的频率变化范围内具有线性的相频特性，其振幅特性基本保持不变即可。一般用谐振回路作为变换电路。相位鉴频法的关键是相位检波器。相位检波器或鉴相器就是用来检出两个信号之间的相位差，完成相位差-电压变换作用的部件或电路。

在鉴相器中，通常有两类鉴相器，即乘积型鉴相器和叠加型鉴相器。与此对应的鉴频器分别称为乘积型相位鉴频器和叠加型相位鉴频器。下面分别讨论这两类相位鉴频器。

1）乘积型相位鉴频器

乘积型相位鉴频器的组成如图 7 - 17 所示。在乘积型相位鉴频器中，线性相移网络通常是单谐振回路（也可以是耦合回路），而相位检波器为乘积型鉴相器。

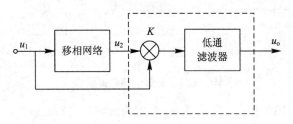

图 7 - 17　乘积型相位鉴频法

设输入的调频信号和经移相网络后的信号分别为

$$u_1 = U_1\cos(\omega_c t + m_f\sin\Omega t) \tag{7 - 32}$$

$$u_2 = U_2\cos(\omega_c t + m_f\sin\Omega t + \varphi_e(t)) \tag{7 - 33}$$

u_1 和 u_2 的相位差为

$$\varphi_e(t) = \frac{\pi}{2} - \Delta\varphi(t) \tag{7 - 34}$$

式中，$\Delta\varphi(t)$ 是与输入调频信号的瞬时频率有关的附加相移，为

$$\Delta\varphi(t) = \arctan\left(2Q_0\,\frac{\Delta f}{f}\right) \tag{7 - 35}$$

其中，f_0 和 Q_0 分别为谐振回路（或耦合回路）的谐振频率和品质因数，$f_0 = f_c$。设乘法器的

197

乘积因子为 K，则经相乘器和低通滤波器后的输出电压为

$$u_o = \frac{K}{2} U_1 U_2 \sin[\Delta\varphi(t)] \qquad (7-36)$$

由式(7-36)可知乘积型相位鉴频器的鉴频特性成正弦形。当 $\Delta f/f_0 \ll 1$，即系统工作在窄带情况下时(一般情况下均可满足此条件)，$\Delta\varphi(t)$ 较小，正弦型的鉴频特性可以近似为线性，这样就有

$$u_o \approx \frac{1}{2} K U_1 U_2 \Delta\varphi(t) \qquad (7-37)$$

由此可见，鉴相器的输出与输入的两个信号的相位差成正比，这样就完成了相位检波。

由调频信号分析已知，调频信号的瞬时频偏 Δf 与调制信号 $u_\Omega(t)$ 成正比，由此可得乘积型相位鉴频器的输出：

$$u_o \propto u_\Omega(t) \qquad (7-38)$$

完成了频率检波功能。

2) 叠加型相位检波器

利用叠加型鉴相器实现鉴频的方法称为叠加型相位鉴频法，其组成如图7-18所示。调频信号经移相网络后再与原信号相加，相加后的信号为 FM-PM-AM 信号，经包络检波器检波，恢复出原始的调制信号。

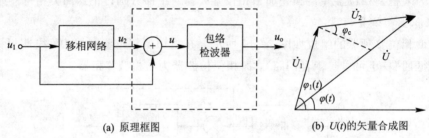

(a) 原理框图　　　　　　　(b) $U(t)$的矢量合成图

图 7-18　叠加型相位鉴频法

设输入到叠加器中的输入信号 u_1 和 u_2 分别为式(7-32)和式(7-33)所描述的信号，将 u_1 和 u_2 相加，有

$$
\begin{aligned}
u_1 + u_2 &= U_1\cos(\omega_c t + m_f \sin\Omega t) + U_2\cos(\omega_c t + m_f \sin\Omega t + \varphi_e(t)) \\
&= U_1\cos(\omega_c t + m_f \sin\Omega t) + U_2\sin(\omega_c t + m_f \sin\Omega t + \Delta\varphi(t)) \\
&= U_m(t)\cos(\omega_c t + m_f \sin\Omega t + \Phi(t))
\end{aligned}
\qquad (7-39)
$$

式中，$U_m(t)$ 和 $\Phi(t)$ 分别为合成信号的振幅和附加相位，均与 u_1 和 u_2 的相位差 $\Delta\varphi(t)$ 有关。由于叠加器之后是包络检波器，因此更关心合成信号的包络 $U_m(t)$：

$$
\begin{aligned}
U_m(t) &= \sqrt{(U_1 + U_2\sin\Delta\varphi(t))^2 + U_2^2\cos^2\Delta\varphi(t)} \\
&= \sqrt{U_1^2 + U_2^2 + 2U_1 U_2\sin\Delta\varphi(t)}
\end{aligned}
\qquad (7-40)
$$

如果 $U_2 \gg U_1$，则

$$U_m(t) = U_2\sqrt{1 + \left(\frac{U_1}{U_2}\right)^2 + 2\frac{U_1}{U_2}\sin\Delta\varphi(t)}$$

$$\approx U_2\left[1+\frac{U_1}{U_2}\sin\Delta\varphi(t)\right] \tag{7-41}$$

同样，如果 $U_1 \gg U_2$，则

$$U_m(t)\approx U_1\left[1+\frac{U_2}{U_1}\sin\Delta\varphi(t)\right] \tag{7-42}$$

对式(7-39)所示信号进行包络检波，则鉴相器输出为

$$u_o = K_d U_m(t) \tag{7-43}$$

式中，K_d 为包络检波器的检波系数。可见，在这两种情况下，鉴相特性为正弦形。在 $\Delta\varphi(t)$ 较小时，$U_m(t)$ 与 $\Delta\varphi(t)$ 近似成线性关系，从而完成了相位检波。当输入信号为调频信号时，就完成了频率检波。

第五节　互感耦合相位鉴频器电路

互感耦合相位鉴频器又称福斯特-西利（Foster-Seeley）鉴频器，图7-19是其典型电路。相移网络为耦合回路，图7-19中，初、次级回路参数相同，即 $C_1 = C_2 = C$，$L_1 = L_2 = L$，$r_1 = r_2 = r$，$k = M/L$，中心频率 $f_0 = f_c$（f_c 为调频信号的中频载波频率）。$\dot{U}_1$ 是经过限幅放大后的调频信号，它一方面经隔直电容 C_c 加在后面的两个包络检波器上，另一方面经互感 M 耦合在次级回路两端产生电压 $\dot{U}_2$。L_3 为高频扼流圈，它除了保证使输入电压 $\dot{U}_1$ 经 C_c 全部加在次级回路的中心抽头外，还要为后面两个包络检波器提供直流通路。二极管 VD_1、VD_2 和两个 C、R_L 组成平衡的包络检波器使信号差动输出。在实际中，鉴频器电路还可以有其他形式，如接地点改接在下端（图中虚线所示），检波负载电容用一个电容代替并可省去高频扼流圈。

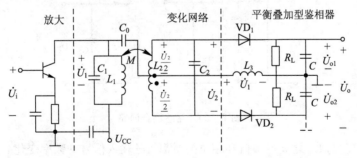

图7-19　互感耦合相位鉴频器

互感耦合相位鉴频器的工作原理可分为移相网络的频率-相位变换、加法器的相位-幅度变换和包络检波器的差动检波三个过程。

一、频率-相位变换

频率-相位变换是由图7-20所示的互感耦合回路完成的。由图7-20(b)的等效电路

可知，初级回路电感 L_1 中的电流为

$$\dot{I}_1 = \frac{\dot{U}_1}{r_1 + j\omega L_1 + Z_f} \tag{7-44}$$

式中，Z_f 为次级回路对初级回路的反射阻抗，在互感 M 较小时，Z_f 可以忽略。考虑初、次级回路均为高 Q 回路，r_1 也可忽略。这样，式(7-44)可近似为

$$\dot{I}_1 \approx \frac{\dot{U}_1}{j\omega L_1} \tag{7-45}$$

初级电流在次级回路产生的感应电动势为

$$\dot{U}_2' = j\omega M \dot{I}_1 = \frac{M}{L_1}\dot{U}_1 = k\dot{U}_1 \tag{7-46}$$

感应电动势 $\dot{U}_2'$ 在次级回路形成的电流 $\dot{I}_2$ 为

$$\dot{I}_2 = \frac{\dot{E}_2}{r_2 + j\left(\omega L_2 - \dfrac{1}{\omega C_2}\right)} = \frac{M}{L_1}\frac{\dot{U}_1}{r_2 + j\left(\omega L_2 - \dfrac{1}{\omega C_2}\right)} \tag{7-47}$$

$\dot{I}_2$ 流经 C_2，在 C_2 上形成的电压 $\dot{U}_2$ 为

$$\dot{U}_2 = -\frac{1}{j\omega C_2}\dot{I}_2 = j\frac{1}{\omega C_2}\frac{M}{L_1}\frac{\dot{U}_1}{r_2 + j\left(\omega L_2 - \dfrac{1}{\omega C_2}\right)}$$

$$= \frac{jA}{1+j\xi}\dot{U}_1 = \frac{A\dot{U}_1}{\sqrt{1+\xi^2}}e^{j\frac{\pi}{2}-\varphi} \tag{7-48}$$

式中，$A = kQ$ 为耦合因子，$Q \approx \dfrac{1}{\omega_0 Cr}$，$\xi = \dfrac{2Q\Delta f}{f_0}$，$\varphi = \arctan\xi$ 为次级回路的阻抗角。

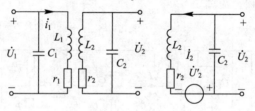

图 7-20　互感耦合回路

上式表明，$\dot{U}_2$ 与 $\dot{U}_1$ 之间的幅值和相位关系都将随输入信号的频率变化。但在 f_0 附近幅值变化不大，而相位变化明显。$\dot{U}_2$ 与 $\dot{U}_1$ 之间的相位差为 $\dfrac{\pi}{2}-\varphi$。φ 与频率的关系及 $\dfrac{\pi}{2}-\varphi$ 与频率的关系如图 7-21 所示。由此可知，当 $f = f_0 = f_c$ 时，次级回路谐振，$\dot{U}_2$ 与 $\dot{U}_1$ 之间的相位差为 $\dfrac{\pi}{2}$（引入的固定相差）；当 $f > f_0 = f_c$ 时，次级回路成感性，$\dot{U}_2$ 与 $\dot{U}_1$ 之间的相差为 $0\sim\dfrac{\pi}{2}$；当 $f < f_0 = f_c$ 时，次级回路成容性，$\dot{U}_2$ 与 $\dot{U}_1$ 之间的相位差为 $\dfrac{\pi}{2}\sim\pi$。

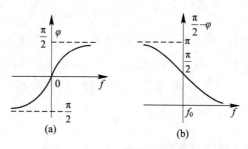

图 7 - 21 频率-相位变换电路的相频特性

由上可以看出,在一定频率范围内,$\dot{U}_2$ 与 $\dot{U}_1$ 间的相差与频率之间具有线性关系。因而互感耦合回路可以作为线性相移网络,其中固定相差 $\pi/2$ 是由互感形成的。

应当注意,与鉴相器不同,由于 $\dot{U}_2$ 由耦合回路产生,相移网络由谐振回路近似形成,因此,$\dot{U}_2$ 的幅度随频率变化。但在回路通频带之内,幅度基本不变。

二、相位-幅度变换

根据图中规定的 $\dot{U}_2$ 与 $\dot{U}_1$ 的极性,图 7 - 19 电路可简化为图 7 - 22。这样,在两个检波二极管上的高频电压分别为

$$\begin{cases} \dot{U}_{D1} = \dot{U}_1 + \dfrac{\dot{U}_2}{2} \\[3mm] \dot{U}_{D2} = \dot{U}_1 - \dfrac{\dot{U}_2}{2} \end{cases} \tag{7-49}$$

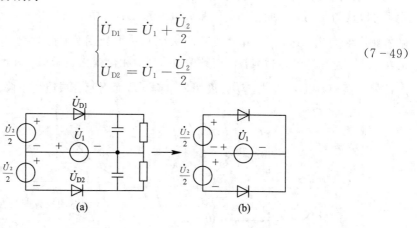

图 7 - 22 图 7 - 19 的简化电路

合成矢量的幅度随 $\dot{U}_2$ 与 $\dot{U}_1$ 间的相差而变化(FM - PM - AM 信号),如图 7 - 23 所示。

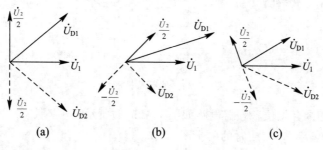

图 7 - 23 不同频率时的 $\dot{U}_{D2}$ 与 $\dot{U}_{D1}$ 矢量图

由此可见：

(1) $f = f_0 = f_c$ 时，$\dot{U}_{D2}$ 与 $\dot{U}_{D1}$ 的振幅相等，即 $U_{D1} = U_{D2}$；

(2) $f > f_0 = f_c$ 时，$U_{D1} > U_{D2}$，随着 f 的降低，两者差值将加大；

(3) $f < f_0 = f_c$ 时，$U_{D1} < U_{D2}$，随着 f 的增加，两者差值也将加大。

三、检波特性

由于是平衡电路，两个包络检波器的检波系数 $K_{d1} = K_{d2} = K_d$，包络检波器的输出分别为 $u_{o1} = K_{d1}U_{d1}$、$u_{o2} = K_{d2}U_{D2}$。鉴频器的输出电压为

$$u_o = u_{o1} - u_{o2} = K_d(U_{D1} - U_{D2}) \qquad (7-50)$$

由上面分析可知，当 $f = f_0 = f_c$ 时，鉴频器输出为零；当 $f > f_0 = f_c$ 时，鉴频器输出为正；当 $f < f_0 = f_c$ 时，鉴频器输出为负。由此可得此鉴频器的鉴频特性，如图 7-23 (a)所示，为正极性。在瞬时频偏为零（$f = f_0 = f_c$）时输出也为零，这是靠固定相移 $\pi/2$ 及平衡差动输出来保证的。

在理想情况下，鉴频特性不受耦合回路的幅频特性的影响，调频信号通过耦合回路移相后得到的是等幅电压，鉴频特性形状与耦合回路这一移相网络的相频特性相似，如图 7-24(c)中曲线①所示。但实际上，鉴频特性受耦合回路的幅频特性和相频特性的共同作用，可以认为是两者共同作用的结果，如图 7-24(c)中曲线②所示。在频偏不大的情况下，随着频率的变化，$\dot{U}_2$ 与 $\dot{U}_1$ 幅度变化不大而相位变化明显，此时起主导作用的是两个信号的相位差，鉴频特性近似线性；当频偏较大时，相位变化趋于缓慢，此时起主导作用的是两个信号的振幅，由于 $\dot{U}_2$ 与 $\dot{U}_1$ 幅度明显下降，从而引起合成电压下降。

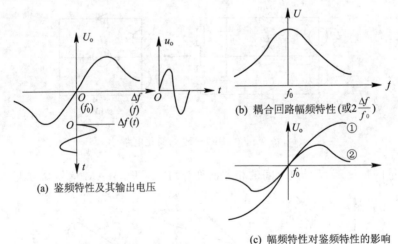

(a) 鉴频特性及其输出电压

(b) 耦合回路幅频特性（或 $2\dfrac{\Delta f}{f_0}$）

(c) 幅频特性对鉴频特性的影响

图 7-24 鉴频特性曲线

例 7-4 互感耦合相位鉴频器电路如图 7-25(a)所示。

(1) 画出信号频率 $f < f_c$ 时的矢量图；

(2) 画出二极管 VD_1 两端电压波形示意图；

（3）若鉴频特性如图 7-25(b)所示，$S_D = 10 \text{ mV/kHz}$，$f_{01} = f_{02} = f_c = 10 \text{ MHz}$，$u_1 = 1.5\cos(2\pi \times 10^7 t + 15\sin(4\pi \times 10^3 t))(\text{V})$，求输出电压 $u_o = ?$

（4）当发送端调制信号的 U_Ω 加大一倍时，画出 u_o 的波形示意图；

（5）说明 VD_1 断开时能否鉴频？

（6）定性画出次级回路中 L_2 的中心抽头向下偏移时的鉴频特性曲线。

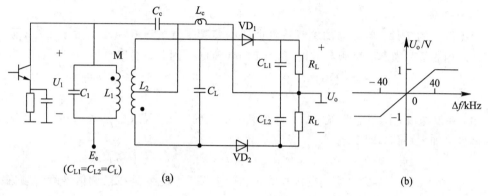

图 7-25

题意分析：本题较为全面地考查相位鉴频的电路、工作原理、性能分析等。从题图可以看出，这是一个互感耦合相位鉴频器的典型电路，对其线路形式和器件的配置要了如指掌，对此电路与其他电路的异同点也要一清二楚。也就是说，一种电路形式也应该能举一反三，触类旁通。这些题中，有的要求画矢量图，有的要求画波形图，有的要求画鉴频特性曲线，这些都涉及鉴频器的基本工作原理。因此，鉴频器（包括相位鉴频器）的工作原理要非常清楚。解题时要根据所问的问题与鉴频器工作原理中相关部分的关系来分析。

解 （1）从工作原理可知，在 $f < f_c$ 时的矢量图如图 7-26(a)所示。

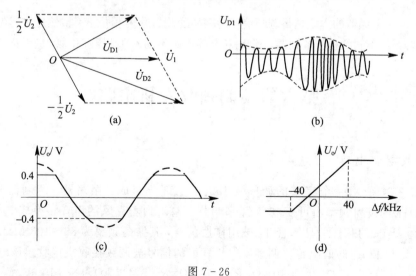

图 7-26

（2）二极管 VD_1 两端的电压为

$$u_{D1} = u_1 + \frac{1}{2}u_2 - u_{C_{L1}}$$

其波形如图 7 - 26(b)所示。

（3）由题知，输入信号 u_1 的频率变化部分为

$$\Delta f(t) = 2 \times 10^3 \times 15\cos 4\pi \times 10^3 t (\text{Hz})$$
$$= 30\cos 4\pi \times 10^3 t (\text{kHz})$$
$$\Delta f_m = 30 \text{ kHz}$$

根据题中的条件，鉴频器的鉴频特性曲线的鉴频带宽为 ± 40 kHz，大于 Δf_m，而在鉴频带宽之内为线性鉴频，鉴频灵敏度 $S_D = 10$ mv/kHz，因此，输出电压为

$$u_o = S_D \cdot \Delta f(t) = 10 \times 10^{-3} \times 30 \times \cos 4\pi \times 10^3 t$$
$$= 0.3\cos 4\pi \times 10^3 t \text{ (V)}$$

（4）在发送端，调制电路确定后，调制灵敏度就确定了。若 U_Ω 加大一倍，则调频信号的频偏也将加大一倍，即变成：

$$\Delta f(t) = 2 \times 30 \times \cos(4\pi \times 10^3 t) = 60\cos(4\pi \times 10^3 t) \text{ (kHz)}$$

$\Delta f_m = 60$ kHz＞鉴频带宽，在接收端必然产生失真。主要是在已调信号瞬时频偏大于鉴频带宽时输出会限幅，如图 7 - 26(c)所示。

（5）当 VD_1 断开时，C_{L1} 上无电压变化，而 C_{L2} 上的电压变化仍能反映输入信号的频率变化，因此仍可鉴频。同样道理，若只有 VD_2 断开时也可鉴频。

（6）L_2 的中心抽头的移动只是改变 $\pm\frac{\dot{U}_2}{2}$ 的对称性，即 $|\dot{U}_{D1}|$、$|\dot{U}_{D2}|$ 的大小，从而改变在 $\Delta f = 0$ 时 u_o 的大小，而不会使鉴频特性在频率（偏）轴上平移。中心抽头向下平移，会使 $\frac{\dot{U}_2}{2}$ 增回一个 Δ，使 $-\frac{\dot{U}_2}{2}$ 减小一个 Δ，从而使输出在 $\Delta f = 0$ 时大于 0，如图 7 - 26(d)所示。

讨论：相位鉴频器的本质是将调频信号的频率变化转化为相位变化，然后进行鉴相。其核心是频-相转换。不同的相位鉴频器，其频-相转换电路不同，但其原理相似，应予以掌握。

第六节　调频收发机电路

一、调频发射机电路

如图 7 - 27 所示一个完整的调频发射机由三部分组成：振荡器、调制器和放大器。88～108 MHz 的发射频率由可变电容 C_j 来调节。输入到麦克风的声音转换成电信号之后，被送到晶体管 T_1 的基极。晶体管 T_1 被用作振荡器，其振荡频率为 88～108 MHz。振荡频率由 R_2、C_2、L_2 和 L_3 的值决定。调频发射机发射的信号被调频接收机接收。该电路参数具体参数如下：$R_1 = 180$ kΩ，$R_2 = 10$ kΩ，$R_3 = 15$ kΩ，$R_4 = 4.7$ kΩ，$C_1 = 10$ nF，$C_2 = 10$ pF，$C_3 = 20$ nF，$C_4 = 0.001$ μF，$C_5 = 1$ μF/10V，$C_6 = 4.7$ pF，$C_7 = 10$ nF，$C_8 = 3.3$ pF，

$C_j = 22$ pF，V 是 BF194B。

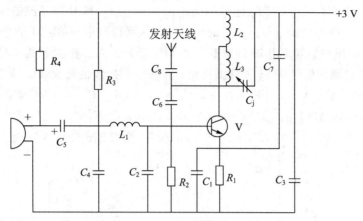

图 7-27 简单的调频发射电路

如图 7-28 所示的变容二极管 VHF 波段频率调制电路，它是可以在 76～90 MHz 的 FM 广播波段使用的频率调制 FM 发射机，通常也称作无线电话筒，用 FM 广播接收机接收其信号。

用 V_1 把驻极电容话筒产生的信号放大到二极管的工作电压。80 MHz 频段的信号由 V_2 构成的 LC 振荡电路产生。如图所示，L_1 的构成是把导线绕在带磁心的绕线架上，通过调整磁心便可使振荡频率在 76～90 MHz 之间变化。

用变容二极管 1S2236 改变谐振回路的频率，直接进行 FM 调制，ECM 输出 3 MV 时，可得到 ±25 kHz 的调制度。

进行了 FM 调制的信号被高频放大器 TT3 放大到 2.3 MV 左右，然后送至天线。

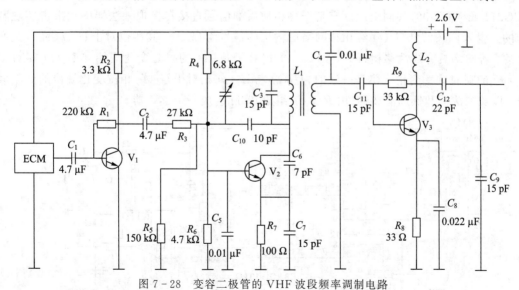

图 7-28 变容二极管的 VHF 波段频率调制电路

二、调频接收机电路

如图 7-29 所示调频接收电路，该电路由芯片 TEA5591（IC_1）组成。首先调频发射信号被天线接收，被送到 IC_1 的第 2 个管脚并通过由 L_2、C_4 组成的带通滤波器。送到 IC_1 的射频信号被放大并被 C_9、VC_1、L_1 组成的回路调谐。L_3、C_8 和 VC_2 组成振荡器，它的输出被送到 IC_1 的 22、23 号管脚，与调谐后的信号混频从而得到中频的 FM 信号。陶瓷滤波器 XT_1、XT_2 用来滤出中频频率并被送到 IC_1 的 4 号管脚。内部检测器用来检测调频信号。调频接收机最终得到的信号从 11 号管脚获得，并被送到后续的放大器。该电路参数如下：$R_1 = 820 \ \Omega$，C_1、$C_2 = 4.7 \ \mu F/355 \ V$，$C_3 = 470 \ pF$，$C_5 = 470 \ pF$，$C_4 = 22 \ pF$，$C_6 = 0.02 \ \mu F$，$C_7 = 0.01 \ \mu F$，$C_{10} = 0.01 \ \mu F$，$C_8 = 27 \ pF$，$C_9 = 27 \ pF$，$C_{11} = 47 \ nF$，$C_{12} = 220 \ \mu F/25V$，$VC_1 = 22 \ pF$，$VC_2 = 39 \ pF$，$IC_1$ 为 TEA5591，VD 为 1N4007。

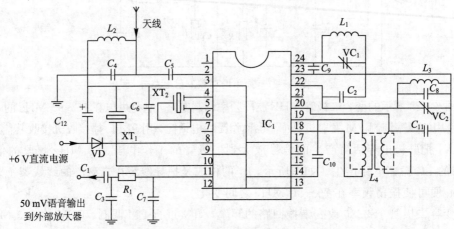

图 7 - 29　调频接收机电路图

如图 7 - 30 所示集成相位鉴频器是由线性相移网络(由 C_1、C_2 和 L 组成)与模拟乘法器(BG314 或 MC1496)共同组成。它是把移相前后的信号直接在模拟乘法器中相乘来实现鉴频的。输入调频信号 $U_1(t)$ 经相移网络后输出的信号为 $U_2(t)$，其相位对于 $U_1(t)$ 而言是变化的，若网络具有线性移相特性，则 $U_2(t)$ 相对于 $U_1(t)$ 的瞬时变化规律与 $U_1(t)$ 相对于 $U_1(f)$ 的瞬时频率变化规律是一致的。$U_1(t)$ 与 $U_2(t)$ 相对于 $U_1(t)$ 相位变化规律的低频信号，以及乘法器和低通滤波器(由 R_φ、C_φ 组成)实际组成一个鉴相器。

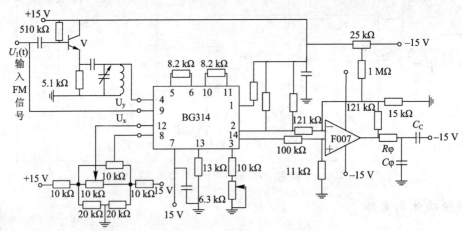

图 7 - 30　集成相位鉴频器

本 章 小 结

本章的内容是角度调制及其解调的方法与电路，角度调制分为频率调制和相位调制，两者之间有一定的关系。调频主要用于模拟调制，相位调制多用于数字调制。因此，本章的重点是调频及解调（鉴频）的方法与电路，角度调制信号的分析也以调频信号分析为重点。

（1）调频信号的实质是其频率随调制信号线性变化，其时域波形为一等幅的疏密波，疏密的程度对应频率的高低，最高和最低频率之差的一半即为调频信号所能产生的最大频偏。最高和最低频率之差在宽带调频时基本上就是调频信号的带宽。最大频偏与调制信号的幅度有关，而与调制信号的频率无关。调频信号频率高低变化的速率就是调制信号的频率。反映调制信号（幅度）对最大频偏的控制能力的参数为调制灵敏度，它由调制电路来决定。调频信号中决定频谱结构和信号带宽的重要参数是调频指数或调制深度，它是单音调制信号引起的最大瞬时相角偏移量。它与最大频偏成正比，但与调制信号频率成反比。它可以大于1，而且常常远远大于1。

（2）将调频信号的表达式展开后，可以分析出其频谱特点。调频信号由无穷多个频谱分量组成，这些频谱分量的分布位置、幅度大小以及相位与由调频指数决定的贝塞尔函数密切相关。调频信号的频谱是以载频为中心，由无穷多对以调制信号频率为间隔的边频分量组成，各分量幅值取决于贝塞尔函数，且以载频对称分布；载频分量并不总是最大，有时为零；调频信号的大部分功率集中在载频附近；频谱结构与调频指数有密切关系，随着调频指数的增加，有影响的边频的数目增加。但无论如何变化，主要频谱宽度基本不变（这就是重要的恒定带宽调制）。这与调制信号的频谱结构大为不同，这就是频谱的非线性变换。

（3）调频信号的功率等于载波功率，这说明调频的过程实际上是将载波功率重新分配给各频率分量的过程，每个频率分量所分得的功率由贝塞尔函数决定，但各分量功率之和仍为未调载波功率。这就是调频信号具有很高的功率利用率和较强的抗干扰的原因。

（4）在调频电路中，常用的是直接调频法中变容二极管直接调频电路，它们的实质是用调制信号直接控制振荡器中的频率元件，使得振荡频率按调制信号规律变化。

（5）鉴频器实质上是一个将输入调频信号的瞬时频率变成输出电压的变换器，鉴频特性曲线为"S"曲线。鉴频跨导反映鉴频的能力和效率，鉴频带宽要求大于调频信号带宽。鉴频的方法很多，除了直接从频率上解调外，大多都是通过各种波形变换，最终归结为调幅信号的解调。需要强调的是，相位鉴频法是最常用的鉴频方法，其中包含有鉴相的方法。

（6）在互感耦合相位鉴频器电路中，互感移相网络实现了从频率变化到相位变化的变换，它是实现鉴频的基础；初级回路电压和次级回路电压的矢量合成实现了重要的 FM -PM - AM 转换，是波形转换和鉴频的核心；平衡包络检波器差动输出完成鉴频的最后一步。

思考题与练习题

7-1 角调制 $u(t) = 5\cos(2\pi \times 10^6 t + 5\cos 2000\pi t)$ (V)，试确定：

(1) 最大频偏；

(2) 最大相偏；

(3) 信号带宽；

(4) 此信号在单位电阻上的功率；

(5) 能否确定这是 FM 波还是 PM 波？

(6) 调制电压。

7-2 调制信号 $u_\Omega = 2\cos 2\pi \times 10^3 t + 3\cos 3\pi \times 10^3 t$ (V)，调频灵敏度 $k_{\mathrm{f}} = 3$ kHz/V，载波信号为 $u_{\mathrm{c}} = 5\cos 2\pi \times 10^7 t$ (V)，试写出此 FM 信号表达式。

7-3 调制信号如图 P7-1 所示。

(1) 画出 FM 波的 $\Delta\omega(t)$ 和 $\Delta\varphi(t)$ 曲线；

(2) 画出 PM 波的 $\Delta\omega(t)$ 和 $\Delta\varphi(t)$ 曲线；

(3) 画出 FM 波和 PM 波的波形草图。

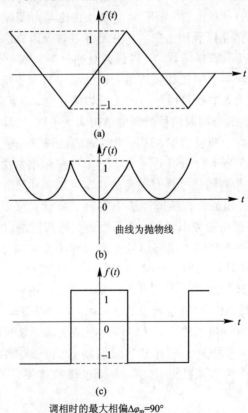

图 P7-1 题 7-3 图

7-4 频率为 100 MHz 的载波被频率为 5 kHz 的正弦信号调制，最大频偏为 50 kHz，求此时 FM 波的带宽。若 U_Ω 加倍，F 不变，带宽是多少？若 F 不变，U_Ω 增大一倍，带宽如何？若 U_Ω 和 F 都增大一倍，带宽又如何？

7-5 有一个 AM 波和 FM 波，调制信号均为 $u_\Omega(t) = 0.1\sin(2\pi\times10^3 t)$（V），载频均为 1 MHz。FM 器的调频灵敏度为 $k_f = 1$ kHz/V，动态范围大于 20 V。

（1）求 AM 波和 FM 波的信号带宽；

（2）若 $u_\Omega(t) = 20\sin(2\pi\times10^3 t)$（V），再计算 AM 波和 FM 波的带宽；

（3）由（1）、（2）可得出什么结论。

7-6 已知某调频电路调制信号频率为 400 Hz，振幅为 2.4 V，调制指数为 60，求最大频偏。当调制信号频率减为 250 Hz，同时振幅上升为 32 V 时，调制指数将变为多少？

7-7 已知载波 $u_c = 10\cos2\pi\times10^8 t$（V），调制信号 $u_\Omega(t) = \cos2\pi\times10^3 t$（V），最大频偏 $\Delta f_m = 40$ kHz。

（1）求调频波表达式和有效带宽 BW；

（2）若调制信号 $u_\Omega(t) = 3\cos2\pi\times10^3 t$，则 m_f 为多少？BW 为多少？

7-8 图 P7-2 是某调幅波 $u(t)$ 的频谱结构图，试问：

（1）已调信号的标准表达式 $u_s(t)$ 是什么？

（2）调制深度 m 为多少？

（3）试对应画出调制信号 $u_\Omega(t)$、载波 $u_c(t)$ 及已调信号 $u_s(t)$ 的时域波形。

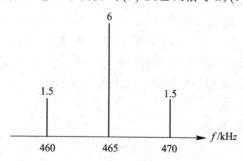

图 P7-2 某调幅信号的频谱结构示意图

7-9 调频振荡器回路由电感 L 和变容二极管组成。$L = 2$ μH，变容二极管参数为：$C_{j0} = 225$ pF，$\gamma = 0.5$，$u_\varphi = 0.6$ V，$U_Q = -6$ V，调制电压为 $u_\Omega(t) = 3\cos(10^4 t)$（V）。求输出调频波的：

（1）载频；

（2）由调制信号引起的载频漂移；

（3）最大频偏；

（4）调频系数；

（5）二阶失真系数。

7-10 调频振荡器回路的电容为变容二极管，其压控特性为 $C_j = C_{j0}/\sqrt{1+2u}$，u 为变容二极管反向电压的绝对值。反向偏压 $E_Q = 4$ V，振荡中心频率为 10 MHz，调制电压为 $u_\Omega(t) = \cos\Omega t$（V）。

（1）求在中心频率附近的线性调制灵敏度；

（2）当要求 $K_{f2} < 1\%$ 时，求允许的最大频偏值。

7-11 某鉴频器的鉴频特性为正弦型，$B_m = 200\ \text{kHz}$，写出此鉴频器的鉴频特性表达式。

7-12 某鉴频器的鉴频特性如图 P7-3 所示，鉴频器的输出电压为 $u_o(t) = \cos(4\pi \times 10^3 t)(\text{V})$，试问：

（1）鉴频跨导 S_D 为多少？

（2）写出输入信号 $u_{FM}(t)$ 和原调制信号 u_Ω 的表达式；

（3）若此鉴频器为互感耦合相位鉴频器，要得到正极性的鉴频特性，如何改变电路？

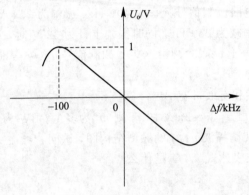

图 P7-3 题 7-12 图

7-13 已知某鉴频器的输入信号为 $u_{FM} = 3\sin[\omega_c t + 10\sin(2\pi \times 10^3 t)](\text{V})$，鉴频跨导为 $S_D = -5\ \text{mV/kHz}$，线性鉴频范围大于 $2\Delta f_m$。求输出电压 u_o 的表示式。

7-14 某鉴频器的鉴频特性如图 P7-4 所示。输入信号为 $u_i = U_i\sin[\omega_c t + m_f\sin(2\pi F t)](\text{V})$，试画出下列两种情况下输出电压波形。

（1）$F = 1\ \text{MHz}$，$m_f = 6$；

（2）$F = 1\ \text{MHz}$，$m_f = 12$。

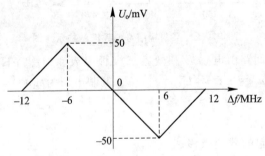

图 P7-4 题 7-14 图

7-15 某鉴频器输入信号 $u_{FM} = 3\cos[2\pi \times 10^6 t + 5\sin(2\pi \times 10^3 t)](\text{V})$，其鉴频特性曲线如图 P7-5 所示。试回答下列问题：

（1）求电路的鉴频灵敏度 S_D。

（2）当输入调频信号 u_{FM} 时，求输出电压 u_o。

（3）将 u_{FM} 的调制信号频率增大 1 倍后作为输入信号，说明输出 u_o 有无变化？若将调制信号的幅度增大 1 倍后再作为输入信号，则输出 u_o 又有何变化？

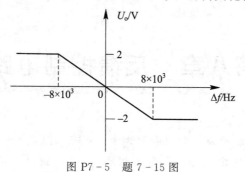

图 P7 - 5　题 7 - 15 图

7 - 16　在如图 P7 - 6 所示的两个电路中，哪个能实现包络检波，哪个能实现鉴频，相应的回路参数如何配置？

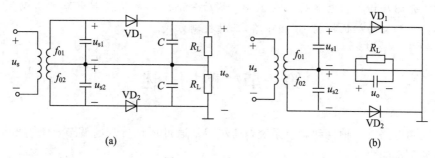

(a)　　　　　　　　　　　　　　　　　　　(b)

图 P7 - 6　题 7 - 15 图

7 - 17　对于图 P7 - 7 所示的互感耦合叠加型相位鉴频器，试回答下列问题：

（1）若鉴频器输入端电压 $u_1 = 2\cos[2\pi \times 10^7 t + 3\sin(4\pi \times 10^3 t)]$（V），已知电路的鉴频灵敏度 $S_D = -0.2 \times 10^{-4}$ V/Hz，问能否确定输出电压 u_o？

（2）若将次级线圈的同名端和异名端互换，则鉴频特性有何变化？

（3）若二极管的接法分别出现下列情况：

① 两管的电机均反接；

② 其中 VD_2 管的电极反接；

③ 其中 VD_1 管断开；

则鉴频特性有何变化？

（4）若次级中心抽头偏离中间点，则鉴频特性有何变化？

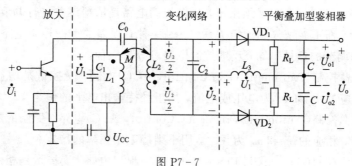

图 P7 - 7

第八章　反馈控制电路

由谐振放大电路、振荡电路、调制和解调电路，可以组成一个完整的通信系统或其他电子系统，但系统性能不一定完善。在实际电路中，为了改善系统的性能，广泛采用了具有自动调节作用的控制电路。由于这些控制电路都是运用反馈的原理，因而统称为反馈控制电路(Feedback Control Circuit)。

本章先介绍反馈控制电路的组成框图，然后分别介绍反馈控制电路的自动增益控制、自动频率控制和自动相位控制(锁相环路)三种控制方式。

第一节　概　　述

反馈控制电路是一种自动调节系统，其作用是通过环路自身的调节，使输出与输入之间保持某种预定的关系。

反馈控制电路组成框图如图 8-1 所示，它由反馈控制器和受控对象两部分构成。图中，x_i 和 x_o 分别表示系统的输入量和输出量，它们之间应满足所需要的确定关系：

$$x_o = f(x_i) \tag{8-1}$$

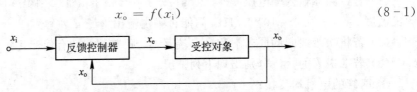

图 8-1　反馈控制电路的组成框图

如果由于某种原因破坏了这个预定的关系式，反馈控制器就对 x_o 和 x_i 进行比较，检测出它们与预定关系的偏差程度，以产生相应的误差量 x_e 并加到受控对象上。受控对象依据 x_e 对输出量 x_o 进行调节。通过不断比较和调节，最后使 x_o 和 x_i 之间接近到预定的关系，反馈控制电路进入稳定状态。必须指出，反馈控制电路是依据误差进行调节的，因此 x_o 和 x_i 之间只能接近，而不能恢复到预定关系，它是一种有误差的反馈控制电路。

根据比较和调节的参量不同，反馈控制电路可分为三种：

(1) 自动增益控制(Automatic Gain Control，AGC)电路，受控量是增益，受控对象是可控放大器，相应的 x_i 和 x_o 为电压或电流，用于维持输出电平的恒定。

(2) 自动频率控制(Automatic Frequency Control，AFC)电路，受控量是频率，受控对象是压控振荡器，相应的 x_i 和 x_o 为频率，用于维持工作频率的稳定。

(3) 自动相位控制(Automatic Phase Control，APC)电路，受控量是相位，受控对象是压控振荡器，相应的 x_i 和 x_o 为相位。它又称为锁相环路(Phase Locked Loop，PLL)，用于锁定相位，是一种应用很广的反馈控制电路，目前已制成通用的集成组件。

第二节　自动增益控制电路

自动增益控制电路广泛用于各种电子设备中，它的基本作用是减小因各种因素引起系统输出信号电平的变化。例如，减小接收机因电磁波传播衰落等引起输出信号强度的变化；稳定发射机输出电平，并便于在一定范围内进行调整；可作为信号发生器的稳幅机构或输出信号电平的调节机构等。

一、基本工作原理

自动增益控制电路的基本组成框图如图 8-2 所示。其反馈控制器由检波器、直流放大器和比较器构成，受控对象就是可控增益放大器。当输入电压 u_i 的幅度变化而使输出电压 u_o 幅度也发生变化时，此变化通过检波器检出反映信号强度变化的电压，通过直流放大器加至比较器，产生与外加参考信号 u_r 之间的差值电压 u_e，经低通滤波器滤除不需要的较高频率分量，取出与幅度相关的缓慢变化的电压作为控制电压 u_c 加到可控增益放大器用来调整放大器的增益，使输出信号电平保持在所需要的范围内。也就是当输入电压 u_i 减小而使输出电压 u_o 减小时，误差电压 u_e 经过低通滤波器控制可控放大器的增益使其变大，从而使 u_o 增大。反之，使 u_o 减小。这样，通过环路不断地循环反馈，就能使输出电压 u_o 的幅度保持基本不变或仅在较小的范围内变化。

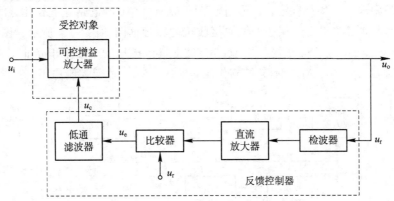

图 8-2　自动增益控制电路的基本组成框图

这种控制是通过改变受控放大器的静态工作点、输出负载值、反馈网络的反馈量或与受控放大器相连的衰减网络的衰减量来实现的。

二、自动增益控制电路的应用

1. 简单 AGC 电路的应用

自动增益控制电路通常用于调幅接收机。图 8-3 所示为具有简单 AGC 电路的调幅接收机原理框图。图中各级放大器组成环路可控增益放大器，检波器和 RC 低通滤波器组成环路反馈控制器，与图 8-2 相比，省略了直流放大器，并用检波器兼作比较器。

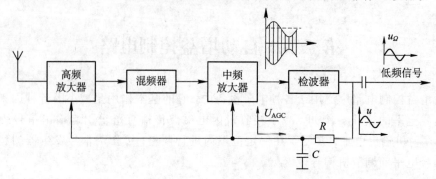

图 8-3　具有简单 AGC 电路的调幅接收机原理框图

图 8-3 中的包络检波器输出的信号电压主要由两部分组成：一部分是低频信号 u_Ω，它反映出调幅波的包络变化规律；另一部分是反映中频振幅的直流电压，该电压通过具有较大时间常数的 RC 低通滤波器后，得到一个随输入载波幅度变化的 U_{AGC}，用以改变被控级（中放和高放）的增益，从而使接收机的增益随输入信号的强弱而变化，实现了 AGC 控制。

简单 AGC 电路的优点是电路简单，缺点是在信号很小时增益也受控制而下降。也就是只要有输入信号就立即产生控制电压，并起控制作用。所以该电路适合于输入信号振幅较大的场合。

2. 延迟 AGC 电路的应用

为了克服简单 AGC 电路的缺点，一般采用延迟式 AGC 电路。在延迟式 AGC 电路里，有一个起控门限电压 u_r，只有输入信号电压大于 u_r 时，AGC 电路才起作用，使增益减小；反之，可控放大器增益不变。相应的调幅接收机的原理框图如图 8-4 所示。图中单独设置了提供 AGC 电压的 AGC 检波器，当 AGC 检波器输入电压的幅度小于 u_r 时，AGC 检波器不工作。此时 $U_{AGC} = 0$，AGC 不起控制作用；反之，AGC 才起控制作用。

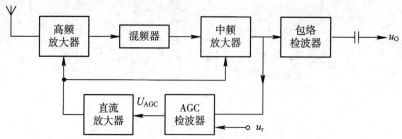

图 8-4　具有延迟 AGC 电路的调幅接收机原理框图

常用的最简单的延迟式 AGC 电路如图 8-5 所示。它有两个检波器，一个是由 VD_1 等元件组成的包络检波器，一个是由 VD_2 等元件组成的 AGC 检波器。当天线感应的信号很小时，AGC 检波器的输入信号很小，由于门限电压（由固定负偏压 E 分压获得）的存在，VD_2 一直不导通，$U_{AGC} = 0$；只有当 L_2C_2 回路两端信号电平超过 E 时，AGC 检波器才开始工作，所以称为延迟 AGC 电路。由于延迟电路的存在，包络检波器必然要与 AGC 检波器分开。这里要注意的是，包络检波器的输出反映包络变化的解调电压，而 AGC 检波器仅输出反映输入载波电压振幅的直流电压。

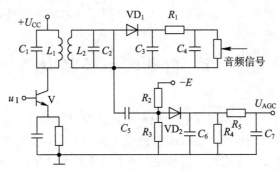

图 8-5 延迟 AGC 电路

3. AGC 电路的实际应用

图 8-6 是"白鹤"牌超外差调幅收音机的部分电路。

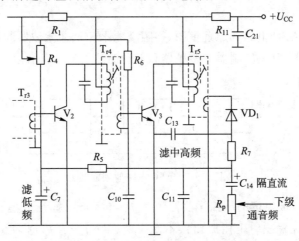

图 8-6 白鹤牌七管检波、AGC 电原理图

图中，V_2、V_3 组成两级中频放大器。中频信号由变压器 T_{r5} 的初级线圈耦合到次级送至检波二极管 VD_1。为了避免产生负峰切割失真，将检波负载电阻分为 R_7 和 R_p，其中音量电位器 R_p 的一部分与下一级电路相连；为了提高滤波效果，又将负载电容分为 C_{13}、C_{11}。耦合电容 C_{14} 起隔直作用，使音频信号通过音量控制电位器 R_p 传送到下一级。该电路还有以下两个附加电路：

1）检波二极管 VD_1 提供一定的正偏压

直流电源 $U_{CC}(+) \rightarrow R_{11} \rightarrow R_1 \rightarrow R_4$（一部分）$\rightarrow R_5 \rightarrow R_7 \rightarrow VD_1 \rightarrow T_{r5}$（次级）$\rightarrow$ 地 $\rightarrow$（经开关至）$U_{CC}(-)$ 构成一个直流通路，为检波二极管 VD_1 提供一定的正偏压，避免产生截止失真。

2）自动增益控制电路

由 R_5、C_7 组成 AGC 低频滤波电路，滤除检波器输出信号中的音频信号，取出直流分量并送至第一中放管 V_2 的基极，作为控制电压 U_{AGC} 来调整中频放大器的增益。由于检波器输出的直流电压分量与中频输出的调幅波成正比，因此当接收信号增强时，中放输出幅度随之增大，由检波二极管 VD_1 的极性可知 $-U_{AGC}$ 增大，进而使 V_2 的基极电位降低，放大器增益下降；反之，使放大器增益增大，最后起到了自动增益控制的作用。

第三节　自动频率控制电路

自动频率控制电路也是通信电子设备中常用的反馈控制电路。它被广泛地用于接收机和发射机中的自动频率微调电路，能自动调整振荡器的频率，使振荡器频率稳定在某一预期的标准频率附近。例如，在调频发射机中，如果振荡频率漂移，则利用 AFC 反馈控制作用减小频率变化，提高频率稳定度；在超外差接收机中，依靠 AFC 自动控制本振频率，使其与外来信号频率之差维持在接近于中频的数值上。

一、基本工作原理

图 8 - 7 所示为 AFC 电路的原理框图，它由鉴频器、低通滤波器和压控振荡器组成，受控对象是压控振荡器，反馈控制器为鉴频器和低通滤波器。f_r 表示标准频率(或参考频率)，f_o 表示输出信号频率。

图 8 - 7　AFC 电路原理框图

在 AFC 系统中，被稳定的压控振荡器频率 f_o 与标准频率 f_r 在鉴频器中进行比较，当 $f_o = f_r$ 时，鉴频器无输出，压控振荡器不受影响；当 $f_o \neq f_r$ 时，鉴频器将输出一个与 $|f_o - f_r|$ 成正比的误差电压 u_e，经过低通滤波器滤除干扰和噪声后，输出的直流控制电压 u_c 迫使压控振荡器的振荡频率 f_o 向 f_r 接近，当 $|f_o - f_r|$ 减小到某一最小值 Δf 时，电路趋于稳定状态(锁定)，即压控振荡器将稳定在 $f_o = f_r \pm \Delta f$ 的频率上，自动微调过程停止，此时的 Δf 称为剩余频差，这是 AFC 电路的一个重要特点。

由于自动频率控制电路是负反馈回路，只能把输入的大频差变成输出的小频差，而无法完全消除频差，即必定存在剩余频差，当然希望 Δf 越小越好。图 8 - 7 中的标准频率 f_r 实际上可以利用鉴频器的中心频率，并不需要另外供给。

二、自动频率控制电路的应用

1. AFC 在调幅接收机中的应用

在超外差式接收机中，中频是本振信号频率与外来信号频率之差。为了提高本地振荡器的频率稳定度，稳定中频频率，通常在接收机中加入 AFC 电路。

图 8 - 8 所示是采用 AFC 电路的调幅接收机组成框图。在正常情况下，接收机输入的

载波频率为 f_c，本振频率为 f_L，混频器输出的中频为 $f_I = f_L - f_c$，它正好等于鉴频器的中心频率。此时鉴频器输出电压为零，本地振荡器频率不变。如果由于某种不稳定因素使本振频率发生偏移而变成 $f_L + \Delta f_L$，则混频后变为 $f_I + \Delta f_L$。中放输出信号加到限幅鉴频器，因为偏离了鉴频器的中心频率 f_I，鉴频器将产生一个相应的误差输出电压 u_e，通过低通滤波器去控制压控振荡器，使压控振荡器的本振频率降低，从而使中频频率减小，达到了稳定中频的目的。

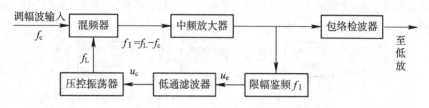

图 8-8　采用 AFC 电路的调幅接收机组成框图

2. AFC 在发射机中的应用

为使调频发射机既有较大的频偏，又有稳定的中心频率，往往需要采用如图 8-9 所示的调频发射机方框图。图中，晶体振荡器提供参考频率 f_r，作为 AFC 电路的标准频率；调频振荡器的标称中心频率为 f_c；鉴频器中心频率调整在 $f_r - f_c$ 上，由于 f_r 稳定度很高，当 f_c 产生漂移时，反馈系统的自动调节作用就可以使 f_c 的偏离减小。其中，低通滤波器用于滤除鉴频器输出电压中的边频调制信号分量，使加在压控振荡器上的控制电压只是反映中频信号载波频率偏移的缓慢电压。

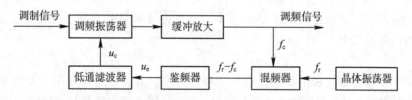

图 8-9　采用 AFC 电路的调频发射机组成框图

第四节　锁　相　环　路

自动相位控制电路（APC）和 AGC、AFC 电路一样，也是一种反馈控制电路，它是依据相位误差进行调节的，又称为锁相环路（PLL）。由于锁相环路采用了具有相位比较功能的鉴相器，因此相比较的参考信号相位与输出信号相位之间只能接近，而不能相等。锁相环路正是利用相位差来控制压控振荡器输出信号的频率，最终使两信号之间的相位差保持恒定，从而达到两信号频率相等的目的。在达到同频的状态下，仍有剩余相位误差存在，这是锁相环路的一个重要特点，只要合理选择环路参数，就可使环路相位误差达到最小值。

锁相环路可分为模拟锁相环路和数字锁相环路两大类，本节只讨论模拟锁相环路。模拟锁相环路的显著特征是相位比较器(鉴相器)输出的误差信号是连续的,对环路输出信号的相位调节也是连续的,而不是离散的。

一、基本工作原理

1. 锁相环路的基本组成及其数学模型

图 8-10 是锁相环路的基本组成框图。它的受控对象仍然是压控振荡器(Voltage Control Oscillator,VCO),而反馈控制器则由能检测出相应误差的鉴相器(Phase Detector,PD)和环路滤波器(Loop Filter,LF)组成。

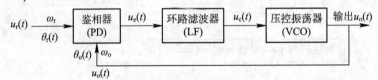

图 8-10　锁相环路的基本组成框图

图 8-10 中,$u_r(t)$ 是输入参考信号,$\theta_r(t)$ 是参考信号的相角。当鉴相器对相角 $\theta_o(t)$ 和 $\theta_r(t)$ 进行比较时,输出一个与相位差 $\theta_e(t)$ 成比例的误差电压 $u_e(t)$。该电压经环路滤波器后,取出其中缓慢变化的直流或低频电压分量 $u_c(t)$ 作为控制电压。$u_c(t)$ 控制压控振荡器的频率,使两信号的相位差 $\theta_e(t)$ 不断减小,当 $\theta_e(t)$ 最终减小到某一较小的恒定值时(即剩余相差),由 $\Delta\omega(t) = \dfrac{\mathrm{d}\theta_e(t)}{\mathrm{d}t}$ 可知,此时 $\Delta\omega(t) = \omega_r - \omega_o = 0$,即 $\omega_o = \omega_r$,锁相环路进入锁定状态。

可见,锁相环路是通过相位来控制频率,进而实现无误差的频率跟踪的,这是它优于自动频率控制电路之处。

1) 鉴相器

在 PLL 中,鉴相器完成的是输入参考信号与压控振荡信号之间的相位差到电压的变换。鉴相器有各种实现电路,在作为原理来分析时,通常使用具有正弦鉴相特性的鉴相器,它可以用模拟相乘器与低通滤波器实现,电路模型如图 8-11(a)所示。$u_r(t)$ 与 $u_o(t)$ 经过乘法器,再经过低通滤波器滤除高频分量,便得到低频误差电压 $u_e(t)$。$\theta_e(t)$ 为鉴相器参考信号的瞬时相位误差,对应的正弦鉴相器数学模型如图 8-11(b)所示,它与原理框图 8-10 的区别在于所处理的对象是 $u_r(t)$ 与 $u_o(t)$ 的相位差,不是原信号本身。该模型表明鉴相器具有把相位误差转换为误差电压的作用。

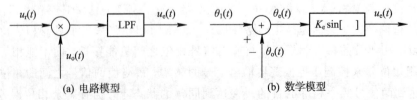

(a) 电路模型　　　　　　　　(b) 数学模型

图 8-11　正弦鉴相器的模型

在上面的分析中,是假设两个输入信号分别为正弦和余弦形式下进行的,目的是得到正弦鉴相特性。实际上，两者同时都用正弦或余弦表示也可以，只不过此时得到的将是余弦鉴相特性。

2）环路滤波器

环路滤波器为低通滤波器，常用的环路滤波器有 RC 积分滤波器、RC 比例积分滤波器和有源比例积分滤波器，对应的电路分别如图 8-12 所示。

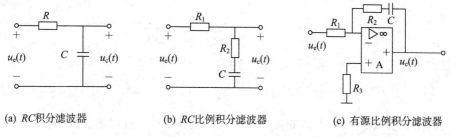

(a) RC 积分滤波器　　　　(b) RC 比例积分滤波器　　　　(c) 有源比例积分滤波器

图 8-12　正弦鉴相器的模型

假定环路滤波器的电压传输函数为 $F(p)$，可得环路滤波器的数学模型如图 8-13 所示。它是一个低通滤波器，其作用是抑制鉴相器输出电压中的高频分量及干扰杂波，而让鉴相器输出电压中的低频分量或直流分量顺利通过，因此它也是锁相环路中的一个基本环节。

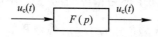

图 8-13　环路滤波器数学模型

3）压控振荡器

压控振荡器是振荡角频率受电压 u_c 控制的一种振荡器，其电路形式很多，最常见的是用变容二极管的结电容 C_j 充当调谐回路中的电容而构成的振荡电路。

在锁相环中，压控振荡器受环路滤波器输出电压 $u_c(t)$ 的控制，其振荡角频率 $\omega_o(t)$ 随 $u_c(t)$ 而变化。一般情况下，压控振荡器的控制特性是非线性的，如图 8-14(a) 所示，$\omega_o(t)$ 为压控振荡器的瞬时角频率；ω_o 为压控振荡器的固有角频率；特性曲线的斜率 K_V 为 VCO 的增益或控制灵敏度，单位为 rad/(s·V)。

在锁相环路中，对鉴相器起作用的不是压控振荡器输出的瞬时角频率，而是它的瞬时相位。该瞬时相位可由对 $\omega_o(t)$ 积分获得。压控振荡器在锁相环路中实际上起了一次积分的作用，数学模型如图 8-14(b) 所示。可见，压控振荡器具有把电压转化为相位变化的功能。

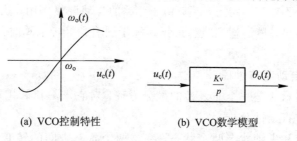

(a) VCO控制特性　　　　　　(b) VCO数学模型

图 8-14　压控振荡器的控制特性及数学模型

2. 锁相环路的数学模型和基本方程

将图 8-11、图 8-13 和图 8-14 所示三个基本环路部件的数学模型按照图 8-10 所示的环路连接起来，就组成了图 8-15 所示的锁相环路数学模型。

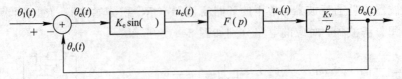

图 8-15 锁相环路的数学模型

根据此模型可以写出锁相环路的基本方程：

$$\theta_e(t) = \theta_1(t) - \theta_o(t) = \theta_1(t) - \frac{K_V}{p}u_c(t) = \theta_1(t) - \frac{K_V}{p}F(p)K_e\sin\theta_e(t) \qquad (8-2)$$

因为式中含有 $\sin\theta_e(t)$，所以它是一个非线性微分方程。其物理意义是：

(1) $\theta_e(t)$ 是鉴相器的输入参考信号和压控振荡器输出信号之间的瞬时相位差。

(2) $\frac{K_V}{p}F(p)K_e\sin\theta_e(t)$ 称为控制相位差，它是 $\theta_e(t)$ 通过鉴相器、环路滤波器逐级处理而得到的相位差。

(3) 锁相环路的基本方程描述了环路相位的动态平衡关系，即在任何时刻环路的瞬时相位差 $\theta_e(t)$ 和控制相位差 $\frac{K_V}{p}F(p)K_e\sin\theta_e(t)$ 之代数和等于输入参考信号以 $\omega_o t$ 为参考相位的瞬时相位 $\theta_1(t)$，其中 $\theta_1(t) = (\omega_r - \omega_o)t + \theta_r(t) = \Delta\omega_o t + \theta_r(t)$。

将式(8-2)对时间微分，可得锁相环路的频率动态平衡关系。因为 $p = \dfrac{d}{dt}$ 是微分算子，整理可得：

$$p\,\theta_e(t) + K_V F(p)K_e\sin\theta_e(t) = p\theta_1(t) \qquad (8-3)$$

式中：$p\theta_e(t)$ 称为瞬时角频差，表示压控振荡器瞬时角频率偏离输入参考信号角频率 ω_r 的数值；$K_V F(p)K_e\sin\theta_e(t)$ 称为控制角频差，表示压控振荡器在 $u_c(t) = F(p)K_e\sin\theta_e(t)$ 的作用下，振荡角频率 $\omega_o(t)$ 偏离振荡器固有角频率 ω_o 的数值；$p\,\theta_1(t)$ 称为固有角频差，表示输入参考信号角频率 ω_r 偏离 ω_o 的数值。可见，式(8-3)完整地描述了环路闭合后所发生的控制过程，可表示为

瞬时角频差＋控制角频差＝固有角频差

如果固有角频差不变，环路闭合后，由于环路的自动调整作用，控制角频差不断增大，而瞬时角频差不断减小，最终达到控制角频差等于固有角频差、瞬时角频差等于零情况下的环路锁定状态。

3. 锁相环路的自动调节过程

由于式(8-3)表示的是一个非线性的微分方程，对它求解比较困难，因此，只能对锁相环路的工作过程进行定性分析。

锁相环路有锁定和失锁状态两个状态，在这两个状态之间的转变存在两个动态过程，分别称为跟踪与捕捉。

1）锁定和失锁状态

在环路的作用下，当控制角频差逐渐趋于固有角频差时，瞬时角频差趋于零，即

$$\lim_{t \to \infty} p\theta_e(t) = 0$$

$$\tag{8-4}$$

此时 $\theta_e(t)$ 为一固定值，不再变化。如果这种状态一直保持下去，就可以认为锁相环路进入了锁定状态。在锁定状态，$\omega_o(t) = \omega_r$。

当瞬时角频差总不为零时的状态称为失锁状态。

2）环路跟踪过程

在环路锁定的前提下，如果由于某种原因使得输入参考信号的频率或相位在一定的范围内以一定的速率发生变化，输出信号的频率或相位以同样的规律跟随变化，这一过程叫做跟踪过程或同步过程。在跟踪过程中，能够维持环路锁定所允许的输入信号频率偏移的最大值称为同步带或跟踪带，也叫做同步范围或锁定范围。当输入参考信号的频率偏移超出同步带，环路进入失锁状态。

3）环路捕捉过程

跟踪过程是在假设环路锁定的前提下来分析的。在实际情况中，环路在开始时往往是失锁的。但由于环路的作用，使压控振荡器的频率逐渐向输入参考信号的频率靠近，靠近到一定程度后，环路进入锁定状态，这一过程叫做捕捉过程。在捕捉过程中，环路能够由失锁进入锁定所允许输入信号频率偏移的最大值叫做捕捉带或捕捉范围。

跟踪和捕捉是锁相环路两种不同的自动调节过程。捕捉带不等于同步带，且前者小于后者。

4. 锁相环路的主要特点

锁相环路有如下特点：

（1）锁定特性。锁相环路锁定时，压控振荡器的输出频率等于输入参考信号的频率（$\omega_o = \omega_r$）。说明锁相环路是利用相位差来产生误差电压，锁定时只有剩余相位差，没有剩余频差。

（2）跟踪特性。环路锁定后，当输入参考信号的频率在一定范围内变化时，锁相环路的输出信号频率能够精确地跟踪其变化。

（3）窄带滤波特性。当压控振荡器的输出频率锁定在输入参考信号频率上时，位于信号频率附近的干扰成分将以低频干扰信号的形式进入锁相环路，通过其中的环路滤波器，能够将绝大部分干扰滤除，获得良好的窄带滤波特性。

（4）易于集成化。组成环路的基本部件易于集成化。环路集成化可减小体积、降低成本及提高可靠性，更主要的是减小了调整的难度。

二、锁相环路的应用

1. 锁相调频电路

在普通的直接调频电路中，振荡器的中心频率稳定度较差，而采用晶体振荡器的调频电路其调频范围又太窄。解决的方法是采用锁相环路组成的调频电路，如图 8-16 所示，

它能够得到中心频率稳定性高、频偏大的调频信号。

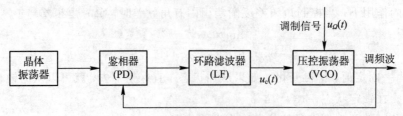

图 8-16 锁相调频电路原理框图

实现锁相调制的条件是：除了调频信号的频谱要处于低通滤波器的通带之外，并且调制指数不能太大，这样调制信号在锁相环路内不能形成交流反馈，对环路无影响；锁相环路只对 VCO 中心频率不稳定所引起的频率变化（处于环路滤波器通带内）起作用。当环路锁定后，VCO 的中心频率锁定在晶振频率上，同时调制信号加在 VCO 上，对中心频率进行调制。若将调制信号经过微分电路送入压控振荡器，环路输出的就是调相信号。

2. 锁相鉴频电路

锁相鉴频电路原理框图如图 8-17 所示。调频信号输入给鉴相器，当环路锁定后，压控振荡器的振荡频率就能够跟随输入调频波瞬时频率的变化而变化。只要压控振荡器的控制特性是线性的，那么控制压控振荡器的控制电压 $u_c(t)$ 与输入调频波具有相同的调制特性，也就是说从环路滤波器取出的电压 $u_c(t)$ 就是解调信号。

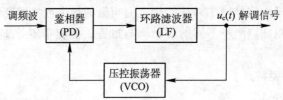

图 8-17 锁相鉴频电路原理框图

实现锁相鉴频电路的条件是环路滤波器的通带足够宽，使鉴相器的输出电压顺利通过。当输入信号的频率变化时，环路滤波器输出一个控制电压，迫使 VCO 能精确地跟踪输入调频信号的瞬时频率变化，产生具有相同调制规律的解调信号。

3. 锁相倍频电路

锁相倍频电路原理框图如图 8-18 所示，它是在锁相环路的反馈通道上插入了分频器。当环路锁定后，鉴相器的输入信号频率 ω_i 与压控振荡器经分频器反馈到鉴相器的信号角频率 $\omega_N = \omega_o/N$ 相等，即 $\omega_i = \omega_N = \omega_o/N$，则有 $\omega_o = N\omega_i$，实现了倍频。若采用具有高分频次数的可变数字分频器，则锁相倍频电路可做成高倍频次数的可变倍频器。

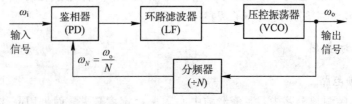

图 8-18 锁相倍频电路原理框图

4. 锁相分频电路

锁相分频电路在原理上与锁相倍频电路相似,它是在锁相环路的反馈通道上插入了倍频器,如图 8-19 所示。当环路锁定后,鉴相器的两个输入信号频率相等,即 $\omega_i = N\omega_o$,从而实现了 $\omega_o = \omega_i/N$ 的分频作用。

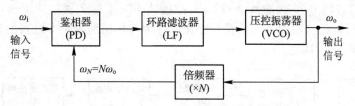

图 8-19 锁相分频电路原理框图

5. 锁相混频电路

锁相混频电路原理框图如图 8-20 所示,它是在锁相环路的反馈通道上插入了混频器和中频放大器。若设混频器的本振信号 $u_L(t)$ 的角频率为 ω_L,混频器输出中频取差频(也可取和频),即 $|\omega_o - \omega_L|$,经中频放大器放大后,加到鉴相器上。当环路锁定后,$\omega_i = |\omega_o - \omega_L|$。当 $\omega_o > \omega_L$ 时,则 $\omega_o = \omega_L + \omega_i$;当 $\omega_o < \omega_L$ 时,则 $\omega_o = \omega_L - \omega_i$,从而实现了混频作用。

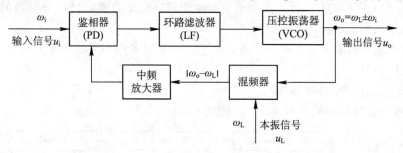

图 8-20 锁相混频电路原理框图

锁相混频电路特别适用于 $\omega_L \gg \omega_i$ 的场合。因为用普通混频器对这两个信号进行混频时,输出的和频 $(\omega_L + \omega_i)$ 与差频 $(\omega_L - \omega_i)$ 相距很近,这样对滤波器的要求太苛刻,特别是当 ω_i 和 ω_L 在一定范围内变化时更难实现。而利用上述锁相混频电路进行混频却很方便。

6. 频率合成器

频率合成器是利用一个(或几个)标准信号源的频率来产生一系列所需频率。锁相环路加上一些辅助电路后,就能容易地对一个标准频率进行加、减、乘、除运算而产生所需的信号频率。目前 DDS 是最流行频率合成器,它是直接数字式频率合成器(Direct Digital Synthesizer)的英文缩写。与传统的频率合成器相比,DDS 具有低成本、低功耗、体积小、重量轻、高分辨率、快速转换时间、相位连续、相位噪声低、可以产生任意波形和全数字化实现等优点,DDS 广泛使用在电信与电子仪器领域,是实现设备全数字化的一个关键技术。

图 8-21 给出了一个单环频率合成器的基本组成,它是在基本锁相环路的反馈通道中插入了分频器。由石英晶体振荡器产生一高稳定度的标准频率源 f_s,经参考(前置)分频器进行分频后得到参考频率 $f_r = f_s/M$,送到鉴相器的一个输入端;同时压控振荡器经可变分

频器得到的频率 f_o/N 也反馈到鉴相器的另一输入端。当环路锁相时，输入到鉴相器的两个信号频率相等，即 $f_\mathrm{s}/M = f_\mathrm{o}/N$，进而得到：

$$f_\mathrm{o} = \frac{Nf_\mathrm{s}}{M} = Nf_\mathrm{r} \tag{8-5}$$

这说明环路的输出频率 f_o 为输入参考频率 f_r 的 N 倍，实际上就是锁相倍频器。改变可变分频次数 N 就可以得到不同频率的信号输出。f_r 为各输出信号频率之间的频率间隔，即为频率合成器的频率分辨率。

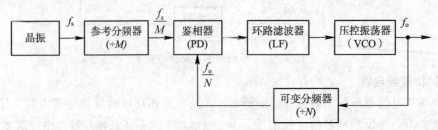

图 8-21　单环频率合成器的基本组成框图

显然，设计频率合成器的关键在于确定参考分频器 M 和可变分频器 N，在选定标准频率源 f_s 后通常分两步进行：首先是由给定的频率间隔求出参考（前置）分频器的分频比 M；其次是由输出频率范围确定可变分频比 N。

为了减小频率间隔而又不降低参考频率 f_r，可采用多环构成的频率合成器。在此以例题的方式加以说明。

例 8-1　三环频率合成器如图 8-22 所示。若取 $f_\mathrm{r} = 100\ \mathrm{kHz}$，$M = 10$，$N_1 = 10 \sim 109$，$N_2 = 2 \sim 20$，试求输出频率范围和频率间隔。

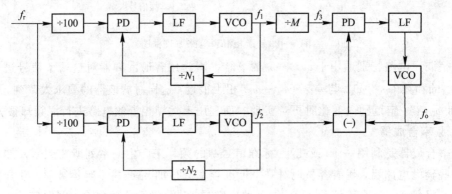

图 8-22　例 8.4.1

解　它由三个锁相环路组成，环路 1 和环路 2 为单环频率合成器，环路 3 内含取差频输出的混频器，称为混频环。

环路 1 锁定时，由 $\dfrac{f_\mathrm{r}}{100} = \dfrac{f_1}{N_1} = \dfrac{Mf_3}{N_1}$ 得 $f_3 = \dfrac{N_1 f_\mathrm{r}}{100M} = \dfrac{N_1 f_\mathrm{r}}{1000} = (10 \sim 109) \times 0.1\ \mathrm{kHz}$；

环路 2 锁定时，由 $\dfrac{f_\mathrm{r}}{10} = \dfrac{f_2}{N_2}$ 得 $f_2 = \dfrac{N_2 f_\mathrm{r}}{10} = (2 \sim 20) \times 10\ \mathrm{kHz}$；

环路 3 锁定时，由 $f_3 = f_o - f_2$ 得 $f_o = f_3 + f_2$；

当 $N_1 = 10$，$N_2 = 2$ 时，$f_3 = 1\ \text{kHz}$，$f_2 = 20\ \text{kHz}$ 为最小值，此时 $f_o = 21\ \text{kHz}$；

当 $N_1 = 109$，$N_2 = 20$ 时，$f_3 = 10.9\ \text{kHz}$，$f_2 = 200\ \text{kHz}$ 为最大值，此时 $f_o = 210.9\ \text{kHz}$。

由 f_3 的表达式可知，频率间隔为 $0.1\ \text{kHz}$。可见，接入固定分频器 M，使输出频率间隔缩小了 M 倍。

本 章 小 结

（1）反馈控制电路是一种自动调节系统，其作用是通过环路自身的调节，使输入与输出间保持某种预定的关系，它由反馈控制器和受控对象构成。根据需要比较和调节的参量不同，反馈控制电路可分为 AGC、AFC 和 PLL 三种。在组成上分别采用电平比较器、频率比较器（鉴频器）和相位比较器（鉴相器）取出误差信号，通过低通滤波器控制放大器的增益或 VCO 的频率，使输出信号的电平、频率和相位稳定在一个规定的参量上，它们分别存在电平、频率和相位的剩余误差。

（2）AGC 电路的作用和特点。AGC 电路的作用是保证输出信号的幅度基本不变，特点是控制作用只在一定的范围内成立。如果系统进入非线性后，系统的自动调整功能可能被破坏，所以实际的反馈控制系统存在一定的控制范围。

（3）AFC 电路的作用和特点。AFC 电路的作用是维持工作频率的稳定，特点是当环路锁定时仍有剩余频差。

（4）APC 电路的作用和特点。APC 电路的作用是利用相位的调节来消除频率误差，特点是锁定特性、跟踪特性和窄带滤波特性。

思考题与练习题

8-1　有哪几类反馈控制电路？每一类反馈控制电路控制的参数是什么？要达到的目的是什么？

8-2　AGC 的作用是什么？主要的性能指标包括哪些？

8-3　图 P8-1 是调频接收机 AGC 电路的两种设计方案，试分析哪一种方案可行，并加以说明。

8-4　AFC 的组成包括哪几部分？其工作原理是什么？

8-5　PLL 的组成有哪几部分？主要性能指标有哪些？其物理意义是什么？

8-6　AFC 电路达到平衡时回路有频率误差存在，而 PLL 在电路达到平衡时频率误差为零，这是为什么？PLL 达到平衡时，存在什么误差？

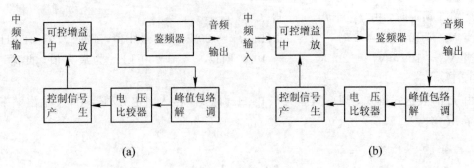

(a)   (b)

图 P8-1 题 8-3 图

8-7 已知一阶锁相环路鉴相器的 $U_d = 2$ V，压控振荡器的 $K_o = 10^4$ Hz/V（或 $2\pi \times 10^4$ rad/s·V），自由振荡频率 $\omega_o = 2\pi \times 10^6$ rad/s。问当输入信号频率 $\omega_i = 2\pi \times 1015 \times 10^3$ rad/s 时，环路能否锁定？若能锁定，稳态相差等于多少？此时的控制电压等于多少？

8-8 频率合成器的特点是什么？主要性能指标有哪些？

8-9 在图 P8-2 所示的频率合成器中，若可变分频器的分频比 $m = 760 \sim 860$，试确定输出频率的范围及相邻频率的间隔。

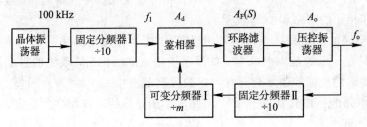

图 P8-2 题 8-9 图

8-10 在图 P8-3 所示的吞脉冲频率合成器中，已知 $p = 40$，其频率间隔为 1 kHz，试求频率合成器的输出频率范围。

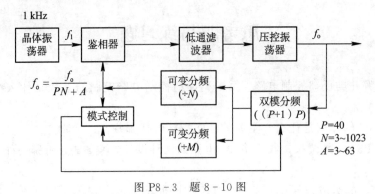

图 P8-3 题 8-10 图

第九章　整机线路分析

第一章以点对点无线通信系统为例，介绍了超外差结构的无线通信电路组成，从第三章开始分别讲述了各功能单元的电路和原理，本章以手机为例从整机的角度分析整机线路，重点是射频系统电路。

第一节　手机整机线路分析

手机是现代移动通信系统的重要终端设备，历经第一代(1G)模拟系统、第二代(2G)数字系统(GSM)和第三代(3G)及第四代(4G)系统，现在正在研制第五代(5G)系统。

目前的智能手机是复合的嵌入式设备，除了具有多频多模的移动通信功能之外，还有Wi-Fi和蓝牙传输功能以及GPS定位功能，而且大多以集成电路的形式实现。无论第几代的手机，无论采用什么频率和什么制式，组成手机的功能模块基本保持不变，按照频率可分为射频、基带和协议处理三部分，按照功能可分为传输、应用和电源三部分，如图9-1所示。分析手机整机电路就要抓住电路图中的三种线：信号流通线、控制线和电源线。

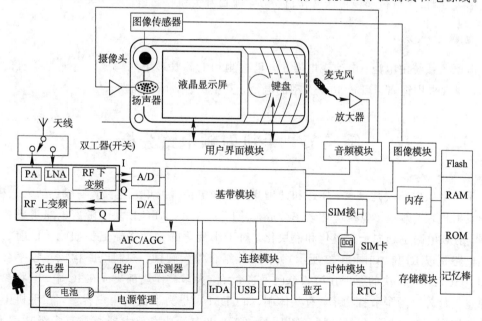

图9-1　智能手机组成结构框图

一、传输子系统

传输子系统关注信道上信息的发送与接收，主要由天线、模拟射频单元和调制解调器构成。

天线是手机接收电路的第一级电路，也是发射电路的最后一级电路。其主要作用是将发射的射频信号转换成电磁波和将感应到的电磁波转换成射频信号。用同一副天线可以实现发射和接收，用双工器(开关)实现同一副天线的收发复用。

射频模拟单元主要包括射频发射电路、射频接收电路和频率合成器以及 AGC/AFC 模块。射频发射电路和射频接收电路分别实现射频信号的发射与接收，频率合成器为射频发射电路和射频接收电路提供本振信号，为调制解调电路提供载波等参考信号。AFC 用于将基站发射的时钟锁定在所需频率并且进行跟踪。

调制解调电路一般在基带上实现调制解调处理，以及信道编解码、交织解交织、信道估计等功能。

二、应用子系统

应用子系统主要包括逻辑控制、各种应用和输入/输出(I/O)接口几部分。

逻辑控制对整个手机的工作进行控制和管理，包括开机操作、定时控制、传输系统控制和输入/输出接口控制。逻辑控制电路主要包括 CPU、Flash、ROM、RAM 和总线接口、射频接口、键盘/显示接口、SIM 卡接口等。

应用单元包括麦克风、扬声器、LCD 显示器、相机与摄像头、各种信源编解码、振动器、振铃器以及各种指示灯等。

输入/输出接口包括模拟话音接口、数字接口和人机接口等。

三、电源子系统

电源子系统由电池、电池充电器、电量检测和电源管理单元构成。电池是手机的能量来源，通常采用锂离子(Li-ion)类型的电池，其重量轻，循环周期长。

第二节　手机射频电路分析

手机射频电路就是接收、发送和处理高频无线电信号的单元电路，一般包括天线模块、射频发射模块、射频接收模块和频率合成模块以及 AGC/AFC 模块。随着电路集成技术的发展，射频电路也趋向于集成化和模块化，对于小型化的移动终端更是如此。目前的手机射频电路是以 RFIC(如图 9-2 所示)为中心，结合外围辅助、控制电路构成。频率合成模块和 AGC/AFC 模块的原理在第八章已做过介绍，大多数模块都集成在 IC 中，只将参考信号源置于片外。为了节省功率，有些体制(如 CDMA)也为了提高用户容量，在手机中要实现功率控制。功率控制包括开环和闭环两种，手机中的功率放大器通常有多级功率设置。手机射频电路与收发信机结构密切相关。

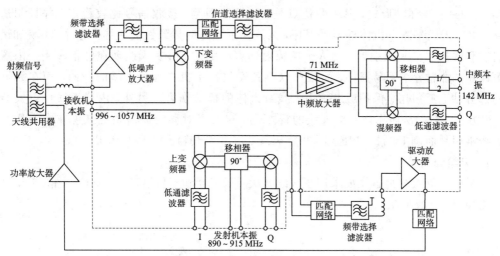

图 9-2 手机 RFIC 结构框图

一、手机天线电路

严格来讲，手机天线模块包括天线及其匹配电路和天线分离器电路。

1. 手机天线

天线是手机中实现电磁波辐射和接收的重要硬件模块，是导行波和电磁波的能量转换器。天线是无源器件，不能放大信号。从一定程度上讲，没有天线就没有无线通信。

手机天线的基本要求和特点主要是线极化、多频段、收发一体、多天线共存、结构尺寸小、形式灵活多样。手机天线的关键参数如下：

（1）谐振频率。谐振频率主要指手机的工作频段，一般只需要做到接近中心频率即可。有些天线可有多个谐振频率或在宽频段内实现谐振，称为宽带天线。通常情况下，宽带天线的增益不高。

（2）极化。天线的极化方向是电场相对于地的方向，由天线的物理架构和方向决定。天线的极化方式通常有水平、垂直、圆和椭圆 4 种类型。

（3）方向性。天线方向性定义为在远场区的某一球面上最大辐射功率密度与其平均值之比。

（4）效率。在特定频段，总辐射功率与总输入功率之比定义为效率。

（5）增益。和一个已知增益的参考天线在一个方向上，相同的输入功率，相同距离处所辐射的最大功率密度的比值定义为增益。天线增益实际上等于天线效率与方向性的乘积。

（6）回波损耗。当天线和馈线不匹配时，也就是天线阻抗不等于馈线特性阻抗时，负载就只能吸收馈线上传输的部分高频能量，未被吸收的部分能量将反射回去形成反射波。反射波与入射波的振幅的比值成为回波损耗。

（7）驻波比。驻波比指的是模块输入的驻波系数和天线反射的驻波系数之间的比值。

（8）TRP/TIS。TRP/TIS 指的是天线辐射功率和天线全向接收灵敏度。

（9）SAR。SAR 指的是每千克的人体组织所吸收的电磁能量。

在手机电路中，天线材质一般为金属，可分为外置天线和内置天线两种。处于美观和小型化，现在的手机天线多集成在机壳内。外置天线主要有螺旋天线、拉杆天线和单极

（Monopole）天线几种形式，其主要优点是：频带范围宽、接收信号比较稳定，并且制造简单，但由于天线暴露于机体外容易损坏，天线靠近人体时导致性能变坏，同时，不易加诸如反射层和保护层等来减小天线对人体的辐射伤害。因此，外置天线现在已不多用。内置天线可以做的非常小，不易损坏，而且可以将其安放在手机中远离人脑的一面，而在靠近人脑的部分贴上反射层、保护层来减小天线对人体的辐射伤害。另外，内置天线可以安装多个，很方便组阵，从而实现手机天线的智能化，这一点对移动通信系统来说非常有用。内置天线常用平面倒 F 结构（PIFA）、单极天线、倒 F 结构（IFA）天线 PCB 天线。

2. 天线分离器

手机中的天线分离器主要采用了天线开关、双工器和双信器（Diplexer）三种形式，其原理框图如图 9-3 所示。

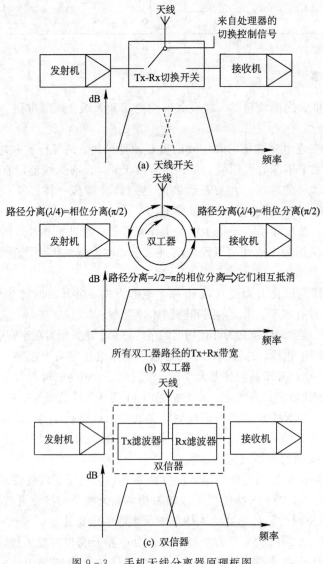

图 9-3 手机天线分离器原理框图

天线开关电路一般由集成电路和外接元件组成，主要用于内置天线与外接收天线间的切换、用于收发状态间的切换和接收时不同频段间的切换。双工滤波器（双工器）是一种无源器件，其内部包括发射滤波器和接收滤波器，它们都是带通滤波器。双工器有三个端口，即公共端天线接口、发射输出端及接收输入端。双信器实际上和双工滤波器差不多，所不同的是，双信器除将发射信号和接收信号分开外，还将不同频段的信号分开。

二、手机射频接收机结构

在移动通信中，由于手机天线感应接收到的信号十分微弱，而解调器要求的输入信号电平较高而且稳定，因此，放大器的总增益一般需在 120 dB 以上。这么大的放大量，要用多级调谐放大器且要稳定实际上是很难办得到的。另外高频选频放大器的通带宽度太宽，当频率改变时，多级放大器的所有调谐回路必须跟着改变，而且要做到统一调谐，这也是难以做到的。超外差接收机则没有这种问题，它将接收到的射频信号转换成固定的中频，其主要增益来自于稳定的中频放大器。因此，手机常采用超外差变频接收机结构。

手机接收机常用三种基本的框架结构：一种是超外差一次变频接收机，一种是超外差二次变频接收机，一种是直接变换接收机。近年来，由于软件无线电技术的发展和移动通信多频多模的需要，手机射频电路也有采用软件无线电结构的收发信机。

1. 超外差接收机结构

超外差变频接收机的核心电路就是混频器，可以根据手机接收机电路中混频器的数量来确定该接收机的电路结构。

超外差一次变频接收机电路中只有一个混频电路，其原理方框图如图 1-1(b) 所示。它包括天线电路（ANT）、低噪声放大器（LNA）、混频器（Mixer）、中频放大器（IF Amplifier）和解调电路（Demodulator）等。摩托罗拉手机接收电路基本上都采用以上电路。

若接收机射频电路中有两个混频电路，则该机是超外差二次变频接收机。与一次变频接收机相比，二次变频接收机多了一个混频器、一个本振和一个中频放大器，因此，将有更高的增益和更好的选择性，但同时也会有更多的组合频率干扰。诺基亚手机、爱立信手机、三星、松下和西门子等手机的接收电路大多数属于这种电路结构。

2. 直接变换接收机结构

片上直接变换接收机结构如图 9-4 所示，也是按照超外差原理设计的，只是让本地振荡频率等于载频，使中频为零（因此也称为零中频结构），也就不存在镜像频率，从而也就避免了镜频干扰的抑制问题。接收的信号通过直接变换处理成为零中频的低频基带信号，但不一定经过解调，可能需要在基带上进行同步与解调。另外，直接变换结构中射频部分只有高放和混频器，其增益低，易满足线性动态范围的要求；由于下变频后为低频基带信号，只需用低通滤波器来选择信道即可，省去了价格昂贵的中频滤波器，而且其体积小，功耗低，便于集成，多用于便携式的低功耗设备中。但是，直接变换结构也存在着本振泄漏与辐射、直流偏移（DC offset）、闪烁噪声、两支路平衡与匹配问题等缺点。

直接变换接收机是将射频信号频率降至基带后进行数字化处理，还有一种接收机形式是在将射频信号频率降至某一中频后进行数字化处理，称为数字中频接收机。数字中频接收的优点有：可以共享 RF/IF 模块，由于解调和同步均采用数字化处理，所以灵活方便，功能强大，也便于产品的集成和小型化。直接变换结构和数字中频接收机结构是软件无线电（Software Radio）的基础前端电路结构，而且往往采用正交方式。

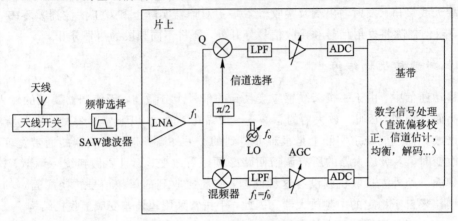

图 9-4　片上直接变换接收机结构

三、手机射频发射机结构

手机射频发射机主要包括调制、上变频、滤波和功率放大器等。通信系统的设计是性能和成本的折中，根据功率受限还是带宽受限选择不同的调制方式，而调制方案的选择与硬件实现、调制要求和带宽效率有关。

由于移动通信系统的制式不同，在手机中通常采用两类调制：恒包络（非线性）调制和非恒包络（线性）调制。前者适用于高斯最小频移键控（GMSK）调制（GSM 系统），系统中可采用 AB 类或 C 类非线性放大器，获得较好的效率；后者适用于 BPSK 或 QPSK 等非恒包络调制（3G 和 WLAN OFDM 系统），放大器必须工作于 A 类（线性）模式。

恒包络调制发射机常采用非线性的偏差锁相环结构，其框图如图 9-5 所示。这种结构最小化了对输出信号所需的滤波处理，调制信号的带宽通过环路滤波器来控制，可以获得很好的带外抑制，杂散也比较小，使能量转换效率、成本和性能得到了较好的综合优化。

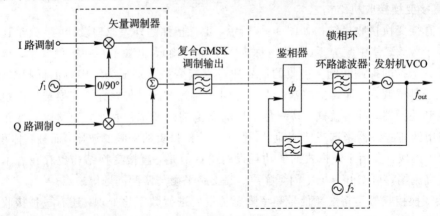

图 9-5　非线性发射机结构框图

线性调制发射机需要维持信号的相位和幅度，而偏差锁相环结构发射机仅能保持发送相位信息。可行的线性发射机结构通常采用传统的外差结构，主要由中频调制器和上变频器构成，如图9-6所示。多频多模手机需要混合结构，图9-7为一种多模线性-非线性发射机结构框图。

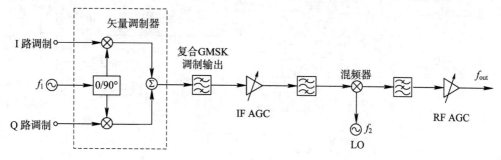

图9-6　线性发射机结构框图

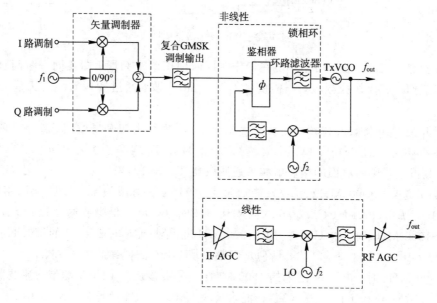

图9-7　线性-非线性发射机结构框图

第三节　手机射频电路分析实例

本节以摩托罗拉V60为例分析手机射频电路。

一、摩托罗拉V60手机射频接收电路

摩托罗拉 V60 是一款三频手机，可工作在 GSM900MHz、DCS1800MHz 和 PCS1900MHz 频率上，其接收部分如图9-8所示，接收机采用超外差下变频结构。

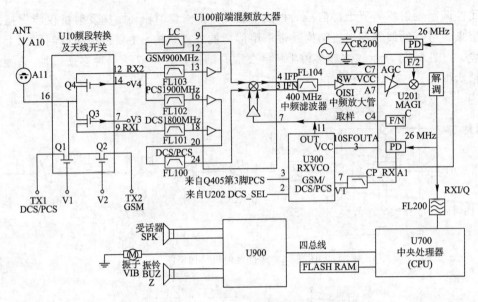

图 9-8 V60 接收机结构图

V60 虽然是三频手机，但它不能在工作时同时使用两个频段，即在同一时间只能在某一个频段工作。若需切换频段，则需要由 CPU 做出修改，通过频段转换与天线开关 U10 来完成。

天线开关 U10 将收发和频段间切换集成到一起，内部由四个场效应管组成，内部原理图如图 9-9 所示。图中 Q1、Q2 用于发射，Q3、Q4 用于接收，分别由 V1、V2 和 V3、V4 来控制，频段选择则由后面的接收射频带通滤波器(图 9-10)来完成。当工作于 GSM 模式时，由 U10 送来的 900 MHz 信号只能通过 FL103 的带通滤波器，经匹配网络($C106$、$C107$、$L103$、$L104$、$L106$、$C112$)送入高放/混频模块 U100 的低噪放输入 LNA1 IN。当工作于 PCS1900 MHz 时，由 U10 送来的 1900 MHz 信号只能通过 FL102 的带通滤波器，经匹配网络($C109$、$C108$、$L102$)送入高放/混频模块 U100 的低噪放输入 LNA2 IN。当工作于 DCS1800 MHz 时，由 U10 送来的 1800 MHz 信号直接通过 FL101 的带通滤波器，经匹配网络($C110$、$C111$、$L105$)送入高放/混频模块 U100 的低噪放输入 LNA3 IN。

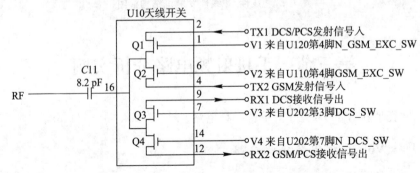

图 9-9 频段转换与天线选择开关

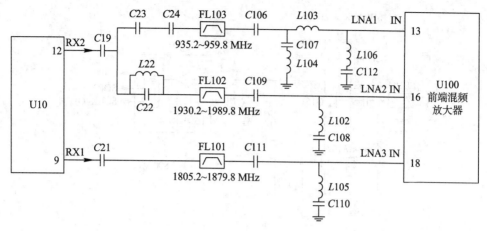

图 9-10 接收射频带通滤波器

高放/混频模块 U100 把高放（低噪声放大器）和混频器集成在一起，同时支持三个频段，混频所需的三个频段由接收频率合成器 RXVCO(U300)提供，如图 9-11 所示。U100 中低噪放和混频器所需直流电源为 RX_V2。工作于 GSM 模式时，射频信号由 13 口输入，通过低噪声放大后直接连至混频器的一个输入端。工作于 DCS1800MHz 或 PCS1900MHz 时，分别经低噪声放大后（不同时），通过 FL100 带通滤波器后接至混频器的另一个输入端。混频输出的中频信号进 FL164 中频滤波后接至中频放大电路。

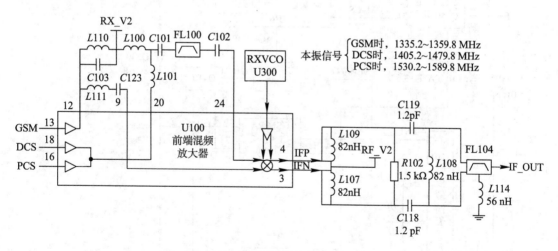

图 9-11 高放/混频与中频选频电路

V60 手机中的中频放大器的核心是由管子 Q151 构成的共射极放大电路，Q151 的直流偏置电压 SW_VCC 来自调制/解调模块 U201。经中频放大后的中频信号送至 U201 进行解调，解调后的数字信号再进行基带处理。中频放大器和调制解调模块如图 9-12 所示。

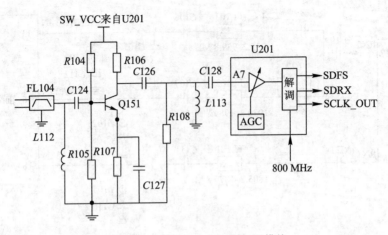

图 9-12 中频放大与调制解调模块

二、摩托罗拉 V60 手机射频发射电路

V60 手机发射机采用偏差锁相环结构，如图 9-13 所示。

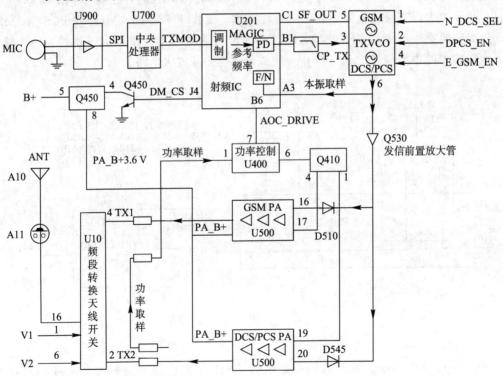

图 9-13 V60 发射机结构图

由 MIC 产生的模拟语音信号经信源编码后通过中央处理器(CPU)形成 TXMOD 信号，送至调制/解调模块 U201 进行调制。调制后的信号 TXVCO 在输出频率及其稳定度方面已满足发射要求，但发射功率不够，需通过前置放大 Q530 初步放大后送至末级功放。

前置放大 Q530 为一级放大电路(图 9-14),在提供少量增益的同时还可以对调制输出与末级功放起到缓冲隔离作用。用于 GSM 或 DCS/PCS 的末级功放(分别如图 9-15 和图 9-16 所示)均为三级放大,每级放大器的放大量由功率控制 IC U400 通过 Q410 提供。由于功放所需功率较大,因此,末级功放的电源 PA_B+需要专门产生。

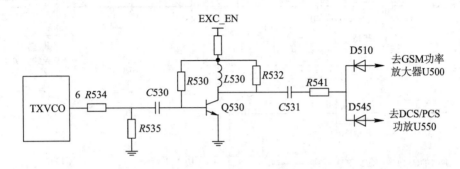

图 9-14 前置放大电路

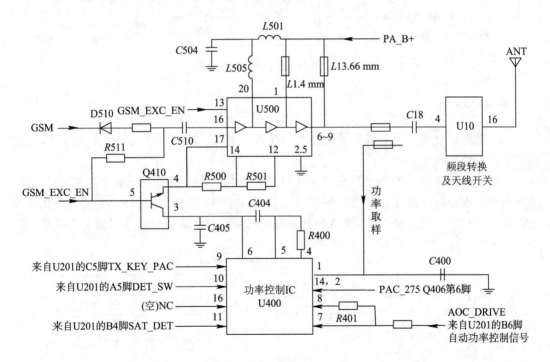

图 9-15 GSM 模式末级功放

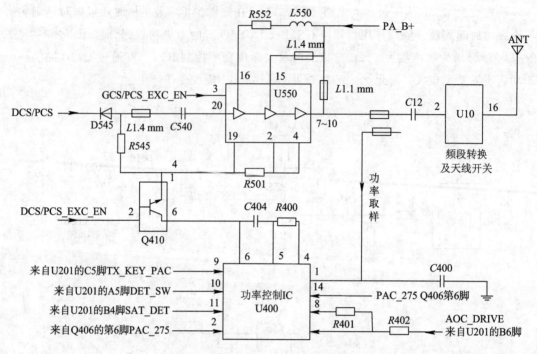

图 9 - 16　DCS/PCS 模式末级功放

三、频率合成器

V60 的频率合成器为手机提供高精度的接收一本振、接收二本振和发射 TXVCO，并且均采用锁相环技术。

V60 手机的接收一本振和发射 TXVCO 环路共用 U201 中的一组鉴相器和反馈回路，接收接收二本振的分频与鉴相器也在 U201 内完成，但 VCO 为以 Q200 为核心构成的考毕兹振荡器，R206、C207 和 C208 实现环路滤波。三个频率合成器的原理图分别如图 9 - 17、图 9 - 18 和图 9 - 19 所示。

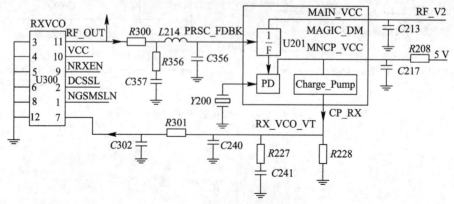

图 9 - 17　接收一本振频率合成器

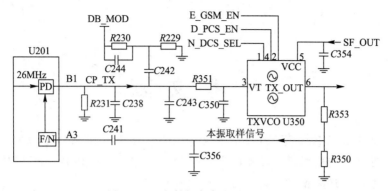

图 9-18 发射频率合成器 TXVCO

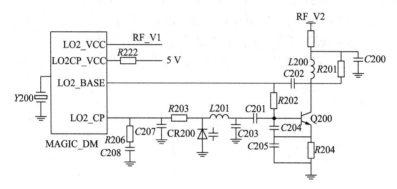

图 9-19 接收二本振频率合成器

本 章 小 结

本章以手机为例介绍了整机线路的组成原理,重点分析了射频子系统中的接收机、发射机和频率合成器电路。由于现代手机是多频多模多功能的移动通信终端设备,对功耗、体积和性价比等方面有特殊要求,因此,手机收发信机要选择合适的架构。

在分析整机线路时,除了关注整机架构方案之外,还要紧紧抓住信号流程线、控制线和电源线等"三线",注意各功能电路或模块之间的连接关系和工作顺序。

思 考 题

9-1 简述手机硬件电路的组成原理。

9-2 手机中接收机和发射机一般采用何种方案?为什么?

9-3 请查找智能手机的电路图,并分析其工作原理。

参 考 文 献

[1] 曾兴雯，刘乃安，陈健，等. 高频电子线路. 2 版. 北京：高等教育出版社，2009.

[2] 曾兴雯，刘乃安，陈健，等.高频电子线路辅导书. 2 版. 北京:高等教育出版社，2011.

[3] 高吉祥. 高频电子线路. 北京：电子工业出版社，2003.

[4] ［日］铃木宪次.高频电路设计与制作. 何中庸，译. 北京：科学出版社，2005.

[5] Jon B. Hagen. 射频电子学：电路及其应用. 北京：机械工业出版社，2005.

[6] 胡宴如. 高频电子线路. 5 版. 北京：高等教育出版社，2014.

[7] 詹忠山. 新编智能手机原理与维修培训教程. 北京：电子工业出版社，2015.